国家科学技术学术著作出版基金资助出版

木质材料的核磁共振弛豫行为

张明辉 刘文静 著

U0226257

科学出版社

北 京

内 容 简 介

核磁共振现象自被发现后,很快在化学、材料、生命科学和石油开采等诸多领域有着广泛应用。20 世纪 70 年代,时域核磁共振技术因对含氢物质具有灵敏和精确的表征优势,已成为研究木材和水分之间关系最重要的方法之一。本书利用时域核磁共振技术研究了木材水分状态和迁移行为、木材分层吸湿性、木材孔隙在吸湿和干燥过程中的动态变化、表面炭化木材的吸湿吸水性、人造板吸水性和木材用胶黏剂的弛豫特征,并利用核磁共振二阶矩从微观上研究了荷载对木材的影响。

本书的主要读者对象是木材科学与技术、多孔材料、分子动力学、力学、传质学和波谱学等领域的研究人员以及高校相关学科的研究生。

图书在版编目 (CIP) 数据

木质材料的核磁共振弛豫行为/张明辉, 刘文静著. —北京:科学出版社, 2023.6

ISBN 978-7-03-074168-4

Ⅰ. ①木… Ⅱ.①张… ②刘… Ⅲ. ①木材–核磁共振–弛豫–研究 Ⅳ.①S781

中国版本图书馆 CIP 数据核字(2022)第 235896 号

责任编辑:张会格 刘 晶 / 责任校对:宁辉彩
责任印制:赵 博 / 封面设计:刘新新

科 学 出 版 社 出版

北京东黄城根北街 16 号
邮政编码:100717
http://www.sciencep.com

北京华宇信诺印刷有限公司印刷
科学出版社发行 各地新华书店经销

*

2023 年 6 月第 一 版 开本:B5 (720×1000)
2024 年 11 月第二次印刷 印张:15 1/2
字数:311 000

定价:168.00 元
(如有印装质量问题,我社负责调换)

前　　言

　　核磁共振现象的发现，极大地促进了科学技术的发展。作为一种强大的实验手段和重要的检测工具，核磁共振现已被广泛应用于物理、化学、医疗、食品、生物、地质等学科领域。

　　核磁共振弛豫机制理论的发展和完善使得时域核磁共振（time-domain nuclear magnetic resonance，TD-NMR）技术成为分子动力学研究的强有力工具，在越来越多的领域发挥着重要作用。20 世纪 70 年代，这一技术第一次被应用于木材科学与技术领域，因其对含氢物质（尤其是水分）具有灵敏和精确的表征优势，所以成为研究木材和水分之间关系最重要的方法之一。然而，时至今日，仍然没有系统性和针对性很强的、利用时域核磁共振技术研究木材科学的相关专著出版。鉴于此，本书著者将多年的相关研究成果与心得进行了系统的梳理和总结，以期能对木材科学与技术的研究人员以及相关领域的从业人员起到参考借鉴作用，对时域核磁共振技术和木材科学等相关学科的交叉发展起到促进的作用。

　　木材中的水分一直是木材科学与技术领域的研究热点，其原因是木制品发生的质量问题 90%都与木材中的水分相关。对于木材中水分的存在形式、状态和迁移还有很多争论。本书从时域核磁共振的弛豫机理出发，通过弛豫实验数据第一次将细胞壁水与细胞腔水以及结合水和自由水区分开来，通过实验结果论证了细胞壁水同时包含结合水和自由水，细胞腔水也同时包含结合水和自由水的新发现，并对现有的国内外文献中有关结合水横向弛豫时间的测定结果（1~10ms）进行了修正（1ms 以内）。同时，通过实验数据论证了木材含水率在高于纤维饱和点时，结合水的含水率不超过 20%。这一新发现对消除 100 多年来有关纤维饱和点概念的分歧具有重要而深远的意义，同时为木材水分的研究开辟了新的道路。由于木制品 70%的成本来自木材干燥，因此本书的新发现必将为木材干燥的节能减排、干燥缺陷控制提供理论指导。

　　本书是国内外第一本将核磁共振弛豫机理用于木材科学与技术研究的专著，通过将核磁共振弛豫机理、大量实验数据与木材科学有机结合，介绍了木材含水率时域核磁共振测定方法、木材水分状态和迁移的核磁共振弛豫行为、木材分层吸湿性的核磁共振弛豫特征、木材孔隙的核磁共振弛豫表征方法、木材载荷与核磁共振二阶矩的关系、表面炭化木材吸湿吸水性的核磁共振弛豫行为、人造板吸水的核磁共振弛豫过程及脲醛树脂固化过程中的核磁共振弛豫特征。

本书的主要读者对象是木材科学与技术、多孔材料、分子动力学、力学、传质学和波谱学等领域的研究人员以及高校相关学科的研究生，同时书中的时域核磁共振研究方法对生物质材料的表征也具有借鉴意义。

本书的撰写得到了国家自然科学基金委（项目号 31860185、31160141、30800866、31960292）和国家留学基金委的资助；感谢内蒙古农业大学的支持鼓励并提供科研平台，感谢赵芝弘博士、闫越硕士等研究生们的辛勤付出；感谢加拿大新不伦瑞克大学核磁共振成像研究中心所有研究人员的讨论和支持，尤其是合作导师 Bruce J. Balcom 教授的独到见解，他基于对核磁共振弛豫机制的理解，质疑了结合水和细胞壁水是同一概念的说法，使著者在对国内实验数据的理解与分析过程中深受启发；也非常感谢家人一如既往的支持，正是由于他们的无私奉献，才使本书能够呈现给广大读者。

由于著者水平有限，书中的疏漏之处在所难免，恳请读者不吝赐教，万分感谢！

著 者

2022 年 6 月

于呼和浩特

目　　录

第1章 核磁共振基础

核磁共振（nuclear magnetic resonance，NMR）是在具有磁矩和角动量原子核的系统中所发生的一种现象，现被广泛应用在化学[1-5]、医疗[6-11]、食品[12-16]、生物[17-20]、地质[21-23]等学科领域，成为一种强大的实验手段和重要的检测工具。

1.1 核磁共振技术发展历史

1924 年，Pauli 曾预言从原子光谱的细微结构预测有些原子核应该具有自旋角动量及磁矩，且这些磁矩会在外磁场的作用下形成一组能阶，并在适当频率的射频作用下出现共振吸收现象。然而由于当时科技落后，他并没有手段加以验证。

1930 年，哥伦比亚大学的 Rabi 发现了原子核在磁场中会沿磁场方向呈有序的平行排列，在施加无线电波之后，原子核的自旋方向会发生翻转。凭借这一发现，他获得了 1944 年诺贝尔物理学奖。

1945 年年底，哈佛大学的 Purcell 在石蜡样品中观测到稳态的核磁共振信号。几乎在同一时间（1946 年年初），斯坦福大学的 Block 在水中观测到了稳态的核磁共振现象。两人因为这一发现而分享了 1952 年诺贝尔物理学奖。

就在 Purcell 和 Block 获奖的 1952 年，瓦里安公司研制出了世界上第一台商用核磁共振波谱测定仪（Varian HR-30）；同年 9 月，这台仪器在得克萨斯州的一家石油公司（Humble Oil Company）投入使用。

20 世纪 50 年代，核磁共振在理论上也不断取得突破和创新，例如，在分析和解释弛豫现象方面，先后有 1953 年布洛赫提出的布洛赫方程（Bloch equations）、1955 年所罗门提出的所罗门方程（Solomon equations）和 1957 年雷德菲尔德提出的雷德菲尔德理论（Redfield theory）等。

1962 年，世界上第一台超导磁体的核磁共振波谱测定仪在瓦里安公司诞生。

1965 年，在瓦里安公司工作的 Ernst 提出了利用核磁共振技术来测定物质结构的新方法，将傅里叶变换方法真正引入到了核磁共振技术中，相对于化学界所使用的传统光谱学方法，这一创新数十甚至数百倍地提高了物质结构测定的敏感度。

1966～1968 年，为了用傅里叶变换方法处理大量的数据，计算机被应用于核磁共振的数据处理和程序控制当中。

1970 年，世界上第一台用于商业化目的的超导磁体傅里叶变换核磁共振波谱测定仪在德国的布鲁克公司（Bruker Company）正式生产。

1971 年，美国科学家 Damadian 在实验鼠体内发现了肿瘤和正常组织之间核磁共振信号有明显的差别，从而揭示了核磁共振技术在医学领域应用的可能性。

1973 年，Lauterbur 和 Mansfield 分别独立发表文章，来阐述核磁共振成像的原理。他们都认为用线性梯度场来获取核磁共振的空间分辨率是一种有效的解决方案，为核磁共振成像奠定了坚实的理论基础。就在同一年，世界上第一幅二维核磁共振图像产生。

1974 年，Lauterbur 获得活鼠的核磁共振图像。

1976 年，Mansfield 获得世界上第一幅人体断层图像。

从此，核磁共振成像（NMRI）技术向医学临床应用和其他更广泛的领域迅速扩展，引发了众多学科的基础研究和技术发展的深刻变革。

20 世纪 80 年代，在 Fenn、Tanaka 和 Wüthrich 等科学家的共同努力下，生物大分子的核磁共振波谱测量技术得到成功发展，这对于生物学和医学基础理论的研究都有着不可估量的重要意义。例如，他们的成果几乎立即就对生物制药领域产生了深刻的影响，特别是在 20 世纪 90 年代对艾滋病药物的研制有突出的贡献，他们也因此荣获了 2002 年诺贝尔化学奖[24, 25]。

到目前为止，核磁共振技术的发展仍然方兴未艾。该技术在物理学的量子信息处理、化学领域的分子结构测试及有机合成反应、心理学及精神卫生、生物和食品制造加工、煤层勘探和油气测量、测井技术、木材加工和处理、造纸技术等众多领域的基础理论研究及应用方面都有着非常重要的贡献和潜在的技术创新前景。

1.2 原子核的自旋和磁矩

核磁共振主要是由原子核的自旋运动引起的。核内的质子和中子除了做自旋运动以外，还做轨道运动，因此就会产生自旋角动量（P_s）和轨道角动量（P_l），而这些角动量的矢量和构成了原子核的自旋角动量（P）。自旋角动量遵从角动量的普遍规律：

$$P = \frac{h}{2\pi}\sqrt{I(I+1)} \tag{1-1}$$

式中，h 是普朗克常数 $6.626 \times 10^{-34}\,\text{J·s}$；$I$ 为原子核的自旋量子数。对于组成自然界的原子来说，$I \geq 0$，自旋角动量（P）≥ 0。事实证明，只有 $I > 0$（$P > 0$）的原子才能产生核磁共振信号。

如果原子核的质子数与中子数均为偶数，且核子处于最低的那些能级，则在每一个能级上所占有的核子数都是偶数。原子核具有稳定结构，服从能量极小原理，同一能级中的偶数个核子具有相同大小的自旋角动量（P_s）和轨道角动量（P_l），且成对的两个核子的角动量方向相反。因此，同一能级的所有核子的角动量矢量和为零，核子磁矩通常成对抵消，所以对于质子数和中子数都为偶数的原子核来说，自旋量子数为零。由公式（1-1）可知，原子核的自旋角动量（P）=0 时，原子核不能产生核磁共振信号。

当原子核的质量数为奇数，即质子数为偶数、中子数为奇数（或质子数为奇数、中子数为偶数），同一能级的偶数核子的角动量矢量和为零，因此，原子核的自旋应与最后一个奇核子的角动量相同。对于质子数和中子数都为奇数的原子核来说，核的自旋由最后一个奇中子和奇质子耦合而成。由于中子和质子的自旋都是 1/2，因而轨道角动量总是不为零的整数，即 $P>0$，这类原子核能够产生核磁共振信号。

因此，不同的原子核，自旋运动的情况不同，它们可以用核的自旋量子数 I 来表示。自旋量子数与原子的质量数和原子序数之间存在一定的关系，大致分为三种情况，如表 1-1 所示。

表 1-1　自旋量子数与原子的质量数和原子序数之间的关系

自旋量子数（I）	质量数（A）	原子序数（Z）	粒子	NMR 信号
1/2, 3/2, 5/2, …	奇数	奇数或偶数	I = 1/2：$^1H_1$, $^{13}C_6$, $^{19}F_9$, $^{15}N_7$, … I = 3/2：$^{11}B_5$, $^{35}Cl_{17}$, … I = 5/2：$^{17}O_8$, …	有
0	偶数	偶数	$^{12}C_6$, $^{16}O_8$, $^{32}S_{16}$	无
1, 2, 3, …	偶数	奇数	I = 1：$^2H_1$, $^{14}N_7$, … I = 3：$^{10}B_5$, …	有

I 值为零的原子核可以看成是一种非自旋的球体。如图 1-1 所示，I 为 1/2 的原子核可以看成是一种电荷分布均匀的自旋球体，电四极矩（Q）=0，是 NMR 研究最多的核，如 ^1H、^{13}C、^{15}N、^{19}F、^{31}P。I 大于 1/2 的原子核可以看成是一种电荷分布不均匀的自旋椭圆体。电四极矩（Q）>0，核电荷呈长椭球面分布，两极的磁场强度比赤道方向强，如 ^2H、^{10}B、^{23}Na、^{27}Al 等；电四极矩（Q）<0，核电荷向赤道方向密集，呈扁椭球面分布，如 ^7Li、^{17}O、^{51}V、^{35}Cl 等。因为不均匀的电荷分布导致磁共振吸收复杂，因此研究应用较少。

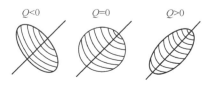

图 1-1　自旋核电荷分布

原子核是带正电荷的粒子，不能自旋的核没有磁矩；能自旋的核有循环的电流，会产生磁场，形成磁矩（μ）。

$$\mu = \gamma P \tag{1-2}$$

式中，P 是角动量；γ 是磁旋比，它是自旋核的磁矩和角动量之间的比值，因此是各种核的特征常数，核的磁旋比越大，则磁性越强。

1.3 核磁共振现象

如图 1-2 所示，如果没有外加磁场，原子核自由运动且自旋方向杂乱无章。在实际情况下，由于所研究的对象都是由大量原子核组成的组合体，因此在转入讨论大量原子核在磁场中的集体行为时，有必要引入一个反映系统磁化程度的物理量来描述核系统的宏观特性及其运动规律，这个物理量叫净磁化矢量。通常将这种净磁化矢量的和称为宏观磁化矢量（M）。由大量原子核组成的系统，相当于一大堆小磁铁，在无外界磁场时，原子核磁矩（μ）的方向是随机的，磁化矢量相互抵消，宏观磁化矢量（M）=0。而在外部磁场中，这些核的运动将受到外部磁场的影响。如果把原子核置于一个固定磁场强度的外加磁场下，核运动受限，逐渐呈有序排列，宏观磁化矢量与外磁场感应强度（B_0）在方向上是一致的。

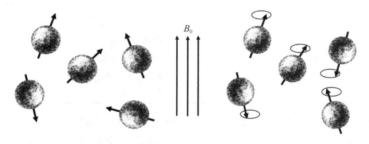

图 1-2 自由运动原子核（左）和外加磁场下原子核（右）

自旋量子数为 I 的原子核在外磁场作用下只可能有 $2I+1$ 个取向。每一个取向都对应一个能级状态，能级低的原子核的磁化矢量顺着磁场方向，能级高的原子核的磁化矢量逆着磁场方向。例如，$I=1/2$ 的 ^{1}H 核有两种取向对应两个能级：一个能量低，顺着磁场方向，磁量子数 $m=+1/2$；另一个能量高，逆着磁场方向，磁量子数 $m=-1/2$，且两种取向均不完全与外磁场平行，夹角 θ 分别为 54°24′ 和 125°36′。

当自旋核（spin nuclear）处于磁场感应强度为 B_0 的外磁场中时，除自旋外，还会绕 B_0 运动，这种运动情况与陀螺的运动情况十分相像，称为拉莫尔进动（Larmor precession）。自旋核进动的角速度（ω）与外磁场感应强度（B_0）成正比，比例常数即为磁旋比（magnetogyric ratio）。

$$\omega = 2\pi \nu_0 = \gamma B_0 \qquad (1\text{-}3)$$

式中，ν_0 是进动频率；γ 为磁旋比，即原子核的磁矩与自旋角动量之比。不同的原子核磁旋比不同，对于 ^1H 来说，$\gamma=42.6\text{MHz/T}$。由公式（1-3）可知，对于相同的原子核，不同磁场强度下的进动频率不同。

在外磁场中，原子核能级产生分裂，由低能级向高能级跃迁时需要吸收能量。对于 ^1H 核，其两种取向的能量差（ΔE）$=\mu B_0=P\omega$。一个原子核要从低能态跃迁到高能态，必须吸收 ΔE 的能量。让处于外磁场中的自旋核接受一定频率的电磁波辐射，当辐射的能量恰好等于自旋核两种不同取向的能量差时，处于低能态的自旋核吸收电磁辐射能跃迁到高能态，这种现象称为核磁共振。所以 $\Delta E=\mu B_0=\text{h}\nu_0$，根据拉莫尔进动方程，可以推得 $\nu_0/B_0=\gamma/2\pi$。

综上，核磁共振发生的条件主要有三点：第一，原子核要有自旋性；第二，有外磁场保证原子核能产生分裂；第三，有跃迁所需的能量。根据 $\nu_0/B_0=\gamma/2\pi$ 可知：①对于同一种核，磁旋比（γ）为定值，外磁场感应强度（B_0）发生变化，照射频率 ν 也需要变化；②不同原子核，磁旋比（γ）不同，产生共振的条件不同，需要的外磁场感应强度（B_0）和照射频率 ν 不同；③固定外磁场感应强度（B_0），改变 ν（扫频），不同原子核在不同频率处发生共振，也可固定 ν、改变 B_0（扫场），其中扫场的方式应用较多。例如，^1H 在 1.409T 的磁场中共振频率为 60MHz，而在 2.350T 时共振频率为 100MHz。

1.4　能级分布和弛豫过程

由能量最低原理[26]可知，温度越低，分子/原子的运动状态越稳定。在热力学温度为 0K 时，外加磁场下的全部原子核都处于低能态，因此总磁化矢量表现为顺磁场方向；而在常温下，热运动使磁场中的一部分原子核处于高能态，因此导致这部分原子核为逆磁场方向。在一定温度下，处于高能态和低能态的原子核数会达到一个热平衡，而低/高能态原子核的个数符合玻尔兹曼（Boltzmann）分布：

$$\frac{N_i}{N_j} = \text{e}^{\Delta E/kT} = \text{e}^{h\nu/kT} \qquad (1\text{-}4)$$

式中，N_i 为处于低能态（基态）核数；N_j 为处于高能态（激发态）核数；ΔE 为高低能态的能量差；$k=1.38066\times10^{-23}$ 为 Boltzmann 常数；T 为绝对温度。核磁共振检测到的信号源自高能级与低能级之间的差值，即原子核产生的磁化矢量，又称为净磁化矢量。如果高、低能级原子核个数相等，就不会观测到核磁共振现象。在 25℃下，^1H 处于 B_0 为 2.3488T 的磁场中，位于低、高能级上的核数目之比为

1.000 016，即处于低能级的核数仅比高能级的核数多 16/1 000 000，核磁信号是靠多出的低能态氢核的净吸收而产生的[27]。由公式（1-4）可知，在外加磁场不变的前提下，温度升高使部分低能级的原子核跃迁到高能级，导致 N_i/N_j 减小，所以通常情况下，温度升高，信号量减小。

当合适的射频照射于原子核，原子核吸收能量后，由低能态跃迁到高能态，其净效应是吸收，产生共振信号。若高能态原子核不能通过有效途径释放能量回到低能态，低能态的原子核数越来越少，一定时间后，$N_i=N_j$，这时不再吸收，核磁共振信号消失，这种现象称为"饱和"。

因此，必须存在一种机制，使体系维持 $N_i>N_j$，以维持低能量粒子数有过量的占有数。所以，在核磁共振条件下，低能态的原子核通过吸收能量向高能态跃迁的同时，高能态的原子核也通过以非辐射的方式将能量释放到周围环境中，由高能态回到低能态，从而保持 Boltzmann 分布的热平衡状态。这种通过无辐射释放能量途径，使原子核由高能态回到低能态的过程，称为"弛豫"。弛豫可分为纵向弛豫（自旋-晶格弛豫）和横向弛豫（自旋-自旋弛豫）。

处在高能级的原子核将能量以热能形式转移给周围粒子而回到低能级，这种释放能量的方式称为纵向弛豫或自旋-晶格弛豫，结果使高能态的原子核数减少、低能态的核数增加，全体原子核的总能量下降。周围的粒子，对固体样品指的是晶格，对液体样品指的是周围的同类分子或溶剂分子。自旋-晶格弛豫过程所经历的时间以 T_1 表示，T_1 越小，表明弛豫过程的效率越高，越有利于核磁共振信号的测定。固体和黏稠液体样品的振动、转动频率较小，不能有效地产生纵向弛豫，T_1 较长，可达几个小时。对于气体或非黏稠液体样品，T_1 一般只有 $10^{-4} \sim 10^2 s$。

自旋原子核之间进行内部的能量交换，高能态的核将能量转移给同类的低能态的核，使它变成高能态而自身返回低能态，这种释放能量的方式称为横向弛豫或自旋-自旋弛豫。结果使原子核的总量不变，全体原子核的总能量也不改变。横向弛豫过程所经历的时间以 T_2 表示，固体和黏稠液体中由于各个原子核的相互位置比较固定，有利于相互间能量的转移，T_2 较小，为 $10^{-5} \sim 10^{-4} s$，一般气体或非黏稠液体样品的 T_2 为 1s 左右。

1.5 时域核磁共振测试基础

核磁共振波谱仪可分为连续波核磁共振波谱仪和脉冲傅里叶变换核磁共振波谱仪两类。

连续波核磁共振波谱（CW-NMR）仪是指射频的频率和外磁场的强度是连续变化的，即进行连续扫描，直到被观测的原子核依次被激发产生核磁共振。可固定磁场连续改变辐射电磁波频率得到共振信号，称为扫频法；也可以固定频率，连续改变磁场，称为扫场法。连续波核磁共振波谱仪如果扫描过快，共振核来不及弛豫，会使信号严重失真，所以其扫描时间长、灵敏度低、所需样品量大。目前，连续波核磁共振波谱仪已逐渐被脉冲傅里叶变换核磁共振波谱仪所取代。

脉冲傅里叶变换核磁共振波谱（PFT-NMR）仪不是通过扫描或扫频产生共振信号，而是恒定磁场，施加全频脉冲，产生共振，采集产生的感应信号，经过傅里叶变换获得波谱。其具有采样时间短、分析速度快、灵敏度高等优点。根据射频频率不同，核磁共振波谱仪又可分为高场核磁共振波谱仪和低场核磁共振波谱仪。尽管高场系统具有高信噪比（SNR）、高分辨率及高图像质量等诸多优点，但是价格会比较昂贵。实际上，在很多情况下，为了获得所研究物质的弛豫信息，低场核磁共振技术就足够满足需求。低场波谱仪系统，相对高场波谱仪的价格会便宜很多；而且由于低场波谱仪设计结构简单，比较适用于现场测试。

低场核磁共振波谱仪又称时域核磁共振波谱仪。常用的核磁共振信号采集包括 FID（自由感应衰减）、T_1（自旋-晶格弛豫时间，又称纵向弛豫时间）和 T_2（自旋-自旋弛豫时间，又称横向弛豫时间）。

1.5.1　自由感应衰减

核磁共振本质上是一种通过激发原子核自旋系统产生自由进动信号，然后观测系统的弛豫过程，从而获取原子核信息的检测技术。为了达到激发样品产生弛豫的目的，通常会设法将宏观磁化强度扳转到与静磁场方向垂直的方向，比较常用的方法有射频脉冲方法和预极化方法。在射频脉冲方法中，用得最多的是单脉冲序列。单脉冲序列是一种典型的 90°射频脉冲，它可以实现宏观磁化矢量的 90°扳转，如图 1-3 所示。在脉冲结束以后，核磁矩系统开始弛豫，并产生自由感应衰减信号，如图 1-4 所示。FID 信号强度与样品中 H 的含量成正比，信号衰减的速度与分子的活性（运动性）成正比。当被测物为固体时，曲线衰减最快，如图 1-5 所示，图中曲线分别为液体的 FID 信号、固液混合体的 FID 信号和固体的 FID 信号[28, 29]。

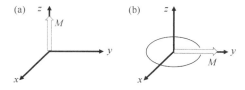

图 1-3　射频场下宏观磁化矢量（M）的变化

（a）平衡状态下；（b）90°射频脉冲作用下

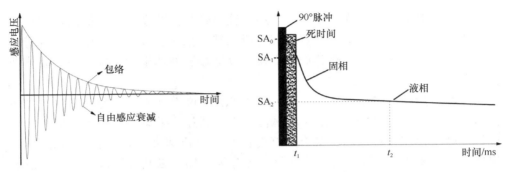

图 1-4　自由感应衰减信号

SA_0 是初始信号强度；SA_1 是检测到的最大信号强度；SA_2 是完成衰减后信号强度；
t_1 代表检测到信号的时间；t_2 代表衰减完的时间

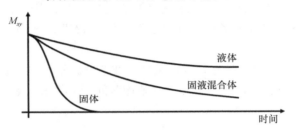

图 1-5　自由感应衰减曲线

M_{xy} 是 x-y 平面上的磁化矢量

1.5.2　弛豫时间

　　原子核自旋系统的弛豫过程本质上是原子核自旋系统的宏观磁化矢量在实验室坐标系平面 x-y 的自由衰减过程。当施加一个适宜频率的 90° 射频脉冲，原子核自旋方向发生改变，由低能级跃迁至高能级，宏观磁化矢量方向偏转 90° 变为 M_{xy}。当撤掉射频脉冲后，高能级的原子核释放吸收的能量逐渐恢复至发生磁共振前的低能级，宏观磁化矢量由 M_{xy} 逐渐恢复到 M_0，其运动轨迹可由图 1-6 形象地描述，这一恢复的过程叫作弛豫过程，而它所需的时间就叫弛豫时间。

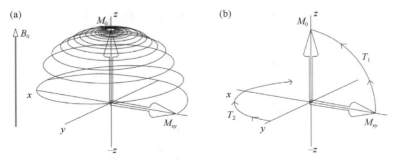

图 1-6　自旋-自旋弛豫（a）与自旋-晶格弛豫（b）

弛豫时间包括两种，即 T_1 和 T_2。如图 1-6 所示，撤掉 90°脉冲后，宏观磁化矢量由 M_{xy} 变为 M_0，T_1 弛豫描述的是总磁化矢量由 x-y 平面向 z 轴的变化过程，T_2 描述的是宏观磁化矢量在 x-y 平面上的变化过程。

1.5.2.1　自旋回波法测定横向弛豫时间

自旋回波是核磁共振技术上的一个重大突破，对于核磁共振技术的发展具有重大影响意义。它的提出是为克服静磁场不均匀性对核磁共振信号检测的影响，准确测定横向弛豫时间而逐步发展起来的。自旋回波脉冲序列以 "90°-τ-180°-τ-回波" 的形式组成，其作用结果如图 1-7 所示，在 90°射频脉冲后即可观察到 FID 信号；在 180°射频脉冲后面对应于初始时刻的 2τ 处会观察到一个回波信号，这个回波信号是在脉冲序列作用下核自旋系统的运动引起的，称为自旋回波（spin echo，SE）。

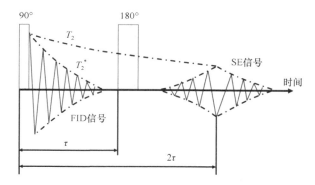

图 1-7　90°脉冲和 180°脉冲作用下所形成的 FID 信号和 SE 信号

如图 1-8（a）、（b）所示，总磁化强度 M_0 在 90°射频脉冲作用下绕 z 轴转到 y 轴上，脉冲消失后，核磁矩自由旋进受到 B_0 不均匀的影响，由于样品中不同部分的核磁矩具有不同的旋进频率，结果使磁矩相位分散并呈扇形展开。为此，可把宏观量 M 看成是许多微观分量 M_i 的和，从旋转坐标系看，旋进频率等于 ω_0 的分量在坐标系中相对静止，旋进频率大于 ω_0 的分量向前转动，小于 ω_0 的分量向后转动。图 1-8（c）表示在 180°射频脉冲作用下磁化强度的各微观分量 M_i 绕 x 轴旋转 180°，并继续沿它们原来的转动方向运动。图 1-8（d）表示 $t = 2\tau$ 时刻各磁化强度刚好汇聚到-y'轴上，这就是所谓的自旋相位重新定相或重聚。图 1-8（e）表示 $t > 2\tau$ 以后，由于磁化强度各分量继续转动而又呈扇形展开，因此会得到如图 1-7 所示的自旋回波信号。

然而，磁场的非均匀性和 T_2 弛豫都会引起自旋进动相位弥散。如果在不同的时间内，加入多个 180°射频脉冲，可以检测到以 T_2 为特征的自旋回波幅度衰减信号。因此，每隔时间 τ 施加一个不连续的脉冲序列，检测 2τ 时刻的 SE（自旋回

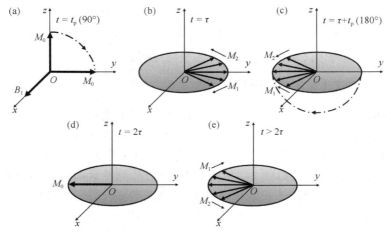

图 1-8　90°-τ-180°自旋回波的矢量图解

波）幅度值从而确定 T_2。但是，由于分子扩散效应，自旋回波法的应用受到了限制。因为如果扩散运动使原子核在不均匀磁场中从一个位置移动到另一个位置，就会导致回波信号衰减。而所有自旋磁化矢量准确重聚的前提是在自旋相位重聚实验期间（2τ），每个原子核都处在磁场中固定不变的位置上。

　　1954 年 Carr 和 Purcell 改进了上述简单的自旋回波法，从而大大减小了扩散运动的影响。此方法如下：在 $t=0$ 加入一个 90°射频脉冲，随后在 $t=\tau,\ 3\tau,\ 5\tau,\ \cdots$ 时加入一系列的 180°射频脉冲，这样 $t=2\tau,\ 4\tau,\ 6\tau,\ \cdots$ 自旋相位重聚产生回波信号。但是，180°射频脉冲宽度准确性不高，导致自旋回波幅度产生误差，并且此误差会随着 Carr-Purcell 序列中 180°射频脉冲的增加而累积起来，变得更加严重。因此，1958 年 Meiboom 和 Gill 为了消除这种误差，改进 Carr-Purcell 序列为 Carr-Purcell-Meiboom-Gill（CPMG）脉冲序列。CPMG 脉冲序列是测定 T_2 最常用的方法，此序列采用的脉冲和 Carr-Purcell 序列的相同，但是所应用的 180°射频脉冲都是沿着 y 轴正方向。因此每一个自旋相位重聚都沿着 y 轴的正方向，所有回波也沿着 y 轴的正方向，如图 1-9 所示。

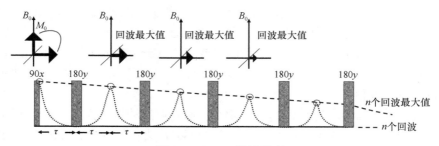

图 1-9　CPMG 脉冲序列

τ 为半回波时间

在 $t=2\tau, 4\tau, 6\tau, \cdots$ 时产生了一系列回波。因为横向弛豫是指数衰减的过程，此时通过 CPMG 方法检测回波串，通常也包含有指数衰减成分，并在幅度上以 $1/T_2$ 的速率衰减。根据公式（1-5）可以确定横向弛豫的时间 T_2：

$$A_{(T_e)} = A_{(0)}e^{\left(\frac{T_e}{T_2}\right)} \tag{1-5}$$

式中，$T_e=2n\tau$，$n=1, 2, \cdots$，τ 是半回波时间；$A_{(T_e)}$ 表示某一时刻 T_e 的回波信号幅度；$A_{(0)}$ 表示的是回波信号的初始幅度；T_2 表示横向弛豫时间。

CPMG 法的缺点是时间长，对一些弛豫速度太快的原子核，在获得足够的数据之前，它们的信号已经消失了。因此，对于衰减比较快的物质，尤其是固体物质，仍然采用单个 90°射频脉冲获得信息。Fullerton 和 Cameron 提出，对于固体物质，由于 T_2 如此之短，由磁场不均匀性产生的弛豫 $1/T_{2m}$ 并不重要，即 $\frac{1}{T_2^*} = \frac{1}{T_2} + \frac{1}{T_{2m}} \propto \frac{1}{T_2}$，或者 $T_2 \propto T_2^*$，其中 T_2^* 表示不均匀磁场中的弛豫时间，T_2 表示分子本身自旋磁矩相互作用产生的弛豫时间，T_{2m} 表示磁场非均匀性引起的横向弛豫时间。

在实际测量的过程中，合理增加回波个数 n 将有效提高检测信号的信噪比，同时还可以提高对衰减较慢的长 T_2 分量的分辨能力；相反，减小 τ，则将降低扩散对 T_2 测量的影响，并提高对衰减较快的短 T_2 分量的分辨能力。

1.5.2.2　纵向弛豫时间测定

对于纵向弛豫时间的测量，通常采用的是反转恢复脉冲序列。测量原理如图 1-10 所示。首先，180°射频脉冲把初始磁化矢量（M）从 z 轴翻转到 $-z$ 轴，M 没有横向分量，也就没有 FID 信号。经过一段时间 τ 的延迟之后，在散相的作用下，纵向磁化矢量会逐步恢复得到稳定状态。接着施加 90°射频脉冲，则纵向磁化矢量 M 便翻转到 y 轴上，这时接收线圈将会感应得到 FID 信号。

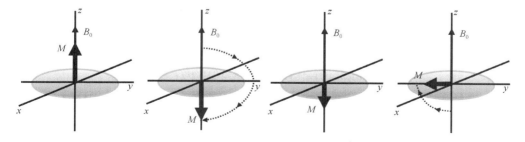

图 1-10　180°-τ-90°反转恢复的矢量图解

在实际测量中，与 T_2 测定相同，反转恢复射频脉冲是以（180°- τ - 90°- A_t - P_D）

脉冲对的形式周期性施加的。其中，A_t 是检测期，此时可以检测到自由衰减信号；P_D 是每周期脉冲对之间的间隔时间，在此期间没有脉冲发射，磁化矢量经过弛豫之后逐步完全恢复，以等待下一次的测量。图 1-11（b）展示了纵向磁化矢量大小的变化过程，而图 1-11（c）是每次测量得到的波形幅度。

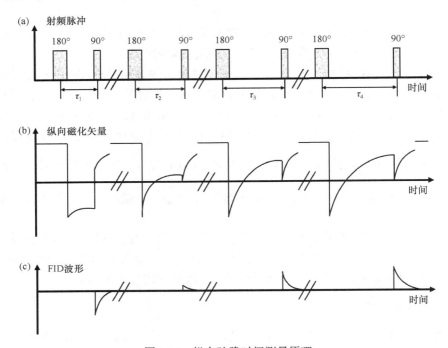

图 1-11　纵向弛豫时间测量原理

　　对于这种反转恢复脉冲的数据结果，多是通过改变 τ 值来实现，因而得到一组 $M_z(\tau)$ 值。通常会先取一个时间较长的 τ（通常大于 $5T_1$），以便于确定 $M_z(0)$ 的大小。纵向弛豫服从指数衰减的过程，因此检测到的 FID 信号串通常也会包含有指数衰减成分。而在幅度上，$M_z(\tau)$ 也将以 $1/T_1$ 的速率呈指数形式逐步地恢复到初始状态，即

$$M_z(\tau)=M_z(0)[1-2\exp(-\tau/T_1)]　或$$
$$\ln[M_z(0)-M_z(\tau)]=\ln[2\,M_z(0)]-\tau/T_1 \tag{1-6}$$

　　由公式（1-6），通过在对数坐标系上作图可以发现，$[M_z(0)-M_z(\tau)]$ 与 τ 呈直线相关关系，其斜率等于 $-1/T_1$，由此可以确定出 T_1 值的大小。

　　除反转恢复法外，纵向弛豫过程的测量还可以通过饱和恢复法等脉冲序列来实现。饱和恢复法是一种以 CPMG 脉冲序列为基础的测量方法，其测量过程为 $(90°\text{-}T\text{-}90°\text{-}T\text{-}90°)\text{-}(\text{wait})_i\text{-}(90°)_x\text{-}[\tau\text{-}(180°)_y\text{-}\tau\text{-}\text{echo}]_j$，式中，$T$ 是两个 $90°$ 脉冲之间

的时间间隔；$(wait)_i$ 表示等待第 i 次测量；x 代表 x 轴，y 代表 y 轴；j 表示第 j 次测量；echo 代表回波。这种测量方法的基本思想是先通过一系列短时间间隔的 $90°$ 脉冲使磁化矢量饱和，然后通过 CPMG$\{(90°)_x-[\tau-(180°)_y-\tau-echo]_j\}$ 脉冲序列观测纵向弛豫过程。通常 T 时间取值非常短，以便达到使自旋系统饱和的目的。在经过不同的等待时间后，便可以采集到自旋回波串。各回波串初始幅度所组成的包络线，将按照由纵向弛豫时间确定的速率变化。通过这种包络线的变化，便可以完成对纵向弛豫过程的测量。

1.6　快速场循环核磁共振技术

　　传统的低场核磁共振技术在固定的磁场强度下无法获得复杂系统的分子动力学特征[30]，而快速场循环弛豫核磁共振（FFC-NMR）技术可以改变弛豫场的磁场频率，通过测得自旋-晶格弛豫率（$R_1=1/T_1$）来获得整个复杂分子系统的结构和分子动力学特征[31]，具有传统时域核磁共振技术不具有的优势，现在已成为动力学研究的有力工具[32,33]。第一台快速场循环核磁共振波谱仪诞生于 20 世纪 60 年代，是由 IBM 沃特森研究实验室的 Redfield、Fite、Bleich，以及斯图加特大学的 Kimmich 和 Noack 共同研发的[31]。但是直到 1997 年，第一台可以商业应用的快速场循环弛豫仪（spinmaster FFC-NMR）才正式被投入市场，是由意大利 Stelar 公司开发研制的[34]。不同于传统的定场时域核磁共振技术，快速场循环核磁共振技术通过调节电流使得电磁体的磁场拉莫尔频率在一定范围内以一定规律快速切换，进而使得探测不同频率的分子运动成为可能。根据原子核所在弛豫场拉莫尔频率的不同，自旋-晶格弛豫测定所用的序列也有区别。一般在低磁场频率下使用极化序列，在高磁场频率下使用非极化序列。通常，一次完整的 T_1 检测过程主要分为三个过程，依次为极化过程、弛豫过程和信号采集过程[29,31]。图 1-12（a）为低磁场频率下极化序列示例。

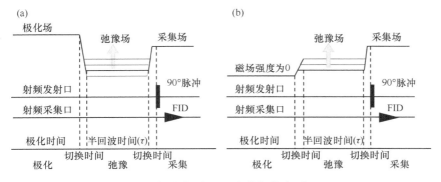

图 1-12　极化序列（a）和非极化序列（b）

（1）极化过程（polarization）。由原子核的玻尔兹曼能级分裂可知，在弛豫场的磁场频率较低的情况下，$\frac{N_{+1/2}}{N_{-1/2}}$ 比值较小，即不能形成足够大的高能级与低能级原子核能量差，以至于没有足够的净磁化矢量与射频脉冲形成共振。所以需要施加一个较高的磁场强度对原子核进行一段时间（通常≥$5T_1$）的预极化以提高净磁化矢量。

（2）弛豫过程（relaxation）。经过预极化后，磁场迅速切换到弛豫场，原子核在某一固定的弛豫场频率下进行核磁弛豫。一般而言，弛豫场的磁场频率能够在仪器允许的频率范围内进行单次切换，且每一个磁场频率下的原子核弛豫所经历的时间（τ）也并不唯一，由此导致由激发态返回到平衡态的质子形态和数量有所不同，使被检测物质中不同运动状态的原子核的弛豫特征得以区分。

（3）信号采集过程（acquisition）。原子核在弛豫场经过时间 τ 后，迅速进入下一个磁场频率下进行信号采集。信号采集场的磁场频率固定不变。通过射频单元发射一个 90°脉冲作用于弛豫后的自旋原子核，原子核重新被激发，脉冲结束后，自旋原子核向平衡态返回，此时接收器检测的 FID 信号作为组成 T_1 衰减的一个单元。

与极化序列相似，非极化序列［图 1-12（b）］也分为三个过程。主要的区别在于非极化序列的初始磁场频率相对较大，被检测物质在较高的能级分裂的前提下能够提供足够强的信号强度，所以不需要预先极化。对应弛豫和信号采集过程，非极化序列与极化序列相同。此外，两种序列得到的 T_1 曲线也有所不同（图 1-13），非极化序列得到的是 T_1 恢复曲线，而极化序列得到的是 T_1 衰减曲线。

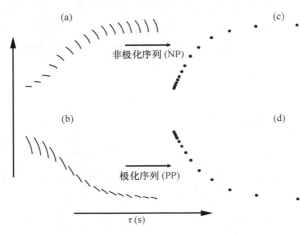

图 1-13　T_1 恢复（c）/衰减（d）信号

参 考 文 献

[1] 王桂芳, 马廷灿, 刘买利. 核磁共振波谱在分析化学领域应用的新进展[J]. 化学学报, 2012, 70(19): 2005-2011.

[2] 吴爱芹. 核磁共振在聚酯分析中的应用——聚酯组成和羟值测试[D]. 青岛: 中国海洋大学硕士学位论文. 2005.

[3] Urman Y G, Slonim I Y, Konovalov A G. Nuclear magnetic resonance in polyformaldehyde[J]. Polymer Science U.S.S.R., 1964, 6(9): 1828-1833.

[4] Cooke R, Carter B G, Martin D M A, et al. Nuclear magnetic resonance studies of the snake toxin echistatin[J]. European Journal of Biochemistry, 1991, 202(2): 323-328.

[5] Allen R A, Ward I M. Nuclear magnetic resonance studies of highly oriented liquid crystalline copolyesters[J]. Polymer, 1991, 32(2): 202-208.

[6] 邓志成, 李璟, 许美凤, 等. 核磁共振技术在药物分析鉴定中的应用[J]. 分析测试学报, 2012, 31(09): 1081-1088.

[7] 史艺文. 核磁共振简易谱在药学中的应用探讨[D]. 郑州: 河南大学硕士学位论文. 2014.

[8] 谭志高. 核磁共振对吐温 80 与中药化学成分相互作用的研究[D]. 北京: 中国中医科学院硕士学位论文. 2012.

[9] Tanaka C, Naruse S, Horikawa Y, et al. Proton nuclear magnetic resonance spectra of brain tumors[J]. Magnetic Resonance Imaging, 1986, 4(6): 503-508.

[10] Conway M A, Radda G K. Nuclear magnetic resonance spectroscopic investigations of the human myocardium[J]. Trends in Cardiovascular Medicine, 1991, 1(7): 300-304.

[11] 高秀香, 徐怡庄, 赵瑞仙, 等. 核磁共振波谱在肿瘤诊疗中的应用研究进展[J]. 光谱学与光谱分析, 2008, 28(8): 1942-1950.

[12] 王永巍, 王欣, 刘宝林, 等. 低场核磁共振技术检测煎炸油品质[J]. 食品科学, 2012, 33(6): 171-175.

[13] 杨赫鸿, 李沛军, 孔保华, 等. 低场核磁共振技术在肉品科学研究中的应用[J]. 食品工业科技, 2012, 33(13): 400-405.

[14] 要世瑾, 杜光源, 牟红梅, 等. 基于核磁共振技术检测小麦植株水分分布和变化规律[J]. 农业工程学报, 2014, 30(24): 177-186.

[15] 周凝, 刘宝林, 王欣. 核磁共振技术在食品分析检测中的应用[J]. 食品工业科技, 2011, 32(1): 325-329.

[16] 周水琴. 基于核磁共振成像的梨果品质无损检测方法研究[D]. 杭州: 浙江大学博士学位论文. 2013.

[17] 胡蕴菲, 金长文. 蛋白质溶液结构及动力学的核磁共振研究[J]. 波谱学杂志, 2009, 26(2): 151-172.

[18] 施蕴渝, 吴季辉. 核磁共振波谱研究蛋白质三维结构及功能[J]. 中国科学技术大学学报, 2008, 38(8): 941-949.

[19] 史朝为. 针对膜蛋白结构解析的核磁共振方法发展和应用[D]. 合肥: 中国科学技术大学博士学位论文. 2013.

[20] Borisjuk L, Rolletschek H, Neuberger T. Nuclear magnetic resonance imaging of lipid in living plants[J]. Progress in Lipid Research, 2013, 52(4): 465-487.

[21] 李杰林. 基于核磁共振技术的寒区岩石冻融损伤机理试验研究[D]. 长沙: 中南大学博士学

位论文. 2012.

[22] 谢然红, 肖立志. 储层流体及其在岩石孔隙中的核磁共振弛豫温度特性[J]. 地质学报, 2007, 81(2): 284-288.

[23] Merakeb S, Dubois F, Petit C. Modeling of the sorption hysteresis for wood[J]. Wood Science and Technology, 2009, 43(7): 575-589.

[24] 刘志军. 核磁共振研究的历史[J]. 广西民族大学学报(自然科学版), 2011, 17(2): 25-28.

[25] 张云. 核磁共振技术的历史及应用[J]. 科技信息, 2010, (15): 116-118.

[26] Callen H B. Thermodynamics and an introduction to thermostatistics[M]. New York: John Wiley & Sons. 1985.

[27] 道客巴巴. 核磁共振波谱[Z]. https://www.doc88.com/p-0532955379402.html, 2013.

[28] Abragam A. Principles of nuclear magnetism[M]. Oxford: Clarendon Press. 1961.

[29] Ferrante G, Sykora S. Technical aspects of fast field cycling[J]. Advances in Inorganic Chemistry, 2005, 57(5): 405-470.

[30] Conte P, Alonzo G. Environmental NMR: Fast-field-cycling relaxometry[J]. eMagRes, 2013, 2(3): 389-398.

[31] Kimmich R, Anoardo E. Field-cycling NMR relaxometry[J]. Progress in Nuclear Magnetic Resonance Spectroscopy, 2004, 44(3): 257-320.

[32] Kruk D, Herrmann A, Rössler E A. Field-cycling NMR relaxometry of viscous liquids and polymers[J]. Progress in Nuclear Magnetic Resonance Spectroscopy, 2012, 63: 33-64.

[33] Conte P, Mineo V, Bubici S, et al. Dynamics of pistachio oils by proton nuclear magnetic resonance relaxation dispersion[J]. Analytical and Bioanalytical Chemistry, 2011, 400(5): 1443-1450.

[34] Jia D, Afzal M T. Modeling of moisture diffusion in microwave drying of hardwood[J]. Drying Technology, 2007, 25(3): 449-454.

第 2 章　木材含水率的时域核磁共振测定方法

树木的生长、木材的形成和加工利用均与水分密切相关。木材的含水率影响着木材的物理力学性能，如木材的尺寸稳定性、强度、刚性、硬度、耐腐朽、机械加工性能、燃烧值、导热性、导电性等[1, 2]。核磁共振技术的飞速发展为木材含水率的测试提供了新的方法和途径[3]。

2.1　木材含水率传统测定方法

木材中水分的含量通常用含水率（MC）来表示。木材含水率的测量方法包括称重法、电阻法、电磁法、红外光谱法及介电法等。其中，称重法和电阻法是比较常用的测量木材含水率的方法[4]。

称重法是最基本的测量含水率的方法。按照标准规定，具体的测量是在锯材上截取试片作为代表。试片在截取下来后要立即进行称量，然后放入烘箱进行烘干，温度为（103±2）℃，至最后两次（2h 间隔）称量结果之差不超过试片质量的 0.5%时，认为试片质量达到恒定，然后通过公式进行含水率的计算。公式如下：

$$M = \frac{W - W_0}{W_0} \times 100\% \qquad (2\text{-}1)$$

式中，M 为木材含水率；W 为湿木材试片重量；W_0 为绝干木材试片重量。

称重法虽然比较常用，但是测定所需时间长，测得含水率偏高，不能满足高精度的要求。

电阻法测量木材含水率主要是利用木材的电阻率会随木材含水率升高而快速下降这一电学性质。当木材的含水率降到纤维饱和点以下时，木材的含水率与其电阻率的对数之间存在着一定的线性关系，应用这一关系设计出了电阻法木材含水率仪。用这种含水率仪测量时，只需把探针插入木板之中，就可直接读取含水率数值。但是，应用电阻法测含水率会受到木材材质和温度的影响。由于不同木材所含的灰分量和结晶度会有所不同，因此木材的电阻也会产生差异。除此之外，电阻法测量的含水率值并不是木材的平均含水率，而是两探针之间的含水率，且刺入木材的深度不同，显示的含水率值也会不同，因此测量中不可避免地会产生偏差。

2.2 利用时域核磁共振技术测定木材含水率

研究表明，木材中水的氢原子产生的 FID 信号从 60μs 时开始衰减[5]，而木材内部纤维素、半纤维素、木质素等物质上的氢原子产生的 FID 信号在 35μs 时已经衰减为 0[6]，因此，在 35μs 后采集的 FID 信号几乎完全为水的信号，据此可为木材含水率的计算提供依据。本节将对称重法测得试件含水率与利用时域核磁共振测得的 FID 信号及自旋-自旋弛豫信号进行拟合，确定木材含水率与 FID 信号强度及自旋-自旋弛豫信号强度之间的关系，并将自旋-自旋弛豫信号与木材含水率拟合结果同木材含水率与 FID 信号拟合结果进行对比，同时用称重法来验证其准确性。

2.2.1 测定方法

（1）测定所用木材分别为北京杨（*Populus×beijingensis*）和青杨（*Populus cathayana*），树龄约为 10 年，木材胸径 30cm，采伐于内蒙古呼和浩特市和林格尔县。在距地面 70cm 树干处截取圆盘，然后在圆盘心、边材同一年轮区域内相邻位置各截取 3 个试件，尺寸为 300mm×50mm×50mm（长×宽×厚）或者是 150mm×40mm×40mm（长×宽×厚），前者用于高温干燥，后者用于低温和微波干燥，试件长度方向为树干纵向方向。

（2）测定所用核磁共振波谱仪为德国 Bruker 公司生产的 minispec LF90 时域核磁共振波谱仪及电子箱。探头直径 90mm，磁体中心频率为 6.22MHz，90°脉宽为 14.80μs，180°脉宽为 29.34μs，仪器死时间为 72.1μs。配备此公司研发的 the minispec 应用软件。

（3）称量并记录木材试件的质量，然后放入核磁共振波谱仪中的样品管内测量其自由感应衰减信号及自旋-自旋弛豫信号。测量 FID 参数具体如下：增益值 59dB，扫描次数 8 次，扫描间隔 2s。测量 T_2 参数设置：CPMG 脉冲序列，采样点数为 3000 个，回波时间为 0.4ms。

（4）在核磁共振波谱仪中完成测量后，将试件分别进行高温［干燥温度（105±0.2）℃］、低温［（37±0.2）℃］和微波干燥（微波辐射功率 700W），干燥一段时间后取出，称量并记录试件质量。

（5）重复进行步骤（3）和（4）中的操作，直至试件重量几乎不发生变化，记录试验终了时的试件质量。

（6）每种木材的三个试件分别重复进行上述试验，其中两组为对照组。

2.2.2　高温干燥过程中木材含水率与 FID 及横向弛豫信号强度的关系

高温干燥过程中，北京杨心、边材含水率与对应时刻 FID 和自旋-自旋弛豫最大信号强度的关系分别如图 2-1 和图 2-2 所示。图 2-1 中，$y_1=0.5847x+1.3798$ 为北京杨心材含水率与 FID 信号强度之间的线性回归方程，相关系数 $R_1^2=0.9925$。图 2-2 中，$y_2=0.6436x–2.3044$ 为北京杨心材含水率与自旋-自旋弛豫信号强度之间的线性回归方程，相关系数 $R_2^2=0.9905$。图 2-1 中，$y_3=0.6028x+2.7319$ 为北京杨边材含水率与 FID 信号强度之间的线性回归方程，相关系数 $R_3^2=0.9979$。图 2-2 中，$y_4=0.6263x–0.4986$ 为北京杨边材含水率与自旋-自旋弛豫信号强度之间的线性回归方程，相关系数 $R_4^2=0.9995$。

高温干燥过程中，青杨心、边材含水率与对应时刻 FID 和 T_2 最大信号强度的关系分别如图 2-1 和图 2-2 所示。图 2-1 中，$y_5=0.5447x+1.5722$ 为青杨心材含水率与 FID 信号强度之间的线性回归方程，相关系数 $R_5^2=0.9934$。图 2-2 中，$y_6=0.5869x–1.9599$ 为青杨心材含水率与自旋-自旋弛豫信号强度之间的线性回归方程，相关系数 $R_6^2=0.9914$。图 2-1 中，$y_7=0.5689x+1.0292$ 为青杨边材含水率与 FID 信号强度之间的线性回归方程，相关系数 $R_7^2=0.9950$。图 2-2 中，$y_8=0.6016x–0.7705$ 为青杨边材含水率与自旋-自旋弛豫信号强度之间的线性回归方程，相关系数 $R_8^2=0.9901$。

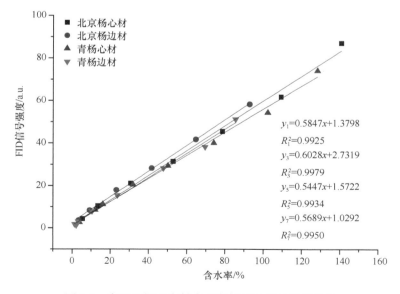

图 2-1　高温干燥下木材含水率与 FID 信号强度关系

a.u. 表示任意单位

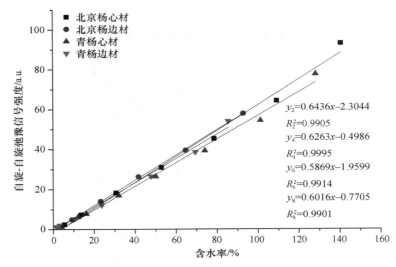

图 2-2　高温干燥下木材含水率与自旋-自旋弛豫信号强度关系

2.2.3　低温干燥过程中木材含水率与 FID 及横向弛豫信号强度的关系

　　低温干燥过程中，北京杨心、边材含水率与对应时刻 FID 和自旋-自旋弛豫最大信号强度的关系分别如图 2-3 和图 2-4 所示。图 2-3 中，$y_1=0.6948x+4.7010$ 为北京杨心材含水率与 FID 信号强度之间的线性回归方程，相关系数 $R_1^2=0.9991$。图 2-4 中，$y_2=0.8196x-4.2934$ 为北京杨心材含水率与自旋-自旋弛豫信号强度之间的线性回归方程，相关系数 $R_2^2=0.9955$。图 2-3 中，$y_3=0.5821x+2.2078$ 为北京杨边材含水率与 FID 信号强度之间的线性回归方程，相关系数 $R_3^2=0.9993$。图 2-4 中，$y_4=0.7058x-2.9240$ 为北京杨边材含水率与自旋-自旋弛豫信号强度之间的线性回归方程，相关系数 $R_4^2=0.9976$。

　　低温干燥过程中，青杨心、边材含水率与对应时刻 FID 和自旋-自旋弛豫最大信号强度的关系分别如图 2-3 和图 2-4 所示。图 2-3 中，$y_5=0.5703x+2.6894$ 为青杨心材含水率与 FID 信号强度之间的线性回归方程，相关系数为 $R_5^2=0.9998$。图 2-4 中，$y_6=0.7076x-2.8380$ 为青杨心材含水率与自旋-自旋弛豫信号强度之间的线性回归方程，相关系数 $R_6^2=0.9993$。图 2-3 中，$y_7=0.5952x+2.9787$ 为青杨边材含水率与 FID 信号强度之间的线性回归方程，相关系数为 $R_7^2=0.9996$。图 2-4 中，$y_8=0.7454x-1.9409$ 为青杨边材含水率与自旋-自旋弛豫信号强度之间的线性回归方程，相关系数 $R_8^2=0.9992$。

2.2.4　微波干燥过程中木材含水率与 FID 及横向弛豫信号强度的关系

　　微波干燥过程中，北京杨心、边材含水率与对应时刻 FID 和自旋-自旋弛豫最

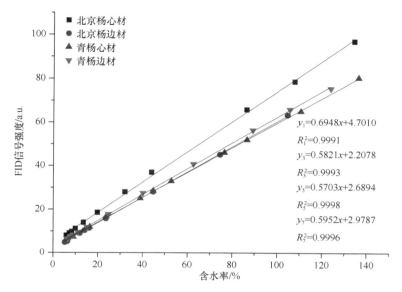

图 2-3　低温干燥下木材含水率与 FID 信号强度关系

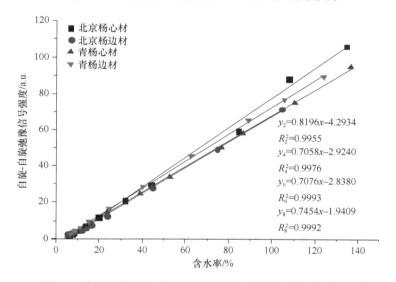

图 2-4　低温干燥下木材含水率与自旋-自旋弛豫信号强度关系

大信号强度的关系分别如图 2-5 和图 2-6 所示。图 2-5 中，$y_1=0.6497x-0.3114$ 为北京杨心材含水率与 FID 信号强度之间的线性回归方程，相关系数 $R_1^2=0.9958$。图 2-6 中，$y_2=0.5844x-2.2839$ 为北京杨心材含水率与自旋-自旋弛豫信号强度之间的线性回归方程，相关系数 $R_2^2=0.9926$。图 2-5 中，$y_3=0.6667x-0.2505$ 为北京杨边材含水率与 FID 信号强度之间的线性回归方程，相关系数 $R_3^2=0.9998$。图 2-6 中，

y_4=0.6315x–1.4164 为北京杨边材含水率与自旋-自旋弛豫信号强度之间的线性回归方程，相关系数 R_4^2=0.9919。

微波干燥过程中，青杨心、边材含水率与对应时刻 FID 和自旋-自旋弛豫最大信号强度的关系分别如图 2-5 和图 2-6 所示。图 2-5 中，y_5=0.5076x+0.1332 为

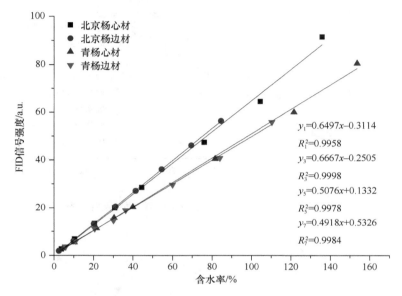

图 2-5　微波干燥下木材含水率与 FID 信号强度关系

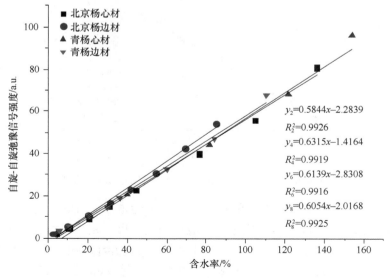

图 2-6　微波干燥下木材含水率与自旋-自旋弛豫信号强度关系

青杨心材含水率与 FID 信号强度之间的线性回归方程，相关系数为 $R_5{}^2$=0.9978。图 2-6 中，y_6=0.6139x–2.8308 为青杨心材含水率与自旋-自旋弛豫信号强度之间的线性回归方程，相关系数 $R_6{}^2$=0.9916。图 2-5 中，y_7=0.4918x+0.5326 为青杨边材含水率与 FID 信号强度之间的线性回归方程，相关系数为 $R_7{}^2$=0.9984。图 2-6 中，y_8=0.6054x–2.0168 为青杨边材含水率与自旋-自旋弛豫信号强度之间的线性回归方程，相关系数 $R_8{}^2$=0.9925。

2.3　本 章 小 结

本章以北京杨和青杨为研究对象，采用高温干燥、低温干燥及微波干燥三种干燥方法，通过测定并分析木材内部水分的自由感应衰减曲线和自旋-自旋弛豫信号强度在干燥过程中的变化，探究其与含水率的关系。结果表明：在三种干燥方法中，通过绝干称重法测得的木材含水率与对应干燥过程的 FID 及 T_2 信号强度都呈高度线性相关，说明利用核磁共振 FID 及 T_2 信号强度均可实现木材含水率的测定。

参 考 文 献

[1] 张久荣. 木材含水率测试技术水平及其前景[J]. 世界林业研究, 1993, (1): 46-53.

[2] 成发勇, 刘佩英, 姜志宏, 等. 木材窑干过程含水率实时在线检测技术述评[J]. 林业科技开发, 2013, 27(4): 7-11.

[3] 高玉磊, 徐康, 蒋佳荔, 等. 时域核磁共振技术在木材科学研究领域的应用[J]. 世界林业研究, 2018, 31(5): 33-38.

[4] 林桢. 木材含水率测量仪检定有关问题分析[J]. 中国计量, 2008, (4): 94-96.

[5] Xu Y, Araujo C, Mackay A, et al. Proton spin-lattice relaxation in wood: T1 related to local specific gravity using a fast exchange model[J]. Journal of Magnetic Resonance, 1996, 110(1): 55-64.

[6] Nanassy A. Use of wide line NMR for measurement of moisture content in wood[J]. Wood Science and Technology, 1973, 5(3): 187-193.

第3章　木材水分状态和迁移的核磁共振弛豫行为

　　木材中的水分传统上主要分为三种存在状态：结合水（吸着水）、自由水和化合水。结合水包括吸附水和微毛细管水。吸附水与细胞壁中无定形组分的游离羟基（—OH）以氢键相结合，而微毛细管水存在于细胞壁的微纤丝及大纤丝之间的微毛细管中，水的表面张力与木材呈物理结合[1]。不同树种间结合水含量相差较小，通常为 23%～31%。一般而言，结合水含量的变化对木材的力学性质、导电性和传导性等多项物理性质都影响很大[2]。自由水为细胞腔与细胞间隙等大毛细管中的液态水，由于腔直径是微米级，毛细管直径较大，因此受毛细管压较小，其势能略低于普通水，可以认为与普通水相同。这部分水与木材形成物理结合，具有一定的流动性，干燥过程中很容易从木材中逸出。自由水含量的变化对木材的力学性质几乎无影响，只影响木材的重量、燃烧值和传热值。三种水分中自由水含量最高，一般为 60%～250%。化合水存在于木材的化学成分中，与木材结合最为紧密，但其含量微小（0.5%），只在对木材进行化学加工时需要考虑，因此，对于木材的物理研究而言可以忽略不计。

　　研究木材水分存在的状态，离不开纤维饱和点。一般而言，当自由水蒸发完毕，而细胞壁内结合水尚处于饱和状态时，此时的含水率称为纤维饱和点（FSP）。纤维饱和点这一概念是 Tiemann[3]首先提出来的，它与树种和温度有关。对于多数木材来说，当空气温度 20℃、相对湿度 100%时，纤维饱和点大约在 30%左右，随着温度的升高，纤维饱和点降低，60℃时降至 26%。目前，关于纤维饱和点的界定在学术界尚存在着争议。众所周知，木材中的水分是非均匀分布的，所以上面有关 FSP 的定义，理论上只能应用于单个细胞水平。因此，Hoffmeyer 等[4]提出了用名义含水率定量 FSP，即木材在 100%相对湿度下所对应的平衡含水率，基于这个概念，研究指出木材的纤维饱和点为 38.5%～42.5%。Engelund 等[5]认为 FSP不应是一个具体的含水率数值，而是一种从水分子进入细胞壁切断木材实质分子内/间氢键（MC=0%～30%）到水分子仅仅容纳于细胞壁孔隙而不再破坏已有氢键（MC=30%～40%）之间的过渡。可见，木材纤维饱和点作为自由水与结合水之间的分水岭，究竟是一个转折点还是一种过渡态，仍需要进行进一步探索。

　　木材中水分的迁移包括基于压力差的毛细管水分移动、基于浓度差的扩散、自由水在细胞腔表面的蒸发和凝结，以及细胞壁中结合水的吸着和解吸[6]。一般认为，在纤维饱和点以上时，主要表现为自由水在毛细管力的作用下沿细胞腔和细胞壁上的纹孔进行毛细管运动；在纤维饱和点以下时，自由水已经基本全部排出，结合水在含水率梯度的作用下穿过细胞壁和纹孔膜进行扩散运动[7]。此外，水蒸气在水蒸气分压梯度的作用下沿着细胞腔、纹孔腔及纹孔膜上的微孔由高压的木材内部向低压的木材表面扩散，这一过程在纤维饱和点以上和以下都会发生。一般认为低于纤维饱和点的水分才有扩散现象，但是由于高于纤维饱和点的水分移动受到低于纤维饱和点的扩散现象的限制，其表现同扩散现象一样[8]，所以，含水率高于纤维饱和点时的水分移动也可以用扩散现象来解释。研究表明，木材干燥过程中水分移动符合水分的非稳态扩散，可以由菲克第二定律来描述[9]。木材内水分的迁移规律受到树种和边、心材的影响，例如，心材纹孔阻塞和结壳导致心材渗透性不如边材，干燥时需要花费比边材更长的时间；针叶材气体渗透性高于硬阔叶材，环孔材比散孔材和半散孔材气体渗透性高。气体渗透性越高，气态水分迁移速率越快。

　　当前对木材干燥过程中水分迁移的研究主要是分别讨论纤维饱和点前后木材中水分的迁移机制，因此便人为地将干燥过程划分为自由水和结合水的先后流失，即只有木材中自由水全部消失殆尽后，结合水才开始失去，这虽然对于试验分析来说摒除了复杂性，但是欠缺准确性[10]。利用核磁共振技术能对不同的水分状态分别进行研究，这为探究水分迁移的机理提供了可靠的研究手段。

3.1　基于时域核磁共振技术的木材水分状态定义和分类

　　利用时域核磁共振（time domain nuclear magnetic resonance）技术研究木材中的水分始于 20 世纪 70 年代初，日本的 Nanassy[11, 12]利用此技术测量了木材含水率。在后续的研究中，研究者们通过时域核磁共振的自旋-自旋弛豫时间（spin-spin relaxation time，又称为横向弛豫时间）的长短来区分木材中的水分状态。

　　传统的木材科学观点认为，木材中的水分存在于细胞壁和细胞腔中。其中，存在于细胞壁中的水是结合水，而存在于细胞腔中的水是自由水。所以，细胞壁水就是结合水，细胞腔水就是自由水。这说明传统的木材科学对于细胞壁水与结合水、细胞腔水与自由水没有进行区分。实际上，细胞壁水和细胞腔水是根据水的存在位置进行定义的，而结合水和自由水是根据木材中水的物理性质进行分类的。

　　有趣的是，越来越多的研究发现细胞壁水并不等同于结合水。Nakamura 等[13]和 Berthold 等[14]通过差示扫描量热（DSC）技术定量分析，得出细胞壁水分为可结冰的结合水和不结冰的结合水。而 Zelinka 等[15]通过 DSC 实验方法证实了纤维中可结冰的结合水和自由水性质一致，均为自由水。也就是说，细胞壁水既有结合水，又有自由水的存在。这一结果与著者利用时域核磁共振弛豫技术研究木材中水分的实验结果和分析相吻合。

从时域核磁共振弛豫的角度来分析，木材中的水分子处于四种不同的环境中[16]：①细胞壁内表面移动受限制的水分，即传统意义的结合水；②在细胞腔中移动相对自由的水分，即传统意义的自由水；③一小部分处于细胞壁与细胞腔交界处的表面吸附水，这一部分水根据其性质属于结合水；④细胞壁中除去内表面结合水外的小孔隙里的水分，这一部分水根据其性质属于受限自由水。根据Wong[17]的研究，细胞腔水（传统认为是自由水）的弛豫率（relaxation rate）是表面吸附水（即细胞壁与细胞腔交界处的表面吸附水）和体积水（即细胞腔中的水）的加权平均值。在核磁共振中，弛豫是描述磁化矢量从非平衡状态恢复到平衡状态的特有过程。有两个不同的弛豫常数用于表征其特有过程，分别是自旋-晶格（纵向）弛豫时间 T_1（spin-lattice relaxation time or longitudinal relaxation time）和自旋-自旋（横向）弛豫时间 T_2（spin-spin relaxation time or transverse relaxation time）。T_1 测量的是自旋系统与它的周围环境（晶格）达到热平衡所需要的时间，表征了纵向磁化矢量的恢复过程；而 T_2 表征了由于自旋与自旋之间的相互作用使得横向磁化矢量衰减的过程。通常木材的核磁共振 T_2 信号呈指数衰减，这一指数衰减曲线与木材中的水分状态（结合水和自由水）相关。

对于像木材这种多孔材料，水分存在于木材的孔隙和微孔中。细胞腔的自旋-自旋弛豫率 $1/T_2$ 是表面弛豫率（surface relaxation rate）和体积弛豫率（bulk relaxation time）的加权值。细胞腔表面的水分子和细胞腔中的水分子在进行快速交换的过程中，平均弛豫率 $1/T_2$ 按照公式（3-1）进行计算：

$$\frac{1}{T_2} = \frac{n}{T_{2s}} + \frac{m}{T_{2b}}, n + m = 1 \qquad (3\text{-}1)$$

式中，$1/T_{2s}$ 是细胞腔内表面吸附水的表面弛豫率；$1/T_{2b}$ 是细胞腔中自由水的体积弛豫率。n 和 m 分别是细胞腔内表面吸附水和细胞腔中自由水的百分比。

通常生材（刚采伐的树木）细胞腔中的自由水含量远远多于细胞腔内表面吸附水，所以平均弛豫率 $1/T_2$ 的值以细胞腔中自由水的体积弛豫率起主导作用。

BET（Brunauer-Emmett-Teller）理论认为细胞壁水是一种表面现象，分为与细胞壁结合紧密的第一层吸附水（初级吸着水）和结合不紧密的多分子层吸附水（次级吸着水）[18]。多分子层吸附水的物理性质和液体水基本一致。Stamm[19]基于BET 理论，利用吸附曲线计算出两个树种（北美云杉 *Picea sitchensis* 和糖枫 *Acer saccharum*）在纤维饱和点（含水率在 30% 左右）时，水分子层的层数分别为 6.5 和 7.5，而在纤维无定形区中形成单分子层的含水率大约为 5%。根据 BET 理论，初级吸着水与木材细胞壁形成了很强的氢键作用，属于结合水；而次级吸着水与细胞壁的作用很弱，属于自由水。从时域核磁共振弛豫的角度来看，初级吸着水和次级吸着水之间也存在着快速交换。所以，细胞壁水中初级吸着水和次级吸着水的占比变化导致其自旋-自旋弛豫时间的变化。

从以上核磁共振弛豫的角度分析,细胞壁水既包含结合水,也包含受限自由水。同理,细胞腔水也同时包含结合水(表面吸附水)和自由水。结合水和自由水在细胞壁及细胞腔中各自占比的不同决定了细胞壁水和细胞腔水的弛豫时间不同。这就是为什么在木材干燥过程中,随着干燥时间的延长,自由水离开木材的绝对值远大于结合水,所以自由水在细胞壁和细胞腔中的占比越来越少,导致细胞壁水和细胞腔水的弛豫时间不断减少。在诸多利用时域核磁共振研究木材中水分的文献中,由于没有对细胞壁水和结合水、细胞腔水和自由水进行有效区分,使得在水分存在状态和存在位置的描述上不够准确。为了避免混淆,本书对细胞壁水、细胞腔水、结合水和自由水进行了严格区分。

一般而言,水分与木材的结合越紧密(如结合水),则横向弛豫时间越短;反之,水分受到木材的束缚越小(如自由水),则横向弛豫时间越长。Araujo 等[20]的研究表明,木材中结合水(其实是细胞壁水)的横向弛豫时间为 1~10ms,自由水(其实是细胞腔水)的横向弛豫时间为几十到几百毫秒。细胞壁水和细胞腔水的 T_2 之所以给出的不是一个固定值,就是因为细胞壁水和细胞腔水中的结合水及自由水的占比会发生变化,从而导致细胞壁水和细胞腔水 T_2 的变化。

通过对时域核磁共振采集的木材中水分的横向弛豫信号进行指数拟合,可以得到不同含水率下木材内水分的横向弛豫时间及其相应的面积。横向弛豫时间的长短能反映水分在木材中的存在位置和大致状态,面积的大小能够反映出对应存在位置水(即细胞壁水和细胞腔水)的含量多少。

3.2　吸湿过程中木材水分的状态及其变化

木材对水分的吸湿过程即水分子以气态形式进入细胞壁中,并与细胞壁主要成分上的吸着点产生氢键结合的过程。这里的吸着点主要是指木材中的亲水性基团,主要包括羟基和羧基,但羟基的亲水性比羧基的亲水性强,所以在木材吸湿性方面的主要研究对象是木材中的羟基[21]。

木材细胞壁主要成分包括纤维素、半纤维素和木质素。一般认为半纤维素的吸湿性最强。半纤维素是由 2 种或 2 种以上不等量的糖基组成的低聚糖,分子结构以线型为主,并伴有支链,在其主链和支链上具有较多的羟基,且无结晶区,水分更易进入,使半纤维素的吸湿性高于纤维素。纤维素吸湿性的大小取决于其无定形区的大小,吸湿性随着无定形区的增加而增加。渡边治人[22]提出,由于纤维素结晶区胶束内部的羟基内聚力处于饱和状态,因此水分不能进入其内,而非结晶区胶束表面上的内聚力处于非饱和状态,有一部分羟基仍属自由羟基,这部分自由羟基可以和水分子羟基相互结合在一起。木质素被认为是一种结壳物质,吸湿性较低。

关于木材水分的吸附理论，具有代表性的是单分子层吸附理论及多分子层吸附理论。单分子层吸附理论以 Langmuir 理论为代表[23]，多分子层吸附理论以 BET 理论[18]和波拉尼（Polanyi）吸附势能理论[24]为代表。图 3-1 是 Langmuir 假定的单分子层吸着模型，它有三个假设：①固体表面是均匀一致的；②吸附的分子之间无相互作用，吸附热与表面覆盖度无关；③表面上吸附一层分子后就达到了饱和，因此只能形成单分子层。图 3-2 是 BET 理论模型，BET 理论是在 Langmuir 理论的基础上建立起来的。组成木材的细胞壁物质——纤维素和半纤维素等化学成分结构中有许多自由羟基，它们具有很强的吸湿性。在一定温、湿度条件下，细胞壁纤维素、半纤维素等组分中自由的羟基，借助氢键力和分子间作用力吸附空气中的水分子，形成第一层吸附水，被吸附的水分子发生再吸附，即形成多分子层吸附水。此理论认为木材表面的多分子层吸附水，除了第一层形成的时候吸附能不同外，第二层以后的其他各层的吸附能几乎相等。波拉尼吸附势能理论认为吸附剂表面附近一定的空间内存在吸附力场，水分子进入吸附力场后就会被吸附，由于吸附力场有一定的空间范围，吸附可以是多分子层的，而吸附力的大小随吸附层从内到外而逐渐降低。

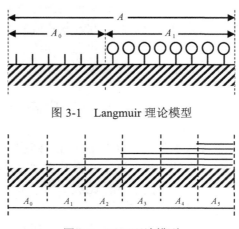

图 3-1　Langmuir 理论模型

图 3-2　BET 理论模型

3.2.1　吸湿过程中木材水分测定方法

（1）试验选取两种阔叶材：白榆（*Ulmus pumila*）和北京杨。试验所用试件为生材的边材木质部，长度方向平行于纤维方向，规格均为 9mm（Φ）×18mm（L）的圆柱体。白榆和北京杨均采伐于内蒙古自治区呼和浩特市周边地区。在进行吸着试验前，将试件置于温度（105±1）℃条件下干燥 48 h，使试件达到绝干。

（2）用于木材水分测试的核磁共振波谱仪为德国 Bruker 公司生产的 minispec

mq20 时域核磁共振波谱仪。磁场频率 19.95MHz，探头死时间为 5.5μs，90°脉冲宽度 14.85μs，180°脉冲宽度 29.25μs，磁体温度为 40℃，配备此公司研发的 the minispec 应用软件。

（3）采用不同的饱和盐溶液调湿法——调制 8 个恒温、恒湿环境，温度保持在（40±0.1）℃，相应的饱和盐溶液及其对应的相对湿度（RH）见表 3-1。

表 3-1　40℃饱和盐溶液对应的相对湿度

饱和盐	氯化锂	乙酸钾	氯化镁	碳酸钾	溴化钠	氯化钠	氯化钾	硫酸钾
相对湿度/%	11.2±0.21	21.6±0.52	31.6±0.13	43.2±0.50	53.2±0.37	74.7±0.13	82.3±0.25	96.4±0.15

（4）为比较不同相对湿度对木材中水分状态的影响，吸着过程分 8 个阶段由低到高进行，试件的分阶段吸湿过程为试件在低湿度环境下吸湿达到平衡后再进入下一个高湿度阶段吸湿，吸湿的相对湿度逐渐递增，直至试件在相对湿度 96.4% 的环境下达到吸湿平衡。试件吸湿平衡的标准为：在特定湿度环境下，试件在 48h 内的质量变化小于 0.1%，即视为试件在该湿度下达到吸湿平衡。

（5）利用 CPMG 脉冲序列测定样品的自旋-自旋弛豫时间（T_2）。CPMG 脉冲序列参数设定如下：增益 85dB；采样次数 512；等待时间 1500ms；半回波时间 60.00μs；回波个数 4000；利用反转恢复脉冲序列测定样品的自旋-晶格弛豫时间（T_1），扫描 8 次，循环延迟时间 2s，采样点为 20 个。

3.2.2　吸湿过程中木材水分弛豫特征及其状态分析

吸湿过程中，两种木材在不同相对湿度环境下所达到的平衡含水率较为一致（表 3-2）。

表 3-2　不同相对湿度环境下吸湿木材的平衡含水率

试件	相对湿度/%	平衡含水率/%
白榆	11.2	1.96
	21.6	3.15
	31.6	4.35
	43.2	5.54
	53.2	6.74
	74.7	8.48
	82.3	12.17
	96.4	22.72
北京杨	11.2	1.92
	21.6	3.45
	31.6	4.48

续表

试件	相对湿度/%	平衡含水率/%
北京杨	43.2	5.88
	53.2	7.03
	74.7	8.95
	82.3	12.53
	96.4	23.79

不同的相对湿度环境下，两种木材的吸湿平衡曲线如图 3-3 所示，两种木材在不同的相对湿度环境下吸湿过程呈指数形式，且在湿度环境固定的条件下前12h 吸湿较快，在 12h 以后含水率上升较慢。在相对湿度 74.7%～96.4%的范围内，木材的吸湿量明显增加，达到吸湿平衡的时间也有所延长。

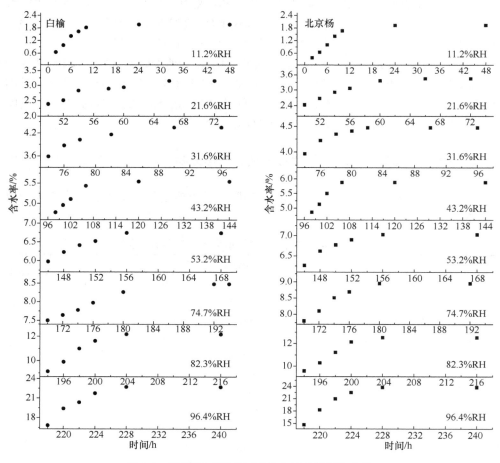

图 3-3　不同相对湿度下两种木材吸湿平衡曲线

表 3-3 为不同相对湿度环境下木材在吸湿过程中 T_2 弛豫信号的指数拟合结果。在吸湿过程中，随着相对湿度的增加，两种木材的平衡含水率逐渐增加，T_2 逐渐增大。两种木材在相对湿度 11.2%～53.2%环境范围时，T_2 在 1ms 以内，其含水率逐渐升高；相对湿度 11.2%～31.6%环境中，木材的平衡含水率在 5%左右，T_2 在 0.5ms 左右。随着吸湿过程的进行，在相对湿度 74.7%环境达到平衡含水率时，木材的平衡含水率为 8%～10%，此时木材的含水率上升速率加快，T_2 增加至 1ms 以上。相对湿度 82.3%～96.4%环境中，进入木材内部水分子增多，木材的毛细管凝结水，即细胞壁受限自由水的含量增大，T_2 也随之增加。从 T_2 拟合的单指数结果可以看出，细胞壁中的水分状态很难进行区分，所以将 T_2 小于 10ms 的水分称为细胞壁水。

表 3-3　不同相对湿度环境下木材在吸湿过程中 T_2 信号的指数拟合

树种	平衡含水率/%	相对湿度/%	T_2/ms
白榆	1.96	11.2	0.25
	3.15	21.6	0.33
	4.35	31.6	0.51
	5.54	43.2	0.58
	6.74	53.2	0.46
	8.48	74.7	1.48
	12.17	82.3	1.49
	22.72	96.4	4.85
北京杨	1.92	11.2	0.20
	3.45	21.6	0.27
	4.48	31.6	0.42
	5.88	43.2	0.48
	7.03	53.2	0.64
	8.95	74.7	1.97
	12.53	82.3	1.97
	23.79	96.4	5.74

表 3-4 为不同相对湿度环境下木材在吸湿过程中 T_1 信号的指数拟合结果。在相对湿度为 11.2%～21.6%时，两种木材的平衡含水率较低，T_1 弛豫信号遵循单指数函数，纵向弛豫时间在 130ms 以上，结合 T_2 弛豫数据及含水率分析，此时 T_1 分量为细胞壁结合水及细胞腔内表面结合水，且含水率随着相对湿度的增加而增加。

表 3-4   不同相对湿度环境下木材在吸湿过程中 T_1 信号的指数拟合

树种	相对湿度/%	平衡含水率/%	T_{1_1}/ms	T_{1_1}-MC/%	T_{1_2}/ms	T_{1_2}-MC/%
白榆	11.2	1.96	161.23	1.96	—	—
	21.6	3.15	196.23	3.15	—	—
	31.6	4.35	171.25	3.03	3.07	1.32
	43.2	5.54	151.29	4.12	4.09	1.42
	53.2	6.74	142.93	4.41	4.90	2.33
	74.7	8.48	113.73	5.30	7.13	3.18
	82.3	12.17	116.97	7.61	8.79	4.56
	96.4	22.72	141.77	15.65	12.85	7.06
北京杨	11.2	1.92	179.32	1.92	—	—
	21.6	3.45	181.22	3.45	—	—
	31.6	4.48	162.74	3.41	2.08	1.06
	43.2	5.88	145.26	3.68	4.52	2.21
	53.2	7.03	141.29	4.42	6.08	2.61
	74.7	8.95	132.94	4.98	9.24	3.97
	82.3	12.53	109.98	7.09	8.11	5.44
	96.4	23.79	148.06	16.63	14.04	7.15

注：T_{1_1} 为指数拟合 T_1 的第一分量，T_{1_2} 为指数拟合 T_1 的第二分量；T_{1_1}-MC 为指数拟合 T_1 的第一分量的含水率，T_{1_2}-MC 为指数拟合 T_1 的第二分量的含水率。

在相对湿度为 31.6% 时，木材 T_1 弛豫信号遵循双指数函数，说明试件内水分存在两种状态，一种是细胞壁结合水及细胞腔内表面结合水（T_{1_1} 分量），另一种是细胞壁受限自由水（T_{1_2} 分量）。刚开始产生的细胞壁受限自由水 T_{1_2} 弛豫时间较短，在 5ms 以内，是由于细胞壁内受限自由水存在于细胞壁的小孔隙内，因此纵向弛豫时间较短。从含水率来看，在此平衡含水率下产生的细胞壁受限自由水含量较小，此时细胞壁结合水和细胞腔内表面结合水约为细胞壁受限自由水的 2～3 倍。根据表 3-4 的数据，细胞壁结合水和细胞腔内表面结合水的 T_{1_1} 随着含水率的增加虽然存在减少的趋势，但其数值仍然在 100ms 以上。

白榆和北京杨的 T_1 信号指数拟合具有较高的一致性。在相对湿度由低到高的过程中，纵向弛豫时间的第一分量均在 100ms 以上，为细胞壁结合水与细胞腔内表面的结合水；纵向弛豫时间的第二分量由 2ms 左右逐渐上升至 15ms 以内，是细胞壁内小孔隙受限自由水。吸湿初期，细胞壁和细胞腔内表面吸附的是单分子层的结合水；随着吸湿的进行，细胞壁和细胞腔内表面完成水分的吸附后，细胞壁的小孔隙中开始产生较为自由的受限自由水。通过对 T_1 弛豫信号的指数拟合分析，能够细化木材在吸湿过程中水分状态的变化过程。

对比表 3-3 与表 3-4 的数据可以看出，两种木材在相对湿度低于 31.6% 时，木材中只存在细胞壁结合水与细胞腔内表面的结合水，此时的木材平衡含水率在 5% 以下，水分子主要以单层分子的形式吸着在木材细胞壁中小孔隙内表面与细胞腔内表面上，其 T_2 在 0.5ms 以下，说明细胞壁结合水与细胞腔内表面的结合水 T_2 弛豫时间在 0.5ms 以下，即木材细胞单分子吸附水的横向弛豫时间 T_2 在 0.5ms 以下。

由图 3-3、表 3-3 和表 3-4 可知，从相对湿度 31.6% 开始，吸湿测得的细胞壁水的横向弛豫时间较吸湿初期略微变长。对比纵向弛豫时间的结果，这一阶段的吸湿可以认为是过渡期，此阶段木材细胞壁的组成成分纤维素、半纤维素上以氢键相连的羟基逐渐打开，并开始与水分子形成氢键结合。随着吸湿过程的进行、吸着水量的继续增加，木材在纤维饱和点以下吸湿时，细胞壁内纤丝间、微纤丝间和微晶间因水层变厚而伸展，因而存在其间的吸附水流动性增强。从核磁共振弛豫的角度进行解释，细胞壁水中由于水分子层数的增加，相当于在细胞壁中出现少量受限自由水，细胞壁水横向弛豫时间是结合水和受限自由水耦合的结果，因而细胞壁中水分子层数的增加促使横向弛豫时间开始缓慢增加。

这一结果与 Taniguchi 等[25]的研究并不一致。Taniguchi 等[25]认为当平衡含水率在 10% 以下时，木材细胞壁中的每一个吸着点平均只吸着一个水分子，即水分子主要以单个分子的形式吸着在木材细胞壁中。从表 3-4 中可以看出，当含水率超过 4% 时，已经形成了受限自由水，说明木材在含水率 10% 以下时，已经存在多分子层（次级吸着水），其性质从基于核磁共振弛豫的角度分析，相当于是细胞壁小孔隙中的受限自由水。由于受限自由水量的增加，使得横向弛豫时间增加。而且，随着吸湿过程的进行，纤维素无定形区原有纤维素羟基之间氢键的破坏，又会导致出现少量新的初级吸着水，即新增加的结合水。由此可见，平衡含水率在 10% 时，木材细胞壁吸湿形成的水分并不仅仅是单分子层吸着水。

值得说明的是，准确测定结合水横向弛豫时间的范围具有重要意义。如果能够准确测量出结合水（第一层吸附水）的横向弛豫时间，就可以根据所测量的平均横向弛豫时间和吸湿增加的水量，进而拟合出在吸湿过程中细胞壁受限自由水的增量。这样就可以从微观上定量分析细胞壁吸湿过程中结合水和受限自由水的增量变化，以及这种变化对木材宏观物理力学性质的影响。然而从表 3-3 和表 3-4 的数据结果可以看出一个特殊情况，即相对湿度在 96.4% 时，T_{1_1} 显著增加，结合水的含水率增大，说明细胞壁中小孔隙内表面与细胞腔内表面的结合水量突然增多，表明更多的纤维素、半纤维素羟基间氢键被打开，与水分子结合。这一结果给利用横向弛豫时间从微观上定量分析细胞壁中小孔隙内表面与细胞腔内表面的结合水和细胞壁中小孔隙内受限自由水的增量变化造成了困难。

在整个吸湿过程中，随着吸湿含水量的增加，细胞壁中第一层吸附水（结合水）和多分子层吸附水（受限自由水）继续增加，反映在细胞壁中多分子层吸附水的纵向弛豫时间 $T_{1\text{-}2}$ 量值继续增加，多分子层吸附水（受限自由水）的纵向弛豫时间也逐渐变长。这一结果与 T_2 时间的变化趋势是一致的，表明在吸湿过程中由于水分子的润胀作用，持续地破坏纤维素与纤维素之间的氢键，纤维素的羟基与水分子形成了很强的氢键作用。从核磁共振弛豫的角度分析，一方面，水分子进入了纤维素无定形区与结晶区的过渡区域；另一方面，纤维素与纤维素之间的氢键破坏和水分子的进入形成更小的微孔（≤2nm），由于微孔限域作用，使得多分子层吸附水（受限自由水）的横向弛豫时间变短。

上面的吸湿实验结果表明，平衡含水率在达到24%左右时，细胞壁和细胞腔内表面中的结合水已经饱和，这与传统的纤维饱和点时平衡含水率在30%左右有些许差距。表 3-3 和表 3-4 的数据说明木材结合水接近于饱和时，其结合水的含水率在15%左右；而木材含水率达到纤维饱和点（含水率大约在30%）时，通过计算可知细胞壁孔隙中的受限自由水的含水率也在15%左右。这一发现与目前国内外所有关于木材中水分存在状态和方式的描述是不一致的。

这里要说明的是，木材平衡含水率在5%以下时，木材中的水分主要以结合水的状态存在于细胞壁孔隙中的内表面和细胞腔的内表面上；木材平衡含水率超过5%时，细胞壁孔隙中开始出现受限自由水。从上面的实验结果来分析，木材平衡含水率从 5%到纤维饱和点之间，结合水在细胞壁孔隙内表面中的增加占主导地位。受限自由水在细胞壁孔隙中的增加，会导致细胞壁孔隙的进一步膨胀（孔隙中充满了水分子），但由于细胞壁中的小孔效应，即限域作用，会使得细胞壁孔隙中受限自由水的横向弛豫时间小于细胞腔（大孔）中自由水的横向弛豫时间。关于孔隙大小对弛豫时间的影响将在第 5 章进行阐述。

3.2.3 小结

（1）木材在吸湿的过程中，水分主要集中在细胞腔的内表面及细胞壁中。当平衡含水率低于4%时，水分以结合水的状态吸附在细胞腔的内表面及细胞壁孔隙的内表面上；当平衡含水率超过4%时，在细胞壁孔隙中会出现受限自由水。

（2）随着吸湿的进行，T_2 会逐渐增大。当平衡含水率低于4%时，T_2 值在 0.5ms以下，说明木材中结合水的 T_2 小于0.5ms；当平衡含水率高于4%时，细胞壁的小孔隙中出现受限自由水，由于限域作用，受限自由水的 T_2 与结合水的 T_2 比较接近，所以 T_2 不能有效区分细胞壁中的结合水和受限自由水。但由于细胞腔中的孔隙比较大，细胞腔水的 T_2 值在几十到上百毫秒的数量级，所以 T_2 能够有效区分细胞壁水和细胞腔水。

（3）T_1 在木材吸湿的过程中，能够有效区分木材中的结合水与细胞壁孔隙中的受限自由水。木材中结合水的 T_1 在 100ms 以上，而细胞壁孔隙中受限自由水的 T_1 在 20ms 以内。由于细胞腔中自由水的 T_1 值也在 100ms 以上，所以含水率高于纤维饱和点的木材,其结合水的 T_1 值和细胞腔自由水的 T_1 值很接近,很难通过 T_1 区分细胞壁水和细胞腔水,在这种情况下,也无法区分结合水和自由水。

3.3　解吸过程中木材水分的状态及其变化

在纤维饱和点以下,若木材的含水率较高,存放在较干燥的空气中,细胞壁中的水分会向空气中蒸发,这种现象称为解吸。木材在解吸过程中,木材水分的变化主要是细胞壁水的变化。

3.3.1　测定方法

(1)试验所用木材试件的树种分别为白榆和北京杨,试验所用试件为生材的边材木质部,长度方向平行于纤维方向,规格均为 9mm(Φ)×18mm(L)的圆柱体。白榆和北京杨均采伐于内蒙古自治区呼和浩特市周边地区。取出时立即用保鲜膜包裹,置于冰柜内保存。

(2)用于木材水分测试的核磁共振波谱仪为德国 Bruker 公司生产的 minispec mq20 时域核磁共振波谱仪。磁场频率 19.95MHz,探头死时间为 5.5μs;90°脉冲宽度 14.85μs,180°脉冲宽度 29.25μs;磁体温度为 40℃,配备此公司研发的 the minispec 应用软件。

(3)配制 8 种不同的饱和盐溶液,以提供不同的湿度环境用于解吸过程。化学药剂分别为氯化锂(LiCl)、乙酸钾(CH₃COOK)、氯化镁($MgCl_2$)、碳酸钾(K_2CO_3)、溴化钠(NaBr)、氯化钠(NaCl)、氯化钾(KCl)和硫酸钾(K_2SO_4),8 种化学盐均为分析纯,均产自天津市北联精细化学品开发有限公司。温度保持在(40±0.1)℃,与核磁共振磁体温度相同,不同的饱和盐溶液及其对应的相对湿度见表 3-1。

(4)为比较不同相对湿度对木材解吸过程中水分状态的影响,解吸过程分 8 个阶段由高到低进行,试件的分阶段解吸过程为试件在高湿度环境下解吸达到平衡后再进入下一个低湿度环境中,环境的相对湿度逐渐递减,直至试件在相对湿度 11.2%的环境下达到解吸平衡。试件解吸平衡的标准为:在特定湿度环境下,试件在 48h 内的质量变化小于 0.1%,即视为在该湿度环境下达到解吸平衡。试件在最低相对湿度环境中达到解吸平衡后,放入(105±0.1)℃的鼓风干燥箱内干燥 24h,使试件达到绝干,用于计算在不同相对湿度下的解吸平衡含水率。

(5)利用 CPMG 脉冲序列测定样品的自旋-自旋弛豫时间(T_2)。CPMG 脉冲序列采用的参数:采样次数 512;等待时间 2000ms;半回波时间 60.00μs;回波个数 4000;利用反转恢复脉冲序列测定样品的自旋-晶格弛豫时间(T_1),扫描 8 次,循环延迟时间 2s，采样点为 20 个。

3.3.2 生材中水分状态

图 3-4 是含水率为 129.7%的白榆生材 T_2 分布图谱。峰 1、峰 2 代表了细胞壁中结合水、细胞腔内表面水及细胞壁小孔隙中受限自由水的横向弛豫峰，峰 3、峰 4 为早材和晚材细胞腔中自由水的横向弛豫峰。

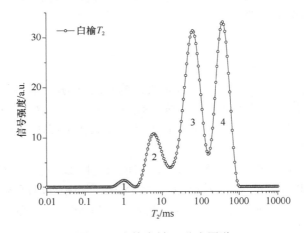

图 3-4　白榆生材 T_2 分布图谱

图 3-5 是含水率为 101.0%的北京杨生材 T_2 分布图谱。峰 1、峰 2 代表了细胞壁中结合水、细胞腔内表面水及细胞壁小孔隙中受限自由水的横向弛豫峰，其余的两个峰为北京杨不同尺寸范围细胞腔中自由水的横向弛豫峰。

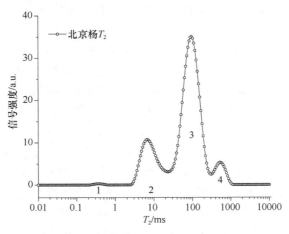

图 3-5　北京杨生材 T_2 分布图谱

　　由于弛豫峰的面积反映了相应状态水分的含量，所以从图 3-4 和图 3-5 中可以看出，白榆和北京杨生材的细胞腔水含量远远大于细胞壁水含量。

　　图 3-6 和图 3-7 分别为白榆和北京杨的 T_1 分布图谱。由于细胞腔中自由水、细胞壁孔隙内表面结合水、细胞腔内表面的结合水的 T_1 弛豫时间在同一数量级，所以在反演计算过程中，几个水分的 T_1 峰会合并在一起。因此，对于含水率高于纤维饱和点的木材，很难通过 T_1 来区分细胞壁水和细胞腔水。

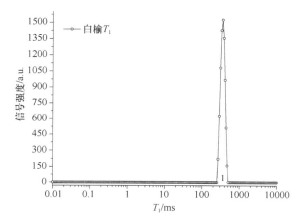

图 3-6　白榆生材 T_1 分布图谱

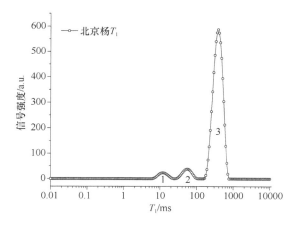

图 3-7　北京杨生材 T_1 分布图谱

　　T_2 和 T_1 的分布能够间接反映木材内部孔隙大小的分布，相应的讨论会在后续章节进行。在图 3-4～图 3-7 中，通过弛豫时间的分布可以看出两种木材的孔隙大小分布是不同的，这与两种木材的解剖结构不同有关。

3.3.3　解吸过程中木材水分状态的变化

两种木材试件在解吸过程中的平衡含水率如表 3-5 所示。由表 3-5 可以看出，虽然两种木材的初始含水率存在差异，但在相同的相对湿度下，平衡含水率仍然表现出良好的一致性。木材的平衡含水率随相对湿度的降低呈指数递减趋势。

表 3-5　木材解吸过程中相对湿度与平衡含水率

树种	初始含水率/%	相对湿度/%	平衡含水率/%
白榆	129.67	96.4	32.93
		82.3	18.59
		74.7	13.59
		53.2	9.02
		43.2	7.72
		31.6	6.41
		21.6	4.89
		11.2	3.37
北京杨	101.02	96.4	28.77
		82.3	19.69
		74.7	13.81
		53.2	8.95
		43.2	7.80
		31.6	6.52
		21.6	4.85
		11.2	3.19

注：平衡含水率通过称重法获得。

图 3-8 是两种木材在不同相对湿度下的解吸平衡曲线。两种木材在相对湿度 96.4%环境中由生材状态达到含水率平衡状态大约需要 190h，在达到含水率平衡后进入下一个比较低的相对湿度环境中，最终在相对湿度 11.2%环境中达到水分平衡状态共需要接近 600h。通过不同相对湿度下的解吸过程可以看出，在分阶段进行解吸的过程中，相同的相对湿度环境下，木材的解吸过程在开始阶段含水率下降比较快，在解吸过程的后期含水率下降缓慢，这是由于试件在同一相对湿度下的解吸过程中，解吸初期木材与环境的湿度差较大，木材内部的水分迁移动力比较强，因此含水率下降较快；而在解吸的后期，木材内部含水率梯度减小，水分迁移动力变弱，因而含水率下降缓慢。

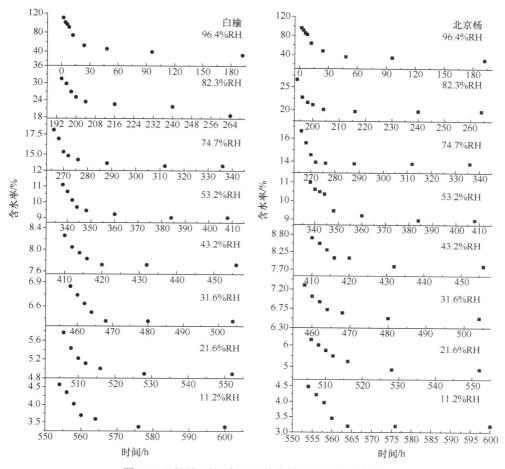

图 3-8　不同相对湿度下两种木材的解吸平衡曲线

　　当木材在不同的相对湿度下达到平衡含水率时，对木材试件进行了 T_2 和 T_1 的测量。表 3-6 和表 3-7 分别为木材在解吸的不同阶段，对横向弛豫时间信号和纵向弛豫时间信号进行指数拟合的结果。从拟合的结果来看，T_2 在解吸过程中，是无法有效区分细胞壁小孔隙内表面的结合水与细胞壁小孔隙内受限自由水的。

　　表 3-6 的数据说明，随着相对湿度的降低，两种木材的平衡含水率逐渐降低，T_2 逐渐减小。两种木材在生材状态下含水率较高，T_{2_1} 值与 T_{2_2} 值相差较大，T_{2_1} 值在 50ms 以内而 T_{2_2} 在 50ms 以上，因此弛豫时间较短的 T_{2_1} 分量为细胞壁水，而弛豫时间长的 T_{2_2} 分量为细胞腔水。木材由生材状态到相对湿度 96.4% 环境下的水分平衡状态过程中最终达到的含水率在 30% 左右，此时木材内大细胞腔中较为自由的水分被大量排出，木材内剩余的水分主要存在于细胞壁和细胞腔的内壁。木材的平衡含水率在 30% 左右时，两种木材的 T_{2_1} 均在 10ms 以内，而 T_{2_2}

在 10ms 以上,但 T_{2_2}-MC 下降很快,白榆的 T_{2_1} 含水率约为 T_{2_2} 含水率的 1.7 倍,北京杨 T_{2_1} 的含水率约为 T_{2_2} 含水率的 4.6 倍,说明在此湿度环境中阔叶材内部的水分迁移主要以细胞壁内水分迁移为主。根据 T_{2_2} 水分的含水率可以看出,当木材平衡含水率在 30% 左右时,细胞腔内部仍有少量自由水存在,且水分在不断减少。

表 3-6　不同相对湿度环境下木材解吸过程中 T_2 信号的指数拟合结果

树种	相对湿度/%	平衡含水率/%	T_{2_1}/ms	T_{2_1}-MC/%	T_{2_2}/ms	T_{2_2}-MC/%
白榆	—	129.67	30.21	56.57	219.81	73.1
	96.4	32.93	5.44	20.85	80.22	12.08
	82.3	18.59	4.37	17.83	—	—
	74.7	13.59	2.18	13.59	—	—
	53.2	9.02	1.15	9.02	—	—
	43.2	7.72	0.96	7.72	—	—
	31.6	6.41	0.67	6.41	—	—
	21.6	4.89	0.48	4.89	—	—
	11.2	3.37	0.48	3.37	—	—
北京杨	—	101.02	18.53	34.04	122.82	66.98
	96.4	28.77	7.36	23.69	20.42	5.09
	82.3	19.69	4.92	19.69	—	—
	74.7	13.81	2.72	13.81	—	—
	53.2	8.95	1.30	8.95	—	—
	43.2	7.80	0.95	7.80	—	—
	31.6	6.52	0.68	6.52	—	—
	21.6	4.85	0.48	4.86	—	—
	11.2	3.19	0.39	3.20	—	—

注:T_{2_1} 为 T_2 指数拟合的第一分量,T_{2_1}-MC 为 T_{2_1} 分量的含水率;T_{2_2} 为 T_2 指数拟合第二分量,T_{2_2}-MC 为 T_{2_2} 分量的含水率。"—"表示无数据,下同。

在相对湿度 82.3%～11.2% 环境中,两种木材试件的平衡含水率进一步下降,T_2 逐渐下降至 1ms 以内。其中,白榆和北京杨在相对湿度 82.3% 环境中 T_2 以单指数形式出现,弛豫时间在 10ms 以内,说明此时白榆和北京杨内水分以细胞壁水迁移为主。在相对湿度低于 82.3% 的环境中,白榆和北京杨的 T_2 均逐渐减小,在相对湿度 11.2% 环境平衡时 T_2 均在 1ms 以内,含水率为 3% 左右。

根据本章中前面部分对木材内部水分状态的分类可知,当木材细胞腔内自由水消耗殆尽后,细胞壁小孔隙内含有部分受限的细胞壁自由水、细胞壁孔隙内表面结合水及细胞腔内表面的结合水,但是在木材内部水分含量较少时,T_2 无法进一步区分细胞壁内的受限自由水、细胞壁结合水、细胞腔内表面的结合水,这一结果与木材在吸湿过程中相同。当含水率低于 20% 时，T_2 逐渐减小，而此时木材细胞壁内受限自由水与细胞壁结合水、细胞腔内表面结合水横向弛豫时间接近，均小于 1ms。

表 3-7 为木材解吸过程中 T_1 信号的指数拟合结果。白榆和北京杨试件在生材时的 T_{1_1} 值较大，且拟合的结果 T_1 信号呈单指数形式，由于在生材状态下木材内含有细胞腔水和细胞壁水，其中细胞腔水包括细胞腔内自由水和细胞腔内表面结合水，细胞壁水包括细胞壁内受限自由水和细胞壁内表面结合水。根据前文可知，细胞腔与细胞壁内表面结合水的 T_1 在 100ms 以上，而细胞壁内受限自由水的 T_1 在 20ms 以内，细胞腔自由水的 T_1 在 300ms 以上。因此，在生材的四种状态的水中，细胞壁内受限自由水的纵向弛豫时间最短，且当试件为生材时其含量相对较低，因此在生材的 T_1 信号拟合过程中，由于拟合算法的原因，导致占比较少的细胞壁受限自由水部分被隐藏，呈现单指数形式。

表 3-7　不同相对湿度环境下木材解吸过程中 T_1 信号的指数拟合结果

试件	相对湿度/%	平衡含水率/%	T_{1_1}/ms	T_{1_1}-MC/%	T_{1_2}/ms	T_{1_2}-MC/%
白榆	—	129.67	353.14	129.67	—	—
	96.4	32.93	210.85	25.86	17.18	7.08
	82.3	18.59	138.47	12.99	10.04	5.59
	74.7	13.59	135.21	8.93	9.07	4.66
	53.2	9.02	130.71	5.58	7.23	3.44
	43.2	7.72	139.02	4.75	7.24	2.97
	31.6	6.41	147.29	4.20	5.19	2.22
	21.6	4.89	155.01	3.36	4.43	1.54
	11.2	3.37	146.34	2.44	3.01	0.93
北京杨	—	101.02	359.57	101.02	—	—
	96.4	28.77	169.49	19.72	24.12	9.06
	82.3	19.69	159.39	12.64	18.65	7.05
	74.7	13.81	141.29	7.83	15.12	5.98
	53.2	8.95	133.53	5.05	9.43	3.90
	43.2	7.80	134.94	4.47	7.56	3.33
	31.6	6.52	142.39	4.29	4.98	2.23
	21.6	4.85	161.76	3.33	4.08	1.53
	11.2	3.19	143.57	3.20	—	—

注：T_{1_1} 为 T_1 指数拟合的第一分量，T_{1_2} 为 T_1 指数拟合第二分量；T_{1_1}-MC 为 T_{1_1} 的含水率，T_{1_2}-MC 为 T_{1_2} 的含水率。

从解吸阶段的 T_1 弛豫数据可以看出，白榆和北京杨的 T_{1_1} 值均在 130ms 以上，T_{1_2} 值逐渐下降，最终降至 5ms 以内。T_{1_2} 值逐渐下降，一方面说明细胞壁小孔隙的受限自由水越来越少,这一点从其对应的含水率值逐渐降低也能够得到证实;另一方面也说明细胞壁小孔隙的空间随着受限自由水的减少而逐渐缩小,这是由于受限自由水纵向弛豫时间的大小能够反映出孔隙的大小。

3.3.4 小结

(1)根据 T_1 弛豫信号可以确定,解吸过程中木材内部细胞壁结合水和细胞腔内表面结合水占主导地位,其含量约为细胞壁受限自由水的 2～3 倍。

(2)在木材的解吸阶段,随着相对湿度的降低,木材细胞壁受限自由水含量逐渐减小,其孔隙也在逐渐减小。在含水率 3%～6% 范围时,木材内部的细胞壁和细胞腔内表面结合水的 T_2 值与细胞壁内受限自由水的 T_2 值范围相近,在 1ms 以内。

(3)木材解吸过程中,即使在相对湿度 96.4% 达到解吸平衡,根据横向弛豫时间大于 10 ms 的结果,说明细胞腔中仍然存在少量的自由水。尽管这部分自由水很少,但其存在表明将木材纤维饱和点视为木材中结合水和自由水分水岭的说法并不科学。基于时域核磁共振弛豫的原理和分析,木材纤维饱和点所对应的含水率(30%左右),既包含了细胞壁和细胞腔内表面中的结合水,又包含了细胞壁中的自由水。

3.4 干燥过程中木材水分状态的变化与迁移

木材干燥是指通过热能的作用,以蒸发或沸腾的方式使木材中水分向外排除的处理过程。干燥与解吸是两个完全不同的概念,解吸仅指细胞壁水的排除,而干燥则指细胞壁水和细胞腔水两者的排除。当木材的含水率高于纤维饱和点时,木材内兼有细胞壁水与细胞腔水,水分主要以液体的状态存在于木材内,此时木材干燥以自由水的排除为主;当木材的含水率低于纤维饱和点时,木材内基本上是细胞壁水,干燥过程以排除细胞壁中的受限自由水和结合水为主。

本节将重点讨论高温干燥、低温干燥和微波干燥过程中木材内部水分存在状态的变化,较为准确地提供木材在干燥过程中水分的状态、分布和迁移情况,旨在丰富木材干燥理论,为干燥基准等制定提供理论支持和实践指导。

3.4.1 高温干燥过程中木材水分状态的变化与迁移

3.4.1.1 研究方法

(1)研究所用木材分别为北京杨和青杨,树龄约为 10 年,木材胸径 30cm,采伐于内蒙古呼和浩特市和林格尔县。在距地面 70cm 树干处截取圆盘,然后在圆盘心、边材相同年轮区域内的相邻位置各截取 3 个试件为平行试件，尺寸均为 300mm×50mm×50mm（长×宽×厚），试件长度方向与树干轴向方向一致。试件端部未做任何处理。

（2）所用设备为德国 Bruker 公司生产的 minispec LF90 时域核磁共振波谱仪及电子箱。探头直径 90mm，磁体中心频率为 6.22MHz，90°脉宽为 14.80μs，180°脉宽为 29.34μs，仪器探头死时间为 72.1μs。配备此公司研发的 the minispec 应用软件。参数设置：CPMG 脉冲序列，采样点数为 3000 个，回波时间为 0.4ms。

（3）在称量并记录试件质量后，将其置于时域核磁共振波谱仪中的玻璃隔热管内并测量其自旋-自旋弛豫时间。在时域核磁共振谱仪中完成测量后，将试件放入干燥箱中进行干燥，干燥温度（105±0.2）℃，干燥一段时间后取出，称量并记录试件质量；重复进行以上操作，直至试件重量几乎不发生变化时，记录试验终了时试件质量。

（4）利用 Origin 软件对测定数据进行拟合分析，得到不同干燥时刻水分的 T_2 分布。

3.4.1.2　北京杨高温干燥过程中水分状态变化

木材在干燥过程中，内部各种状态水分的平均横向弛豫时间及含量均会随含水率的降低不断发生变化。图 3-9 是北京杨心材在高温干燥过程中水分 T_2 的变化情况。x 轴表示横向弛豫时间，通过对数刻度进行显示，y 轴表示含水率，z 轴表示信号强度。

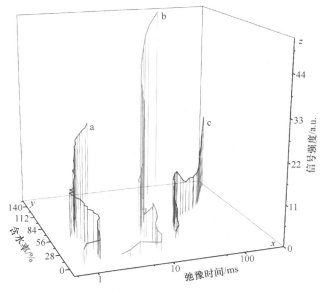

图 3-9　北京杨心材在高温干燥过程中水分 T_2 分布变化

由图 3-9 可知，在初始平均含水率状态下，北京杨心材中主要存在三种不同横向弛豫时间的水分，分别记为水分 a、水分 b、水分 c。水分 a 弛豫时间变化范围为 4.39～0.96ms，是细胞壁水。水分 b 的初始弛豫时间为 54.54ms，是年轮晚材中的细胞腔水。水分 c 的初始弛豫时间是 332.56 ms，是年轮早材中的细胞腔水。水分 b 和水分 c 都是细胞腔水，因在木材中的位置和孔隙大小不同（同一年轮中，早材的孔隙大于晚材的孔隙），导致了横向弛豫时间不同。由信号幅度可知，水分 b 含量最多，水分 a 与水分 c 的含量相近。

干燥过程的初始阶段，水分 c 含量变化最快，说明早材中的细胞腔水更易于排出。随着干燥的进行，含水率变化逐渐变缓，当平均含水率达到 80% 左右时，信号幅度增加，表明早材中的自由水含量增加，这是由于在平均含水率降到 80% 后，水分 b 减少的速率明显变快，说明晚材细胞腔中的自由水在干燥迁移的过程中有一部分进入早材的细胞腔中，所以在一段时间内表现为水分 c 含量的增加。水分 b 在干燥的初始阶段信号幅度下降较为明显，且横向弛豫时间左移，表明晚材中的细胞腔水不断被蒸发出木材，且由于晚材细胞腔中自由水的减少，使其横向弛豫时间缩短。水分 b 的排出速率明显小于水分 c，这是由于晚材中细胞腔孔隙小于早材，由于孔隙效应，晚材细胞腔中水分 b 受束缚的程度高于早材细胞腔中水分 c。孔隙越小，里面的水分横向弛豫时间越短，对水分的束缚也就越强。

随着干燥的继续，木材内部向外迁移的水分不断排出。当平均含水率在 50% 左右时，水分 b 弛豫时间基本不再发生变化，为 10ms 左右，说明晚材细胞腔中的自由水大部分已经失去，结合木材的干燥过程和 BET 理论可知，高温使得与木材细胞腔孔隙内表面距离远的水分子（即自由水）率先被蒸发出去，余下的少量水分是与木材孔隙内表面以单分子层结合的水分，即晚材细胞腔内表面水（结合水）。这部分水分与木材之间的结合力较强，所以导致弛豫时间较短。水分 c 的信号幅度进一步减小，当平均含水率在 30% 左右时，全部蒸发完毕，表明早材细胞腔中的自由水已经全部失去。值得说明的是，水分 b 在干燥的过程中也出现了增加的现象，再一次证明了随着早材细胞腔中自由水的排出，早材细胞腔内表面结合水的效应彰显出来，由于其横向弛豫时间和晚材细胞腔内表面的结合水横向弛豫时间数值相当，所以软件在计算时将二者合并，出现看似增加的反常现象。处于细胞壁中的水分 a，由于受木材的束缚最大，所以最不容易被干燥。纵观整个干燥过程，其横向弛豫时间和信号幅度的变化最小。当含水率低于 50% 时，弛豫时间略有增加，这是由于部分细胞腔内表面水即结合水的效应显现出来，同理，由于其横向弛豫时间和细胞壁水的横向弛豫时间数值相当，所以软件在计算时将二者合并，使其看似也有增加的反常现象。

图 3-10 是北京杨边材高温干燥过程中水分 T_2 分布的变化情况。从图中可以看出，与北京杨心材试件不同，在初始含水率下，边材试件内水分 c 含量最多，

其次为水分 b，水分 a 含量最少。水分 a（细胞壁水）的横向弛豫时间最短，变化范围为 5.68～1.13ms，面积变化范围是 21.82～3.23。水分 a 横向弛豫时间逐渐缩短的现象说明细胞壁中自由水不断减少，细胞壁中结合水的横向弛豫效应越来越明显。细胞壁水在整个干燥过程中面积的变化速率几乎没有发生改变，始终是缓慢减少的趋势，水分失去的平均速率慢于另外两种环境的水分（即早材和晚材细胞腔中的水）。通过对数据进行分析，发现在含水率低于 26% 以后，水分 a 减少的速率略有加快，原因是此时木材含水率已低于纤维饱和点，水分的散失以细胞壁水为主。水分 b 的横向弛豫时间变化范围为 59.07～5.01ms，初始面积为 28.32。从水分 b 的横向弛豫时间变化范围可以推断出水分 b 是北京杨边材中晚材的细胞腔水，当其横向弛豫时间低于 10ms 时，晚材细胞腔中的自由水已经很少，细胞腔内表面水即结合水的横向弛豫时间效应起主导作用。水分 c 代表的是早材中的细胞腔水，其横向弛豫时间变化范围是 486.60～34.23ms，初始面积为 32.68。在干燥初期阶段，晚材细胞腔中水分 b 减少的速率较慢。因为在这一阶段，由于早材中的细胞腔孔隙尺寸大，细胞腔对其中的水分束缚力小，所以早材细胞腔中的水分 c 以很快的速率不断减少，木材的失水主要以失去早材细胞腔中的自由水为主。而在早材细胞腔内自由水含量减少的过程中，早材细胞腔内表面水即结合水的效应逐渐明显，水分运动的自由程度降低，表现出横向弛豫时间逐渐缩短的特征。水分 c 在平均含水率低于 41% 以后减少的速率变慢，因为此时早材细胞腔中的自由水含量已经很少，水分与细胞腔内表面的结合比较紧密。当平均含水率

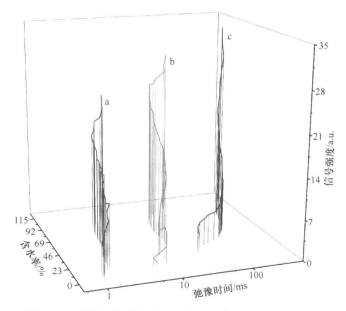

图 3-10　北京杨边材在高温干燥过程中水分 T_2 分布变化

低于 23%后，早材细胞腔中的自由水完全消失。从图 3-10 中可以看出，细胞壁水和细胞腔水是同时失去的，其中早材的细胞腔水（水分 c）排出的速率最快，晚材的细胞腔水（水分 b）次之，细胞壁水（水分 a）排出的速率最慢。从三种水分的横向弛豫时间逐渐缩短的情况来看，在整个干燥过程中，以细胞壁和细胞腔中的自由水的排除占主导作用。

3.4.1.3 青杨高温干燥过程中水分状态变化

图 3-11 是青杨心材在高温干燥过程中水分 T_2 分布的变化情况。生材状态青杨心材的平均含水率为 128.3%，实验终了时其平均含水率降为 3.5%。从图中可以看出，在试验开始时，试件中主要存在三种状态的水分：晚材细胞腔水分 b 含量最多，其次为细胞壁水分 a，早材细胞腔水分 c 含量最少。

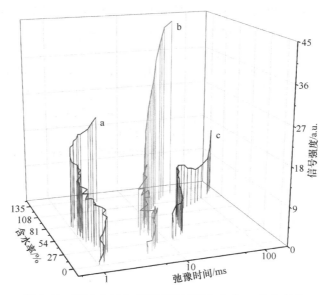

图 3-11 青杨心材在高温干燥过程中水分 T_2 分布变化

在整个干燥过程中，水分 a 横向弛豫时间的分布范围是 3.91～1.02ms，面积变化范围为 21.55～2.40。在开始对木材进行干燥后，随着面积的减小，三条曲线的位置不断左移，这种曲线不断左移的情况持续至平均含水率达到 80%，说明随着木材中水分含量的减少，横向弛豫时间在不断缩短，平均含水率在 80%左右时达到横向弛豫时间变化趋势的转折点。此后，随着干燥过程的进行，曲线 a 和 b 不同程度上呈现出横向弛豫时间方向上的波浪状，说明细胞壁水和晚材细胞腔水的横向弛豫时间值出现了波动，但整体趋势仍然是横向弛豫时间持续在缩短。其原因是，在这一阶段，随着早材细胞腔水的不断排出，早材细胞腔水与晚材细胞腔水的横向弛豫时间时有重叠，软件在计算过程中将它们合并处理而造成的。同理，曲线 a（细胞壁水）的横向弛豫时间的波动同时受到曲线 b 和曲线 c 的影响。从图 3-11 中可以看出，曲线 b 对曲线 a 的影响更大。在平均含水率低于 25%后，曲线 a 和曲线 b 横向弛豫时间不断波动的现象消失，这是因为此时木材细胞腔中自由水大部分已经消失，细胞腔结合水成为主导成分，细胞腔水横向弛豫时间主要由细胞腔中结合水决定，进而消除了不同环境中水分横向弛豫时间重叠的情况。

在初始状态时，水分 b（晚材细胞腔水）的含量约为水分 a（细胞壁水）和水分 c（早材细胞腔水）含量的总和，横向弛豫时间的变化范围为 45.52～4.35ms，初始面积为 43.9。从图 3-11 中可以看出，随着干燥的进行，水分 b 的横向弛豫时间同样出现波动的情况，这与水分 a 横向弛豫时间出现波动的时段是相对应的，进一步说明了在这一干燥时段内，水分 a 与水分 b 的横向弛豫时间有部分重叠的情况，软件在处理这部分计算时难以区分细胞壁水和晚材中细胞腔水。在平均含水率低于 10%后，水分 b 完全消失，说明晚材细胞腔中自由水和结合水都已经干燥完毕。

水分 c 的含量较少，横向弛豫时间的变化范围是 182.60～12.08ms，初始状态时面积为 15.7。开始对木材进行干燥后，水分 c 快速减少，但在平均含水率低于 96.4%后开始不断增加，到平均含水率为 47.5%后，开始呈现不断减小的趋势，这一现象出现的原因应与北京杨心材相似，此处不再赘述。在平均含水率低于 28.6% 后，水分 c 蒸发完毕。

图 3-12 是青杨边材在高温干燥过程中水分 T_2 分布的变化情况。生材状态时青杨边材的平均含水率为 85.5%，实验终了时其平均含水率降为 1.37%。从图 3-12 中可以看出，在初始含水率状态下，三种状态水分中，水分 c 含量最多，其次为水分 a，水分 b 的含量最少。

水分 a 最初的面积为 19.58，弛豫时间为 6.59ms，在干燥试验结束时，面积缩小到 0.82，弛豫时间为 1.02ms。在干燥初期阶段，水分 a 便开始减少，此时失去的主要应为木材的细胞壁水。从图 3-12 中能够看出，这一阶段的横向弛豫时间明显缩短，说明失去的这部分细胞壁自由水对水分 a 的平均弛豫时间影响较大。在平均含水率低于 23%以后，木材中细胞腔水的含量已经很少，主要以蒸发细胞壁水为主，所以在干燥的最后阶段水分 a 失去的速率加快。

在 T_2 分布中，水分 b 含量最少，开始时面积为 11.4，弛豫时间为 69.23ms。这部分晚材细胞腔中的水分因为含量较少，所以在整个干燥过程中失去的速率相对较慢，在干燥后期其横向弛豫时间及面积也稍有波动，原因同青杨心材的情况，在这里不再赘述。

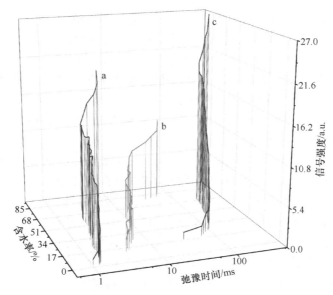

图 3-12　青杨边材在高温干燥过程中水分 T_2 分布变化

　　水分 c 面积最大时为 26.75，对应的弛豫时间为 514.20ms。这部分早材细胞腔水不但含量大，且横向弛豫时间长，说明在青杨边材试件中，存在较多大的孔隙，大孔隙对水分的束缚作用较弱，所以在生材状态下，水分 c 的含量多，状态更接近于液态水，横向弛豫时间很长。在整个干燥过程中，早材细胞腔水分失去的速率最快，其横向弛豫时间随干燥过程的进行不断缩短，最终缩短至 32.30ms 后，继续进行干燥，水分 c 消失，说明早材细胞腔中的水分干燥完毕。

3.4.1.4　北京杨高温干燥过程中水分的迁移

　　通过对 T_2 信号进行拟合，能够得到每一测量时刻木材内部细胞腔水及细胞壁水的面积，进而能够实现两种水分含量的定量计算。通过公式（3-2）可以分别计算出每一平均含水率下细胞腔水和细胞壁水的百分含量。

$$C = \frac{A_1}{A_0} \times \frac{M_1}{M_0} \times 100\% \qquad (3\text{-}2)$$

式中，C 是细胞腔水或细胞壁水的百分含量；A_1 为细胞腔水或细胞壁水的面积；A_0 是细胞腔水和细胞壁水面积的总和；M_1 为木材中水分的质量；M_0 为木材的绝干质量。

　　图 3-13 反映的是北京杨心材试件在高温干燥过程中各状态水分含量变化的情况。在初始含水率状态下，细胞腔水含量为 107.4%，细胞壁水含量为 33.2%。

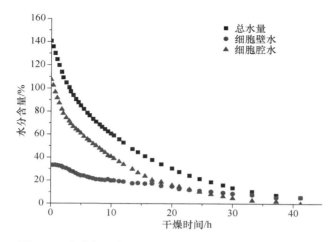

图 3-13　北京杨心材高温干燥过程中各状态水分含量变化

从图 3-13 中可以看出，在对木材进行干燥的前 2.5h，细胞壁水的含量变化十分缓慢，说明在木材高温干燥初期阶段，主要以蒸发细胞腔水为主。继续对木材进行干燥，细胞壁水含量减少的速率开始加快，说明此时木材表层的细胞壁水开始向外排出，直到干燥 10h 后速率减慢，此时木材的平均含水率为 60.0%左右。由于木材表层细胞壁中的结合水与木材结合紧密，难以干燥，木材内部的水分向外蒸发需要更多的能量，所以在此后的干燥阶段，细胞壁水以缓慢的速率逐渐减少。

在整个干燥过程中，细胞腔水的减少基本也呈现出三段式的变化：干燥过程的前 3h 减少速率很快，在接下来的 14h 里，速率略有降低，在随后的干燥过程中，速率再次减慢，曲线拐点处的含水率分别为 104.9%和 37.9%。细胞腔水含量出现这样变化的原因与细胞壁水相似，但通过对比可以明显看出，细胞腔水在整个干燥过程中的变化速率都远大于细胞壁水。

图 3-14 反映的是北京杨边材在高温干燥过程中各状态水分含量变化的情况。在初始含水率状态下，细胞腔水含量为 83.5%，细胞壁水含量为 29.9%。对比图 3-13 和图 3-14 可以发现，在整个干燥过程中，边材含水率的变化的速率明显快于心材。这是因为心材试件的密度要高于边材，且存在较多侵填体，堵塞了导管，使水分的运输能力下降、水分蒸发速率变慢。而边材的密度小，结构疏松，内部孔隙多于心材，虽然初始含水率低于心材，但其内部细胞腔水的最长横向弛豫时间明显长于心材，因此，边材对水分的束缚程度较弱，使水分易于排出到木材外部。边材试件中的细胞壁水在干燥开始后含量便呈现缓慢减少的趋势，出现这一现象同样是因为边材的结构利于水分的传输，使靠近木材表层的细胞壁水在开始干燥时便被排出了。

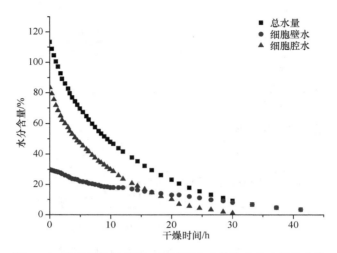

图 3-14　北京杨边材高温干燥过程中各状态水分含量的变化

3.4.1.5　青杨高温干燥过程中水分的迁移

图 3-15 是青杨心材试件在高温干燥过程中内部水分含量的变化情况。试件的初始含水率为 128.3%，其中细胞壁水含量为 34.1%，细胞腔水含量为 94.2%。

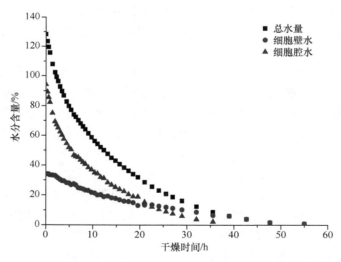

图 3-15　青杨心材高温干燥过程中各状态水分含量的变化

与北京杨心材试件在干燥过程中细胞壁水含量的变化相似，青杨心材在开始干燥的前 2h，细胞壁水含量只发生了微小的变化。从 2h 后，细胞壁水含量的变化速率加快，直至干燥 20h 左右后，速率略有减缓，此时木材的平均含水率为 31.9%。细胞腔水在整个干燥过程中减少的速率都很快，在平均含水率低于 23.1%

后，其百分含量已经很少，在平均含水率达到 8.7%后基本消失。

图 3-16 是青杨边材在高温干燥过程中各状态水分含量的变化情况。试材的初始含水率为 85.5%，其中细胞腔水含量为 56.5%，细胞壁水含量为 29.0%。从图中可以看出，在整个干燥过程中，试件内的细胞腔水的含量下降速率很快，主要原因是青杨边材中导管的组织比量很大，木材运输水分的能力强，干燥速率快，在含水率低于 29.0%后，木材内细胞腔水的含量甚微，在含水率低于 13.0%后基本消失。试件中细胞壁水干燥过程开始时也同样呈现出不断减少的趋势，且速率相对较快。在干燥过程的 10～20h，细胞壁水含量的变化曲线出现了上下波动，因为在这一时段，细胞腔水中的自由水含量已经相对较少，细胞腔内表面水即结合水在弛豫机制下起主导作用，使得其平均横向弛豫时间缩短，显示出结合水的特征，其横向弛豫时间与细胞壁水的横向弛豫时间相当，致使仪器在检测时将其归类为细胞壁水，导致细胞壁水的含量增加，而其蒸发速率快于细胞壁水，所以使细胞壁水总的变化趋势略有起伏。从图 3-16 中的曲线还可以看出，在干燥的第 17.6h 后，木材中只存在细胞壁水，含量约为 11.0%，干燥这部分水分消耗的时间约为整个干燥过程的一半。

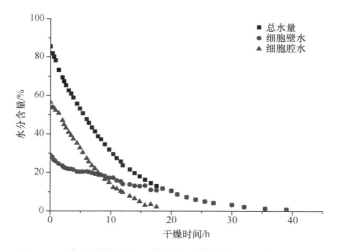

图 3-16　青杨边材高温干燥过程中各状态水分含量的变化

3.4.1.6　小结

通过分析高温干燥过程中北京杨和青杨心、边材水分状态及含量的变化情况，可以得出以下结论。

（1）由于心材和边材在结构上存在差异，所以两种木材的心材在干燥过程中，水分 b 即晚材细胞腔水的面积出现了一段时间内减小—增大—再减小的情况，而边材中则不存在这种现象。出现这一现象的原因是细胞壁水和晚材细胞腔水中结合水的横向弛豫时间出现重叠。

（2）在高温干燥过程中，边材水分含量减少速率快于心材，边材细胞腔水和细胞壁水基本上同时开始减少，心材细胞壁水大约从 2h 后开始减少，细胞腔水的减少速率明显快于细胞壁水。

3.4.2 低温干燥过程中木材水分状态的变化与迁移

3.4.2.1 研究方法

（1）研究所用木材分别为北京杨和青杨，树龄约为 10 年，木材胸径 30cm，采伐于内蒙古呼和浩特市和林格尔县。在距地面 70cm 树干处截取圆盘，然后在圆盘心、边材相同年轮区域内的相邻位置各截取 3 个试件为平行试件，尺寸均为 150mm×40mm×40mm（长×宽×厚），试件长度方向与树干轴向方向一致。试件端部未做任何处理。

（2）本试验使用德国 Bruker 公司生产的 minispec LF90 时域核磁共振波谱仪及电子箱。探头直径 90mm，磁体中心频率为 6.22MHz，90°脉宽为 14.80μs，180°脉宽为 29.34μs，仪器探头死时间为 72.1μs。配备此公司研发的 the minispec 应用软件。T_2 参数设置与高温干燥的参数设置相同。

（3）在称量并记录试验试件质量后，将其置于核磁共振波谱仪中的玻璃隔热管内，每隔 30min 测量一次自旋-自旋弛豫时间；每隔一段时间将试件取出，称量并记录其质量，然后迅速放回磁体内，取出时间选在下一次开始测量前 2min 左右。低温干燥借助磁体温度实现试件的干燥，干燥温度为 37℃；重复进行以上步骤中的操作，直至试件重量几乎不发生变化时，将试件取出放在温度设定为（105±0.2）℃的烘箱中进行绝干处理。

（4）应用 Origin 软件对测定数据进行拟合，得到不同干燥时刻水分的 T_2 分布。

3.4.2.2 北京杨低温干燥过程中水分状态变化

进行高温干燥时，因为环境介质温度高，所以木材水分蒸发速率快，容易产生较大的含水率梯度，进而导致木材出现开裂、变形、变色、皱缩等干燥缺陷[26]。因此，为了避免出现上述缺陷，满足特殊使用要求，有时需对部分树种采用低温干燥的方法。低温干燥所选定的干燥温度低于水分的沸点，所以水分干燥速率较慢，干燥木材需要消耗较长时间，而在干燥过程中水分状态及含量的变化也会与其他干燥方法有所不同。

图 3-17 是北京杨心材在低温干燥过程中水分 T_2 分布的变化情况。由图中的信号强度可知，在初始状态下，水分 b 含量最多，面积为 60.18，最长弛豫时间为 39.60ms。此水分为晚材中的细胞腔水，在干燥后期横向弛豫时间不断缩短，最短

横向弛豫时间为 2.20ms，说明晚材细胞腔中水分在干燥后期以结合水形式为主。水分 a 的横向弛豫时间变化范围是 3.59～0.54ms，最大面积为 21.65，是细胞壁水。水分 c 的横向弛豫时间由干燥开始时的 258.00ms 最终缩短为 21.57ms，为早材中的细胞腔水。在四种木材（北京杨心材、北京杨边材、青杨心材、青杨边材）试件中，北京杨心材试件的密度最大，且导管中侵填体含量较多，所以干燥的难度最大。从图 3-17 中水分 a 的变化趋势可以看出，在干燥的初期阶段，水分含量的变化十分缓慢，因为低温干燥过程中，用于干燥水分的能量低，难以使与木材结合比较紧密的细胞壁水脱离其束缚。水分 b 含量最多，说明在开始对木材进行干燥前，水分更多分布在木材晚材的细胞腔中，由于晚材细胞腔尺寸小于早材的细胞腔尺寸，所以其横向弛豫时间短于早材细胞腔水。在开始干燥后，水分 b 快速减少，一部分水分摆脱木材束缚，蒸发到外部环境中，另一部分水分在运动过程中进入到尺寸更大的孔隙中（即早材的细胞腔中），所以水分 c（即早材细胞腔水）在干燥进行一段时间后开始不断增加。同时，由于低温干燥过程中，水分排出到木材外部的速率较慢，而不同环境中水分移动在不断进行，所以水分 c 增加了很长一段时间后才开始减小。

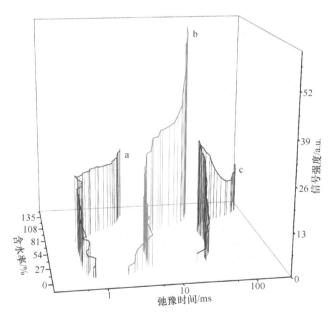

图 3-17　北京杨心材在低温干燥过程中水分 T_2 的分布变化

图 3-18 是北京杨边材在低温干燥过程中水分 T_2 分布的变化情况。在初始状态下，水分 c 含量最多，面积为 28.0，干燥开始后，面积迅速减小，在前 40h 基本呈线性变化。随着面积的逐渐缩小，水分 c 的横向弛豫时间也不断缩短，但是

幅度较小。在后续的干燥过程中，因剩余的少量水分与细胞腔内壁结合紧密，所以干燥速率变得缓慢，但横向弛豫时间出现大幅缩短，说明细胞腔中的结合水在弛豫机制上起主导作用。当含水率低于 30.0%时，木材早材细胞腔中的自由水蒸发殆尽。

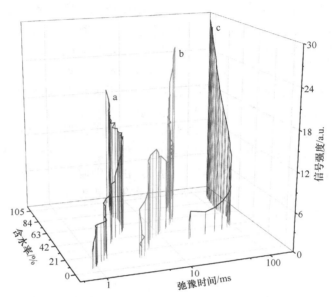

图 3-18　北京杨边材在低温干燥过程中水分 T_2 分布的变化

在初始状态下，水分 a 即细胞壁水的信号面积为 18.93，明显少于细胞腔水，其含量减少的速率明显快于心材。开始干燥后，水分 a 面积明显减少，这是由于木材表层细胞壁水蒸发所导致的。随着干燥过程的进行，水分 a 的蒸发速率虽不断减缓，但其较小的密度使得蒸发速率仍明显快于心材。

水分 b 即晚材细胞腔水初始面积为 25.12，经历一段时间的干燥后，面积的变化由不断减小转为逐渐增加。面积出现不断增加的原因，一方面是因为细胞壁自由水在排出过程中需要穿过细胞壁，进入到细胞腔等较大的孔隙中，导致横向弛豫时间会有所增长；另一方面，在这一干燥阶段，水分 c（早材细胞腔自由水）的减少至消失会使早材细胞腔结合水与晚材细胞腔水的横向弛豫时间有重叠，在拟合时很难将二者分开，只能将早材细胞腔结合水一并计入晚材细胞腔水的含量中。

3.4.2.3　青杨低温干燥过程中水分状态变化

图 3-19 是青杨心材在低温干燥过程中水分 T_2 分布的变化情况。从图中信号强度可知，水分 b 即晚材细胞腔水含量最多，明显多于其他两种状态的水分。从

干燥开始至平均含水率下降到 60.0%的过程中，水分横向弛豫时间变化不大，这说明晚材细胞腔自由水绝对含量很大，自由水的弛豫起主导作用。当这部分自由水含量减少到一定程度后，晚材细胞腔结合水的弛豫效应开始明显，使得平均弛豫时间值明显减小。这说明吸着在细胞腔内壁上的结合水与细胞腔内自由水的横向弛豫时间值有较大差异，且蒸发这部分水分需要消耗更多能量。

水分 a 即细胞壁水，初始状态面积为 27.96，在整个干燥过程中水分减小的速率明显快于北京杨心材，说明青杨木材水分运输的通道更畅通，水分更容易被排到木材外部。因为这部分横向弛豫时间短的细胞壁水蒸发速率较快，所以其细胞壁自由水比较容易排出。

水分 c 即早材细胞腔水，初始的面积与水分 a 接近，为 28.25。在干燥一段时间后，这部分水也出现了面积由减小转为增大而后又减小的变化趋势。由于这种变化只出现在心材试件中，说明这与心材内部结构特点有关。

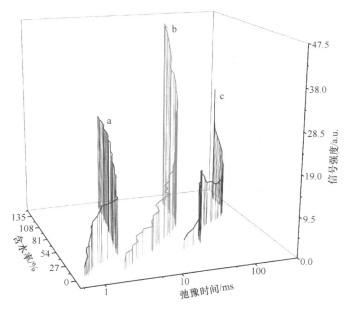

图 3-19　青杨心材低温干燥过程中水分 T_2 分布的变化

图 3-20 是青杨边材在低温干燥过程中水分 T_2 分布的变化情况。初始状态下，水分 b 的含量最多，面积为 36.29。开始干燥后，水分 b 以较快的速率迅速减少，但在平均含水率接近 70.0%时，面积出现增加的趋势。此时水分 c 即早材细胞腔自由水几乎全部蒸发完毕，而水分 a 减少的速率也略有加快的趋势，所以出现这一现象的原因应与北京杨边材水分 b 的变化一致。水分 c 的面积为 32.05，与水分 b 的面积相差不多，随着干燥的进行，面积始终不断减小，曲线很光滑，说明边

材的构造利于细胞腔水的排出。水分 a 即细胞壁水的面积与另外两种状态水分含量相差较多，随干燥时间的延长，同样呈现面积不断减小、横向弛豫时间不断缩短的趋势。

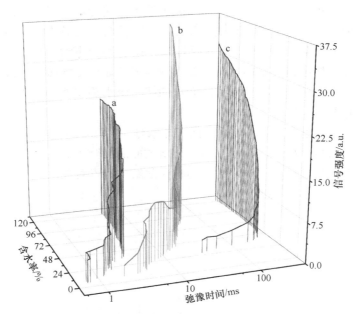

图 3-20 青杨边材低温干燥过程中水分 T_2 分布的变化

对比高温干燥与低温干燥的实验结果发现，在干燥后期阶段，低温干燥木材水分 a 的横向弛豫时间会短于高温干燥木材，这是因为高温干燥作用于水分的能量高，水分子更活跃，所以其横向弛豫时间较长。

3.4.2.4 北京杨低温干燥过程中水分的迁移

图 3-21 为北京杨心材低温干燥过程中各状态水分含量的变化情况。试件的初始含水率为 134.4%，其中，细胞腔水含量为 104.3%，细胞壁水含量为 30.1%。从图中曲线的变化趋势可知，在干燥前 12h，细胞壁水的含量只发生了微小的变化。在后续的干燥过程中，细胞壁水曲线的斜率增大，说明细胞壁水含量的变化速率略有加快。在干燥 28h 后，细胞壁水曲线的变化不再均匀一致，数值出现了波动，而在此干燥阶段，细胞腔水的含量变化同样存在波动。这是由于低温干燥耗时较长，水分以很慢的速率向外蒸发，使得不同状态水分横向弛豫时间出现重叠现象。细胞壁水含量的变化在干燥 71h 后变得十分缓慢，且在 96.5h 后含量略有增加，主要是细胞腔结合水的主导效应引起的。细胞腔水在干燥的前 50h，基本呈线性地减少，在平均含水率低于 28.4%后逐渐变得缓慢，主要原因是细胞腔内壁对水

分的束缚作用不断增强，使其摆脱木材束缚的难度逐渐加大。

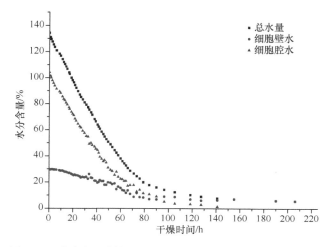

图 3-21　北京杨心材低温干燥过程中各状态水分含量的变化

图 3-22 为北京杨边材在低温干燥过程中各状态水分含量的变化情况。试样的初始含水率为 104.6%，其中，细胞腔水含量为 77.2%，细胞壁水含量为 27.4%。在前 36h 的干燥过程中，细胞壁水以较慢的速率不断减少，之后含量出现小范围迅速减小的变化趋势，此时试件的含水率为 41.8%。结合细胞腔水的变化曲线可知，除有一部分细胞壁水排出到木材外部外，还有一部分穿过细胞壁转化成为细胞腔水，使得细胞腔水减少的速率在一段时间内变得缓慢后又逐渐加快。在干燥 45h 后，细胞壁水含量的变化速率再次减缓，在 80h 后略有增加。细胞腔水含量在干燥 63.5h 后已经低于 10.0%，在约 120h 后细胞腔自由水基本消失。

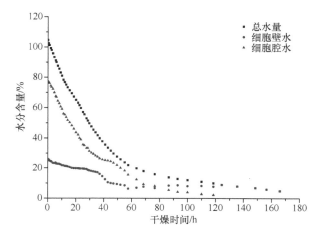

图 3-22　北京杨边材低温干燥过程中各状态水分含量的变化

3.4.2.5 青杨低温干燥过程中水分的迁移

图 3-23 是青杨心材在低温干燥过程中各状态水分含量的变化情况。试件的初始含水率为 136.5%，其中，细胞腔水含量为 99.2%，细胞壁水含量为 37.3%。干燥开始后，细胞壁水含量便不断减少，且随着干燥时间延长，减少的速率有些许增大的趋势。在干燥 103h 后，细胞壁水减少的速率加快，此时试材的含水率为 26.5%。在干燥 140h 后，细胞壁水曲线再次出现拐点，细胞壁水失水的速率逐渐变慢，此时试材平均含水率为 10.0%，细胞壁水含量已经很少。细胞腔水减小速率的转折点发生在干燥 96.5h 时，此时试件的平均含水率为 30.2%，比细胞壁水减小速率发生转折时的平均含水率略高。

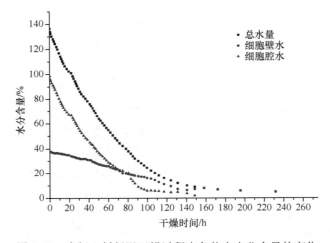

图 3-23　青杨心材低温干燥过程中各状态水分含量的变化

图 3-24 是青杨边材在低温干燥过程中各状态水含量的变化情况。试件的初始含水率为 121.9%，其中，细胞腔水含量为 92.1%，细胞壁水含量为 29.8%。在干燥初期阶段，细胞壁水含量同样呈缓慢变化的趋势，在 66h 后变化速率明显加快，此时试件平均含水率为 43.0%，高于木材的纤维饱和点。细胞腔水含量的变化速率出现明显改变的时刻发生在干燥 72h 左右，此时试件的平均含水率为 35.5%，接近木材纤维饱和点。两种状态水分含量的变化速率发生变化后，数值不再呈不断减小的趋势，而是略有波动，原因同样是由于部分细胞壁水和细胞腔水的横向弛豫时间发生了重叠。

3.4.2.6 小结

通过分析北京杨、青杨心材和边材的低温干燥过程，可以得出如下结论。

（1）随着低温干燥的进行，两个树种心材的水分 c 即早材细胞腔水的面积同

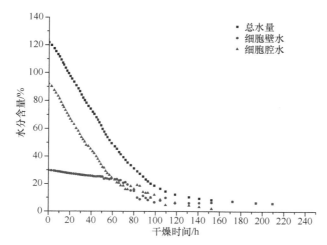

图 3-24　青杨边材低温干燥过程中各状态水分含量的变化

样呈现出减小—增加—再逐渐减小的变化趋势，与在高温干燥过程中出现的现象相同。但与高温干燥过程不同的是，两个树种边材的水分 b 即晚材细胞腔水会在低温干燥过程中阶段性地出现先减后增的变化趋势，主要原因是早材细胞腔水含量快速减少，使得早材细胞腔结合水效应显现出来，与晚材细胞腔水横向弛豫时间发生了重叠，因而水分 b 含量在一段时间内出现不断增加的趋势。

（2）两个树种边材细胞壁水的含量在平均含水率为 40.0% 时会急剧下降，而细胞腔水含量则在这一时刻后变化速率暂时变缓。这说明在边材试件中，细胞壁中自由水排出的速率提升，而细胞腔中结合水排出的速率减缓。这一过程发生在含水率接近纤维饱和点的时候，进一步证实了细胞腔中既有结合水又有自由水。

（3）在低温干燥过程中，两个树种边材水分含量减少的速率大于心材，边材细胞腔水和细胞壁水基本上同时开始减少，而北京杨心材在干燥 12h 内细胞壁水含量只发生了微小的变化，细胞腔水减少速率明显高于细胞壁水。

3.4.3　微波干燥过程中木材水分状态的变化与迁移

3.4.3.1　研究方法

（1）研究所用木材分别为北京杨和青杨，树龄约为 10 年，木材胸径 30cm，采伐于内蒙古呼和浩特市和林格尔县。在距地面 70cm 树干处截取圆盘，然后在圆盘心、边材相同年轮区域内的相邻位置各截取 3 个试件为平行试件，尺寸均为 150mm×40mm×40mm（长×宽×厚），试件长度方向与树干轴向方向一致。

（2）所用设备为德国 Bruker 公司生产的 minispec LF90 时域核磁共振波谱仪及电子箱。探头直径 90mm，磁体中心频率为 6.22MHz，90°脉宽为 14.80μs，180°

脉宽为 29.34μs，仪器探头死时间为 72.1μs。配备此公司研发的 the minispec 应用软件。参数设置：CPMG 脉冲序列，采样点数为 3000 个，回波时间为 0.4ms。

（3）在称量并记录试验试件质量后，将其置于核磁共振波谱仪内的玻璃隔热管中测量其自旋-自旋弛豫时间信号；在核磁共振分析谱仪中完成测量后，将试件放入微波干燥箱中进行干燥，微波辐射功率 700W，加热一段时间后取出称量并记录试件质量；重复进行以上步骤，直至试件重量几乎不发生变化时，记录试验终了时试件质量，然后放入温度设定为（105±0.2）℃的烘箱中进行绝干处理。

（4）应用 Origin 软件对测定数据进行拟合，得到不同干燥时刻水分 T_2 分布。

3.4.3.2　北京杨微波干燥过程中水分状态变化

图 3-25 是北京杨心材在微波干燥过程中水分 T_2 分布的变化情况。在初始状态下，水分 b（晚材细胞腔水）含量最多，面积为 46.43，最长横向弛豫时间为 53.11ms。水分 a（细胞壁水）横向弛豫时间分布范围为 5.37～0.69ms，最大面积为 24.16。水分 c（早材细胞腔水）横向弛豫时间由干燥开始时的 286.00ms 最终缩短至 12.82ms。从图 3-25 中可以看出，在干燥开始后，各种状态的水分都不同程度地减少。

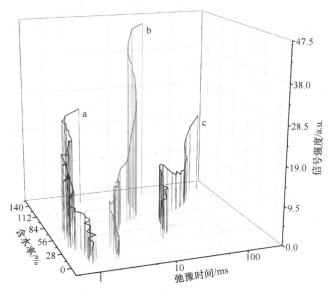

图 3-25　北京杨心材微波干燥过程中水分 T_2 分布的变化

水分 a 虽然为横向弛豫时间较短、与木材结合十分紧密的细胞壁水，但通过图 3-25 中曲线 a 的变化趋势可以看出，从开始干燥后，其面积只在很短的一段时间内变化缓慢，然后便迅速地减少，且变化速率明显快于高温干燥和低温干燥。

水分 b 即晚材细胞腔水含量最多，在初始状态下，其面积相当于水分 a 和水分 c 两种状态水分面积的总和。所以在干燥试验开始后，以此种状态水分蒸发为主，其面积随干燥时间的延长迅速减小，在平均含水率低于 80.0%后速度略有减缓。在整个干燥过程中，晚材细胞腔水的横向弛豫时间从最初的 53.11ms，缩短至最终的 2.04ms，然后消失殆尽。

水分 c 即早材细胞腔水在干燥进行一段时间后同样出现了其面积随干燥时间延长而不断增大的变化，但增加的幅度明显小于另外两种干燥方法（高温干燥和低温干燥）中心材试件内水分 c 的变化，主要原因是木材在进行微波干燥时水分被加热的方式与常规方法不同，蒸发速度较快。

图 3-26 是北京杨边材在微波干燥过程中水分 T_2 分布的变化情况。通过图 3-26 中信号分布可知，边材试件在初始状态下，三种不同状态水分的面积相差较小，其中含量最多的是水分 b，面积为 24.24，水分 a 和水分 c 两种状态水分的面积分别为 21.01 和 18.63。随着干燥的进行，三种状态水分都在快速减少，面积减小的速率基本相同。木材在进行微波干燥时，内部温度会急剧升高，水蒸气快速膨胀，进而导致木材细胞腔内压力急剧上升，使得木材内外形成压力差，迫使木材内部的水分快速地向外移动。此外，木材在微波的作用下，细胞壁上的纹孔膜，甚至薄壁细胞都可能会被破坏，增加了木材内部的通透性，在很大程度上使木材内部水分的迁移性能得到提高。这就解释了为什么三种环境中的水分在干燥过程中基本以相同的速率不断减少，以及为什么水分 b 并没有出现在低温干燥过程中，水分 b 面积在干燥一段时间后出现不同程度地增加后又不断减少的情况。

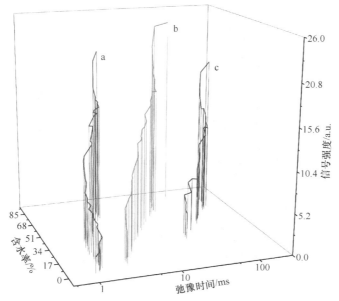

图 3-26　北京杨边材微波干燥过程中水分 T_2 分布的变化

3.4.3.3 青杨微波干燥过程中水分状态变化

图 3-27 是青杨心材在微波干燥过程中水分 T_2 分布的变化情况。从图中的信号幅度可知，水分 b 含量最多，初始面积为 44.98，明显多于其他两种状态的水分。在干燥试验开始后，水分 b 面积减小的速率很快，在含水率为 70.0%左右时，面积缩小到仅为最初状态的 1/3 左右，此后，变化速率逐渐减慢。水分 c 最初的面积为 28.79，随着干燥过程的进行，在含水率低于 90.0%后，出现了面积由不断减小转为逐渐增大的情况，但是与北京杨心材相比幅度不明显，再次证明微波干燥过程中，木材内水分向外蒸发的速度很快，晚材细胞腔水会有部分途经早材细胞腔，导致水分 c 在一段时间内出现大量地增加。水分 a 最初的面积为 27.96，随着干燥过程的进行，面积不断缩小，横向弛豫时间也逐渐变短，在缩短至 1ms 左右时，横向弛豫时间基本不再发生变化，说明木材中可探测到的、与木材结合特别紧密的水分即细胞壁结合水的横向弛豫时间在 1ms 的数量级。水分 b 和水分 c 的横向弛豫时间随含水率的降低基本呈线性减小趋势。

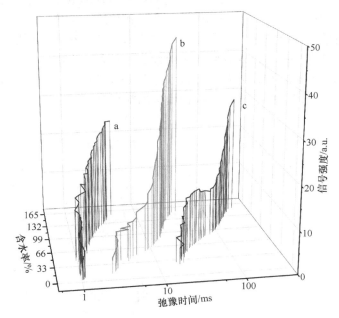

图 3-27 青杨心材微波干燥过程中水分 T_2 分布的变化

图 3-28 是青杨边材在微波干燥过程中水分 T_2 分布的变化情况。初始状态下，水分 b 的含量最多，面积为 29.02，最长横向弛豫时间为 38.74ms；其次为水分 c，面积为 23.21，相应的横向弛豫时间为 221.04ms；水分 a 含量最少，面积为 17.16，弛豫时间为 4.18ms。在整个干燥过程中，青杨边材试件中不同状态水分的面积及

横向弛豫时间的变化趋势基本与北京杨边材的干燥过程相一致，说明在微波作用下，两个树种内部发生了同样的变化。但青杨边材试件的初始含水率比北京杨边材试件的平均含水率高出约 25.0%，所以需要更长的干燥时间，水分 c 在干燥一段时间后，横向弛豫时间才呈现明显缩短的趋势，在平均含水率低于 25.0%后从木材中完全消失。

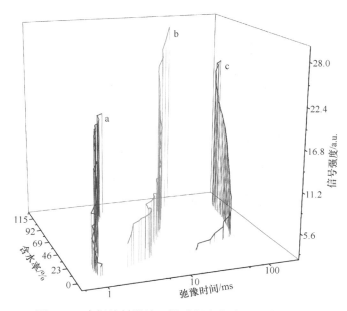

图 3-28　青杨边材微波干燥过程中水分 T_2 分布的变化

3.4.3.4　北京杨微波干燥过程中水分的迁移

图 3-29 显示的是北京杨心材试件在微波干燥过程中各状态水分含量的变化情况。试件的初始含水率为 137.0%，其中，细胞腔水含量为 100.9%，细胞壁水含量为 36.1%。从图 3-29 中曲线的变化趋势可知，在干燥刚开始时，木材含水率变化比较缓慢，细胞腔水含量变化也很小。细胞壁水含量在前 190s 左右的时间里基本维持恒定。在干燥后期含水率接近纤维饱和点（含水率为 30%左右）时，细胞腔水与细胞壁水含量的变化曲线出现波动，其原因与高温干燥和低温干燥过程中发生相同现象的原因一致，在这里不再赘述。

图 3-30 所示为北京杨边材试件在微波干燥过程中各状态水分含量的变化情况。木材初始含水率为 86.9%，其中，细胞腔水含量为 58.3%，细胞壁水含量为 28.6%。边材试件在干燥过程开始后细胞壁水含量便逐渐减小，这比心材更为明显。细胞壁水在干燥初期的变化虽然相对比较缓慢，但通过细胞壁水曲线趋势可以明显观察到细胞壁水含量下降，不存在类似于心材变化的恒定期。

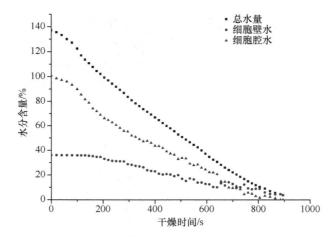

图 3-29　北京杨心材微波干燥过程中各状态水分含量的变化

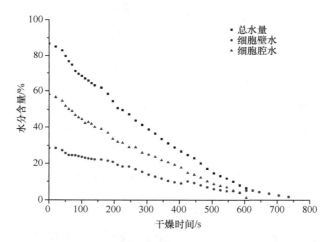

图 3-30　北京杨边材微波干燥过程中各状态水分含量的变化

3.4.3.5　青杨微波干燥过程中水分的迁移

图 3-31 是青杨心材在微波干燥过程中各状态水分含量的变化情况。试件的初始含水率为 153.7%，其中，细胞腔水含量为 115.4%，细胞壁水含量为 38.3%。在干燥刚开始进行时，试件细胞壁水含量同样出现了短暂的恒定期，数值变化量很小。继续进行干燥后，细胞壁水及细胞腔水含量开始快速下降，细胞壁水含量在前 180s 的干燥过程中变化不大，继续进行干燥后，减少的速率逐渐加快。

图 3-32 是青杨边材在微波干燥过程中各状态水分含量的变化情况。试件的初始含水率为 111.8%，其中，细胞腔水含量为 84.1%，细胞壁水含量为 27.7%。对比以上四组微波干燥的实验可以发现，试件总含水率及细胞腔水和细胞壁水含量

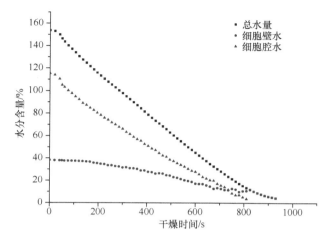

图 3-31　青杨心材微波干燥过程中各状态水分含量的变化

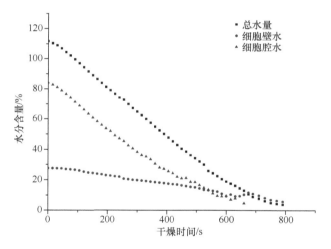

图 3-32　青杨边材微波干燥过程中各状态水分含量的变化

随干燥过程的进行基本都呈线性变化，干燥曲线不存在明显的拐点。在干燥初期，总含水率的变化速率主要与试件初始含水率的关系较大，而与心、边材结构的差异相关性较小。初始含水率高的试件，在干燥实验开始时，因加热水分需要更多的能量，所以在相同的干燥时间内总含水率的变化幅度小于初始含水率低的试件；但当试件内水分被完全加热后，各状态水分含量及总含水率的变化趋势基本一致，心材试件中细胞壁水的变化速率略缓，但整体趋势无明显差异。

3.4.3.6　小结

通过分析北京杨、青杨心边材的微波干燥过程，可以得出如下结论。

（1）由于微波的作用会使木材内外存在较大的压力差，并且能够增加木材内部的通透性，提高木材内水分的迁移性能，所以在微波干燥过程中，两个树种的心、边材试件内不同状态水分的面积均随干燥时间的延长而明显地减少。因为心材的结构特点，水分 c 即早材细胞腔水仍会出现干燥一段时间后面积反而有所增加的情况，但因其干燥速率很快，增加幅度明显小于高温干燥和低温干燥方法。

（2）在微波干燥开始时，木材含水率变化比较缓慢，细胞腔水含量的变化也很小，细胞壁水含量在前 190s 左右的时间里基本维持恒定。

（3）对于整个微波干燥过程，木材总含水率及内部细胞壁水、细胞腔水含量基本呈线性减小的变化趋势，干燥曲线无明显拐点，细胞腔水含量的变化速率明显高于细胞壁水。心、边材细胞腔水及细胞壁水含量的变化无明显差异。

3.5　不同温度及磁场强度下木材水分的纵向弛豫特征

随着低场核磁共振技术对多孔材料体系流体动力学的研究越来越广泛[27, 28]，其在木材领域的应用也尽显其优势。然而，传统的低场核磁共振技术只能在固定的磁场频率下获得相应频率的分子运动特征，不同频率的分子运动难以被有效区分。此外，极其缓慢的分子运动也难以被有效探测。FFC-NMR（fast field cycling-nuclear magnetic resonance）技术，即快速场循环核磁共振技术可以通过快速改变磁场的频率获得一定范围拉莫尔频率下物质的纵向弛豫率 R_1（longitudinal relaxation rate）分布，进而能够实现同一体系内多尺度分子运动频率的表征[29]。例如，通过对树叶和枯叶的多组分弛豫特征的研究表明，分解的枯叶和未分解的树叶的弛豫机制源自于不同部分的分子运动[30]。此外，对于灰水泥水化作用的研究，较好地分离出了其表面弛豫和体积弛豫的贡献。由此可知，应用快速场循环核磁共振技术研究复杂多孔材料体系的水分运动具有其独特的优势。

通常，在大气压下，温度的变化能够改变水分的运动。而对于木材内部的水分而言，由于受到孔隙的制约，且部分水分与木材纤维素分子链以分子键链接，其运动状态受温度的影响较为复杂。因此，不同状态的水分所处的环境之间的差别会导致各自核磁共振弛豫特征的不同。根据快速场循环核磁共振弛豫机制，本节着重研究低温和高温下木材孔隙中的水分运动，这对研究木材中水分迁移，以及木材干燥中制定和调节干燥基准都具有重要意义。

3.5.1　测定方法

（1）选取 5 种木材。三种阔叶材：青杨、白榆、黑胡桃（*Juglans nigra*）木；两种针叶材：樟子松（*Pinus sylvestris* var. *mongolica*）、落叶松（*Larix gmelinii*）。

在距离地表约 1m 的边材部位钻取（沿纤维方向）圆柱试件，试件规格：6mm（Φ）× 20mm（L）。

（2）将 5 个木材试件放置于真空干燥箱，室温下真空（干燥箱内绝对压力为 20 kPa）饱和吸水 24h，擦除表面多余水分后，在 8mm 内径吸管中用环氧树脂胶将试件整体封闭，室温下放置 24h 使胶黏剂完全固化。本研究中使用此胶黏剂对木材整体进行封闭，旨在研究在全封闭体系中，木材内部水分在不同温度下的动力学特征。经检测，所用胶黏剂核磁共振信号非常小，基本可以忽略不计，可以忽略其对检测结果的影响。

（3）将密封好的 5 个试件依次放入 10mm 标准试管中，置于 SMARtracer 快速场循环核磁共振弛豫仪（意大利 Stelar 公司生产，磁场频率变化范围为 10MHz 至 10kHz，探头口径 10mm，死时间 28μs，温度范围为–140～140℃）中，分别在 –40℃、–30℃、–20℃、–10℃、–3℃、30℃、40℃、50℃、60℃、70℃、80℃、90℃ 和 100℃ 下进行核磁共振散频（NMRD）检测。在低温（≤3℃）范围内，外接液氮。

（4）当试验温度小于 0℃ 时，木材内部水分开始结冰，为尽可能多地测定冰冻水分的自旋-晶格弛豫特征，使用 Solid Echo Sequence，即固态回波序列（90°→τ→90°→Acquisition）进行弛豫率的测定。在低磁场频率（<3.5MHz）下使用极化固态回波序列，在高磁场频率（>3.5MHz）下采用非极化固态回波序列。磁场频率范围为 10MHz～10kHz，本试验分别选取 10MHz、7MHz、5MHz、3MHz、1MHz、0.7MHz、0.5MHz、0.3MHz、0.1MHz、0.07MHz、0.05MHz、0.03MHz 和 0.01MHz 为弛豫场磁场频率。除此之外，极化场磁场频率为 8MHz，极化时间为 $5 \times T_1$（10MHz 下），样品扫描次数为 16 次，循环延迟时间同极化时间相同。此外，信号采集场磁场频率为 7.2MHz；极化场→弛豫场→信号采集场之间的切换时间为 2ms。90°脉冲宽度为 4.5μs，T_1 点数为 16。

（5）当试验温度≥0℃ 时，木材内部水分运动相对自由，能提供核磁弛豫的 ${}^1H$ 核基数较大，在此情况下，使用默认极化/非极化序列测定自旋-晶格弛豫率。磁场频率范围 10MHz～10kHz，且对数函数被分为 30 个区。当磁场频率在 10～3.5MHz 之间切换时，使用非极化序列进行检测；当磁场频率在 3.5～0.01MHz 之间切换时，使用极化序列进行检测。极化场的磁场频率（B_{pol}）为 8MHz，极化时间为 1s。信号采集场的拉莫尔频率（B_{acq}）为 7.2MHz，极化场→弛豫场→信号采集场的切换时间为 2ms。90°脉冲宽度 4.5μs，T_1 点数为 16。样品扫描次数为 4 次，循环延迟时间为 2s。

（6）获得自旋-晶格弛豫衰减/恢复曲线后，利用一阶指数衰减/恢复函数自动拟合和计算各个频率下自旋-晶格弛豫时间，为后续的分析和计算提供数据支撑。

3.5.2　木材水分自旋-晶格弛豫率分布

　　木材是一种非均质性的多孔材料，自由水在细胞腔等大孔隙中进行相对自由的布朗运动，而结合水在细胞壁小孔隙中与羟基组紧密结合，水分的运动性受到较强限制。与完全自由运动的水相比，木材等多孔材料中的水分表现出了完全不同的动力学特征。此外，对于木材中的水蒸气而言，其运动速率过快，且分子间距较大，故此不能引起有效的核磁弛豫，本研究中不做赘述。

　　图 3-33 所示为完全自由运动水和木材中水在室温下测定的不同拉莫尔频率下的 R_1 分布。自由运动水的 R_1 在整个拉莫尔频率范围内基本不变，而木材中水的 R_1 随着拉莫尔频率的增大逐渐减小。研究表明，只有特定频率的分子运动才能有效地促进核弛豫[31]，因此不同的 R_1 反映的是水分运动频率之间的差异，而导致这一差异的最主要因素为木材孔径之间的区别。

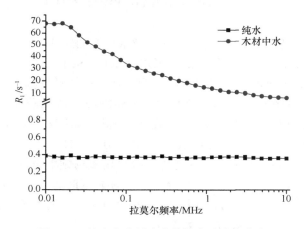

图 3-33　纯水和木材中水的纵向弛豫率分布

　　所有原子核的拉莫尔频率均受施加磁场的影响，水分子在磁场下的波动能够引发核弛豫[32]。在没有顺磁物质存在的条件下，占主导作用的自旋-晶格弛豫途径是偶极-偶极相互作用。木材中水分的弛豫即源于分子间的偶极相互作用[33]，包括水分子之间和水分子与羟基之间的偶极相互作用，也就是自由水和结合水产生的偶极相互作用。分子运动对偶极相互作用的影响非常大[31]。分子运动得越快，偶极相互作用的效率越低，因此得到大的 T_1 和小的 R_1；相反，分子运动得越慢，则偶极相互作用越强，所以 T_1 较短，R_1 较大[29]。对于木材来说，孔隙越大，水分运动越快。弱的 [1]H 偶极作用和慢的弛豫效率导致核弛豫的波动时间较长，所以试验测得较长的 T_1 值和较小的 R_1 值。另外，小孔中的水与木材基体结合较为紧密。在这种情况下，强的 [1]H 偶极相互作用会使水分子的运动受到限制，波动的质子自旋与周围环境之间能量的快速交换会导致快的弛豫效率,结果会得到大的 R_1 值[34]。

　　木材中的水分在不同温度下的核磁弛豫特征有较大差别。本研究利用快速场循环核磁共振技术首先测定了低温下木材内部的水分运动,试验温度-40℃、-30℃、-20℃、-10℃、-3℃下,5 个木材试件中水分的弛豫率分布如图 3-34 所示。研究表明,木材中的自由水在 0℃以下开始凝结,当温度降低为-3℃时,自由水全

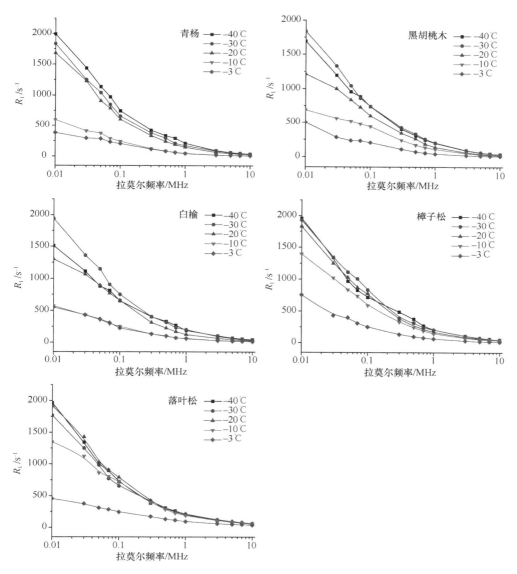

图 3-34　木材水分低温弛豫率分布

部结冰[35]，而冰的 T_2 弛豫时间大约为 6μs[36, 37]，因此，在本试验的低温条件下，自由水不提供核磁弛豫信号，所测定的弛豫信号全部来自结合水。

由于结合水的固有性质，较强的 [1]H 偶极相互作用会产生有效的自旋扩散，导致大的弛豫率[30]。如图 3-34 所示，低磁场频率下的弛豫率远远大于高磁场频率下的弛豫率，这是由于在低磁场频率检测到的是小细胞壁孔隙中的水分运动，水分受到的制约较强，H 原子核由激发态返回到平衡态需要的时间较短，因此弛豫效率较快。而在高磁场频率下检测到的是相对较大的细胞壁孔隙中的水分运动，水分运动受到的制约相对较弱，因此 H 原子核由激发态返回到平衡态需要的时间较长，弛豫率较小。

此外，由温度对弛豫率分布的影响可以看出，随着温度的降低，R_1 基本呈增大趋势。这是由于在冰点以下，细胞壁内的部分水分逐渐以冰的形式向细胞腔移动，导致细胞壁骤然收缩[38, 39]，因此结合水的运动受到的制约进一步加大，[1]H 原子核由激发态恢复到平衡态所用的时间减少。随着温度的升高，R_1 整体减小，表明温度的升高融化了部分结合水，降温时进入细胞腔的水分得以重新返回到细胞壁中，水分含量的增加导致 [1]H 弛豫过程向周围释放能量的时间延长，因此核磁弛豫效率降低。

与低温下木材中水分的核磁弛豫不同，在室温以上，核磁弛豫源自于自由水和结合水的共同作用。研究表明，T_1 弛豫机制为体积水和孔隙表面水的总弛豫率[40, 41]：

$$\frac{1}{T_1} = \frac{n}{T_{1s}} + \frac{m}{T_{1b}}, n + m = 1 \qquad (3\text{-}3)$$

式中，$\frac{1}{T_1}$ 为总弛豫率；$\frac{1}{T_{1b}}$ 为体积水弛豫率；$\frac{1}{T_{1s}}$ 为表面水弛豫率。

由于表面水弛豫率远远大于体积水弛豫率，式（3-3）中的体积水弛豫率可以忽略不计，所以总弛豫机制主要源自于孔隙内表面水。又因为细胞腔自由水占据比例较大，因此检测结果表现为偏自由水的弛豫机制。此外，由于可提供弛豫的质子密度增加，且自由度较高，因此，与低温情况下相比，高温下的 R_1 整体较小。

室温以上测定的弛豫率分布依然遵循低频弛豫率大于高频弛豫率的原则。低频区（→0.01MHz）反映的是小孔径中的水分弛豫，而高频区（→10MHz）反映的是大孔径中的水分弛豫。此外，温度的升高会对整个拉莫尔频率下的 R_1 产生不同的影响。整体而言，R_1 随着温度的升高而增大，与高频区下 R_1 变化幅度相比，低频区 R_1 的变化幅度更大，表明温度的升高对增强小孔隙中水的偶极相互作用更为显著。

自旋弛豫越快，表明在拉莫尔频率附近产生的波动越强。由图 3-35 可知，温度的升高增强了水分子之间的偶极相互作用。由图中可以看出，在 30～80℃之间，阔叶材的 R_1 分布整体趋势相似且变化幅度较小；而对于针叶材，在整个温度区间的 R_1 分布均有明显变化。因此，与阔叶材相比，针叶材中水分的弛豫特征对温度的变化更为敏感。最为显著的是，当温度升高为 90℃和 100℃时，除了樟子松，其余 4 种木材水分的 R_1 分布出现峰点，表明体系中存在较长运动时间的水分[42]，

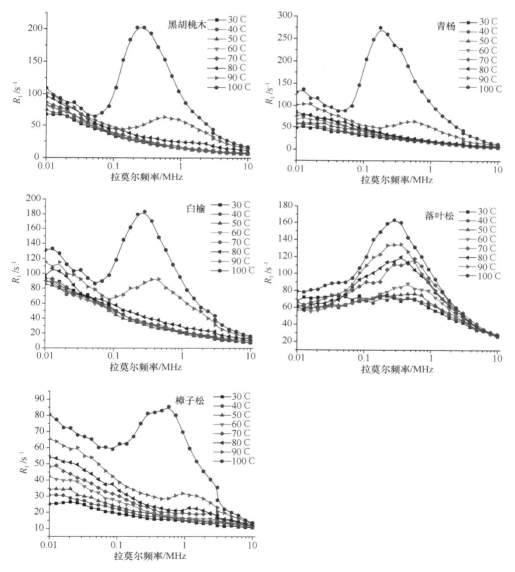

图 3-35　木材水分高温弛豫率分布

而由此实际情况可知，来自于自由水的弛豫变化。当温度升高至 90℃以上时，水分子运动性被极大地促进，特定拉莫尔频率下弛豫率的激增表明木材内某一运动频率区间的水分产生了快速弛豫，水分子的自由运动向受限运动转化，因此表明孔隙中的部分体积水与表面水之间发生了的快速转换，分子运动由布朗运动转变为受限运动。当温度升高至 100℃时，R_1 分布曲线的峰面积增幅较大，且峰点左移，表明温度的升高进一步加速了水分子运动，参与转换的体积水数量更多且与表面水的转换速率更快。

图 3-36 为低温下［图 3-36（a）］及室温以上［图 3-36（b）］木材水分弛豫率（10MHz 下）随温度的变化。由图中可以看出，低温下的弛豫率与温度之间存在指数关系，随着温度的降低弛豫率增加。–30℃及–40℃下的弛豫率较为接近，表明当温度降低到一定程度时，细胞壁内结合水的运动频率将基本保持不变。此外，与三种阔叶材相比，两种针叶材的弛豫率更大，表明水分与木材之间具有更强的偶极相互作用，也从侧面反映了针叶材更小的细胞壁孔径。

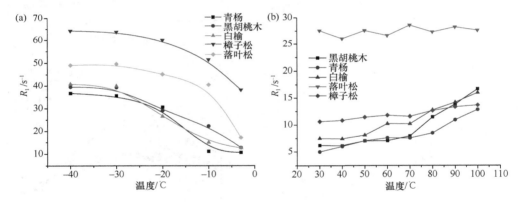

图 3-36　10MHz 下木材水分弛豫率随温度变化趋势

室温以上的弛豫率随温度的升高整体呈线性增加，与三种阔叶材相比，落叶松和樟子松的弛豫率较大。尤其对于落叶松，其弛豫率范围要大得多，这也印证了落叶松具有更小的细胞腔孔径。此外，在试验温度范围内，两种针叶材的弛豫率变化范围更小，这也反映出针叶材具有更为均匀的孔隙结构。

3.5.3　木材水分自旋-晶格弛豫时间分布

与低磁场频率相比，磁场频率越高，核磁共振的敏感性越强[29]。图 3-37 所示为经 CONTIN 反演[43]测得的 10MHz 下结合水在低温情况下的 T_1 分布。由图中可以看出，温度从–40℃升高为–3℃，自旋-晶格平均弛豫时间增大，且峰面积基本呈增大趋势。这表明在低温情况下，温度的升高使得部分细胞壁孔隙中的水逐渐融化，同时与其结合的纤维素分子链的运动能力有所提高，水分子与分子链之间距离增大，因此导致自旋质子向周围晶格传递能量所需的时间增长，表现为自旋-晶格弛豫时间的增大。

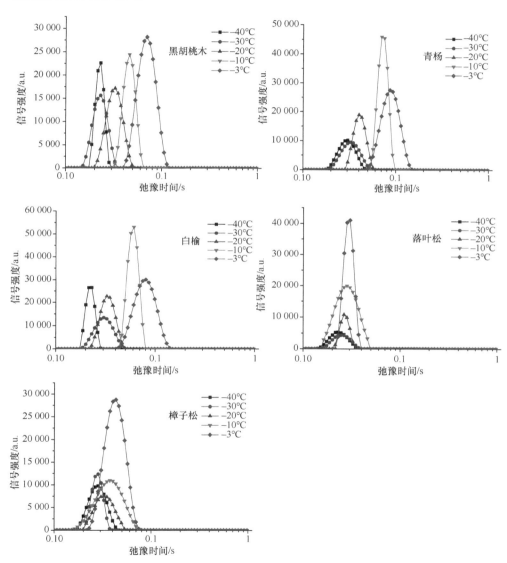

图 3-37　低温下 10MHz 木材水分 T_1 分布

图 3-38 所示为室温及以上温度下 5 种木材中水分的 T_1 分布。与低温下不同，此时的 T_1 分布存在两个分布峰，从弛豫时间分布可知，分别为结合水和自由水的分布峰。由此可以看出，三种阔叶材的自旋-晶格弛豫时间分布范围受温度影响变

化较大，而两种针叶材的自旋-晶格弛豫时间分布随着温度的升高变化较小，且弛豫时间与阔叶材相比要小得多。这种差异反映了木材构造之间的不同及其对水分运动的影响。针叶材较为均一的孔径使得水分运动的温度依赖性并不显著；而对于阔叶材，复杂的孔隙分布使得水分运动受外界温度影响变化较大。如图 3-38 所示，对于阔叶材，随着温度的升高，结合水和自由水的自旋-晶格分布峰左移，表明升温加速了水分的弛豫。这是由于在封闭体系中，温度的升高增加了体系内压，水分子的运动频率得以增强，导致水分子之间的碰撞概率增大。因此，受脉冲激

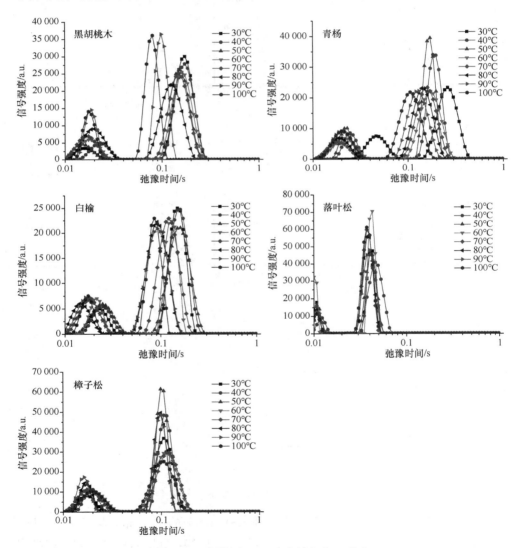

图 3-38　高温下 10MHz 木材水分 T_1 分布

发的 ^1H 原子核能够迅速向周围释放能量,且温度越高,分子运动频率越快,能量传递的速率也越快。正因为如此,试验测得升温导致自旋-晶格弛豫时间整体减小。

3.5.4 水分运动相关时间

τ_c(分子运动相关时间)描述的是溶液或多孔媒介中分子的自由运动[29],即一个分子旋转一个分子半径或移动自身尺寸整数倍距离所用的时间[32]。τ_c 越大,则分子运动越慢,表明系统分子的空间自由度受到的限制越强[44];相反,τ_c 越小,表明分子运动得越快,空间内的分子运动存在着较大自由度。R_1 与 τ_c 的关系可以用 BPP(Bloembergen-Purcell-Pound)理论描述。木材中水分的 R_1 与谱密度函数的关系可以由公式(3-4)得出[44]:

$$R_1 = \alpha + \beta \left[0.2 J(\omega_0) + 0.8 J(2\omega_0) \right] \tag{3-4}$$

式中,α 代表了高场弛豫率;β 是一个偶极相互作用相关的常数。谱密度函数 $J(\omega_0)$ 描述了系统中分子运动频率的分布。

$$J(\omega_0) = \frac{\sum c_i \dfrac{\tau_{ci}}{1 + (\omega_0 \tau_{ci})^2}}{\sum c_i} \tag{3-5}$$

式中,c_i 是拟合参数;τ_{ci} 是第 i 个相关时间;ω_0 是拉莫尔频率。

公式(3-4)与公式(3-5)的结合提供了一组参数 $\{c_i, \tau_{ci}\}$,可以用来计算平均分子运动相关时间($<\tau_c>$):

$$\langle \tau_c \rangle = \frac{\sum_i c_i \tau_{ci}}{\sum_i c_i} \tag{3-6}$$

式中,i 是数学拟合常数,本文中 $i=1$、2、3。通过公式(3-4)~公式(3-6)的联合计算,可以得出平均分子运动相关时间[45]。

表 3-8　低温下 α、β 和 $<\tau_c>$

木材	温度/℃	α/s^{-1}	$\beta/(\times 10^6\,s^{-2})$	$<\tau_c>/(\times 10^{-6}\,s^{-1})$
黑胡桃木	−40	37.5	316.7	21.2
	−30	33.9	208.7	20.4
	−20	27.1	151.7	20.8
	−10	18.4	144.6	18.1
	−3	10.8	104.2	15.9
白榆	−40	58.7	282.6	29.4
	−30	49.4	268.8	24.7
	−20	31.5	241.4	21.7
	−10	24.4	152.6	20.8
	−3	18.2	146.7	17.4

续表

木材	温度/℃	α/s^{-1}	β/($\times10^6$ s^{-2})	$<\tau_c>$/($\times10^{-6}$ s^{-1})
青杨	-40	43.6	545.2	27.0
	-30	35.9	499.2	25.9
	-20	29.6	319.9	21.1
	-10	13.3	239.1	21.3
	-3	13.1	145	13.8
落叶松	-40	63.6	465.7	21.0
	-30	53.3	338.6	22.1
	-20	53.6	269	22.4
	-10	46.7	237.4	21.2
	-3	33.9	159.9	20.3
樟子松	-40	63.1	317.8	21.6
	-30	48.0	298.6	20.7
	-20	40.8	210.2	20.1
	-10	37.8	167.2	21.6
	-3	19.3	107.1	20.1

表 3-8 为 5 种木材低温下结合水的 α、β 和 $<\tau_c>$ 的计算结果。一般来说，α 和 β 的值越小，^{1}H 偶极相互作用越弱，同时也表明孔隙介质中水分子受限越弱；相反，α 和 β 值越大，则表明 ^{1}H 偶极相互作用越强，水分子与基体结合得也越紧密[44]。由图 3-39 可知，α 和 β 随着温度的增加呈线性减小，表明在本试验低温条件下，温度越低，水分子与纤维素分子链组成的晶格体系越牢固，水分子与分子链之间的距离越近，因此二者之间的偶极相互作用越强。温度的升高导致部分结合水融化的同时，也提高了纤维素分子链的运动能力，使二者之间的距离增大，因此偶极相互作用力减弱。

图 3-40 所示为结合水平均分子运动相关时间随温度的变化，即细胞壁孔隙内表面结合水的运动性。由图中可知，随着温度的升高，$<\tau_c>$ 整体减小，表明细胞壁水分随着温度的升高逐渐融化，因此水分的运动能力增强。此外，阔叶材的 $<\tau_c>$ 随着温度的升高减小趋势较为明显，而针叶材的 $<\tau_c>$ 在试验温度下变化较小，这表明阔叶材相对较大的细胞壁孔径的水分运动受温度影响更为显著。

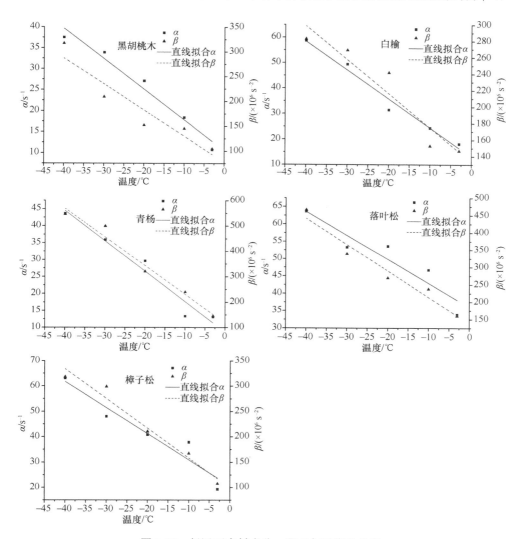

图 3-39　低温下木材水分 α 和 β 与温度的关系

表 3-9 为 5 种木材在高温下木材内部水分，主要是自由水的 α、β 和 $<\tau_{c}>$ 的计算结果。由图 3-41 可知，对于三种阔叶材，α 和 β 随着温度的升高呈指数增加，而对于两种针叶材，α 和 β 随着温度的升高线性增长，表明温度的升高增强了分子间的偶极相互作用，这是由于在封闭体系中，升温使得体系内压增高，水分子运动加速，相互碰撞概率增大。此外，值得注意的是，在 90℃ 和 100℃ 下，三种阔叶材的 α 和 β 呈现激增，表明偶极相互作用强度的急剧增大，通过上文分析可知，这是由于分子运动的急剧加速导致体积水与表面水的快速交换。而对于针叶材，α 和 β 呈现线性增长，且数值较大，表明有较强的偶极相互作用，这从侧面

反映了针叶材较小的细胞腔孔径。

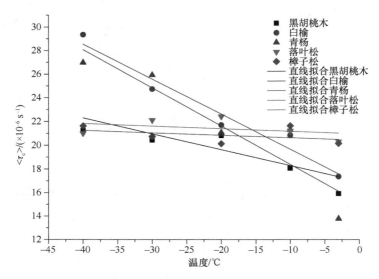

图3-40　低温下木材水分$<\tau_c>$（彩图请扫封底二维码）

表3-9　高温下木材水分 α、β 和 $<\tau_c>$

木材	温度/℃	α/s^{-1}	$\beta/(\times 10^6\ \mathrm{s}^{-2})$	$<\tau_c>/(\times 10^{-6}\ \mathrm{s}^{-1})$
黑胡桃木	30	5.3	10.7	26.9
	40	6.4	10.5	21.7
	50	6.5	14.0	19.7
	60	7.2	16.0	15.6
	70	7.6	17.7	14.8
	80	9.3	18.4	11.6
	90	13.2	31.4	6.3
	100	27.6	34.2	5.9
白榆	30	7.7	12.0	24.5
	40	8.0	13.4	21.6
	50	8.7	11.1	18.9
	60	9.9	17.0	16.2
	70	11.1	12.6	11.54
	80	10.3	29.4	12.5
	90	16.1	35.7	1.9
	100	22.0	40.4	1.3

续表

木材	温度/℃	α/s^{-1}	β/($\times 10^6$ s^{-2})	$<\tau_c>$/($\times 10^{-6}$ s^{-1})
青杨	30	4.3	18.7	18.9
	40	5.5	16.5	17.4
	50	6.2	20.6	14.8
	60	6.4	21.2	14.3
	70	6.7	24.7	13.9
	80	8.8	22.6	12.4
	90	11.3	39.3	1.0
	100	28.9	44.3	2.9
落叶松	30	12.0	385.8	65.4
	40	12.9	406.6	53.9
	50	11.9	400.9	50.4
	60	17.3	440.7	45.8
	70	15.5	604.8	41.4
	80	16.4	696.6	35.8
	90	21.5	651.6	51.2
	100	24.8	877.9	46.3
樟子松	30	10.2	26.1	8.7
	40	10.5	34.9	7.6
	50	9.9	67.7	7.8
	60	9.4	95.5	7.4
	70	9.9	135.6	6.9
	80	10.1	110.2	6.4
	90	9.1	131.0	3.4
	100	13.2	164.6	2.0

图 3-42 所示为自由水平均分子运动相关时间 $<\tau_c>$ 随温度的变化。与 30～80℃下水分弛豫机制相比，90℃和 100℃下水分的弛豫机制有所差别，$<\tau_c>$ 急剧减小，因此本章暂不做分析。在 30～80℃区间内，$<\tau_c>$ 随温度线性减小，表明温度的升高使得封闭体系内压增高，水分子在高温作用下加速运动，因此水分子从一个平衡态运动到另一个平衡态所用的时间减少，表现为 $<\tau_c>$ 的减小。

3.5.5　木材水分平均活化能

活化能（E_a）是分子动力学的重要参数，在化学研究领域，它定义的是一个

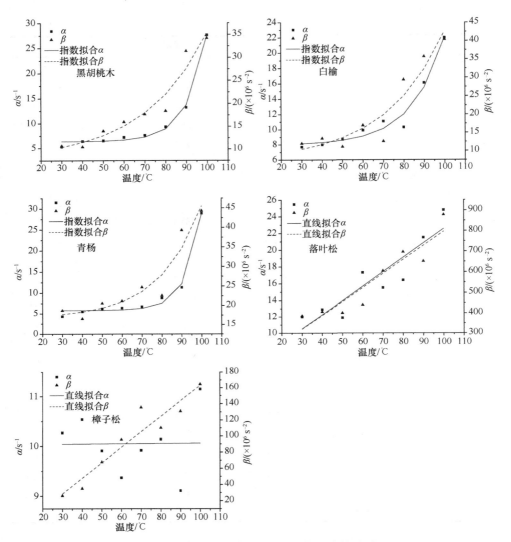

图 3-41　高温下木材水分 α 和 β 与温度的关系

化学系统中使反应物能够发生化学反应所需要的最小能量。在其他领域中，也可以定义为开启一个反应所需要的最小能量。一般来说，活化能能够反映物质与基体的结合强度。因此，对于研究木材内水分与木材的结合来说，水的活化能的计算非常重要，而且这对于木材干燥而言意义重大。

通常，分子运动相关时间 τ_c 与温度的倒数 $1/T$ 之间的关系符合阿隆尼乌斯关系式[46]：

$$\tau_c = \tau_0 \exp\left(\frac{E_a}{RT}\right) \tag{3-7}$$

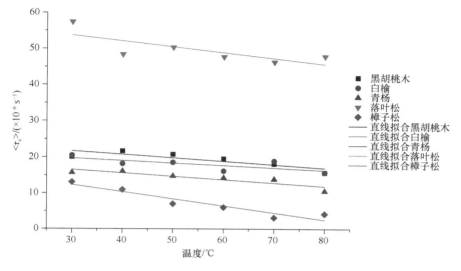

图 3-42　高温下木材水分 $<\tau_c>$（彩图请扫封底二维码）

式中，τ_0 是温度无关的指数因子；E_a 是活化能；R 是气体常数 8.3143J/(mol·K)。

将公式（3-7）线性化可得

$$\ln \tau_c = \ln \tau_0 + \frac{E_a}{RT} \qquad (3\text{-}8)$$

通过公式（3-8）建立分子运动相关时间同温度的关系，进而通过方程的斜率计算活化能，如图 3-43 所示。经计算，5 种木材水分活化能如表 3-10 所示。这一计算结果与 Araujo 等[47]对红木自由水的活化能（19.95kJ·mol^{-1}）以及 Louis 等[48]对绿柄桑木干燥过程中水分活化能（20.24kJ·mol^{-1}）相比要小，但考虑到树种之间的差异，本研究的计算结果是合理的。此外，本研究中，不同木材之间水分活化能的区别能够在一定程度上反映出木材孔隙度之间的差异，可以看出，黑胡桃木、白榆和落叶松木材的水分活化能稍大于青杨和樟子松木材的水分活化能。

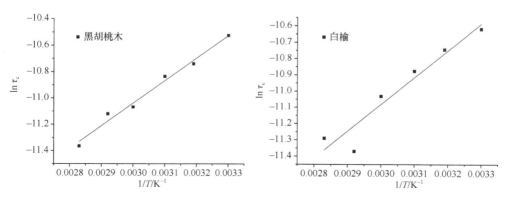

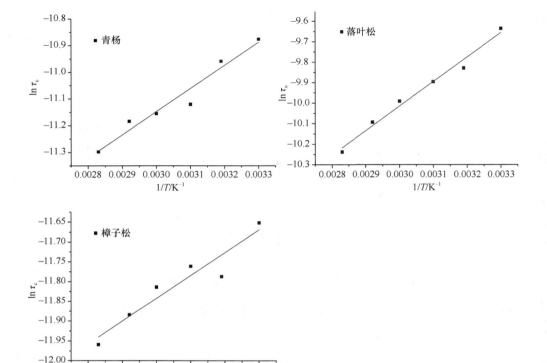

图 3-43 $\ln\tau_c$ 与 $1/T$ 的线性关系

表 3-10 不同木材水分活化能

木材	拟合方程	$E_a/(kJ\cdot mol^{-1})$
黑胡桃木	$y=-17.95+1706.48x$	14.2
白榆	$y=-17.83+1650.66x$	13.7
青杨	$y=-15.53+864.45x$	7.2
落叶松	$y=-15.38+1192.40x$	9.9
樟子松	$y=-15.35+572.49x$	4.8

3.5.6 小结

本节主要利用快速场循环核磁共振技术，分别测定了低温和高温下 5 种木材内部水分的自旋-晶格弛豫率分布，对木材水分在试验温度下的分子运动相关时间和活化能进行了计算，主要结论归纳如下。

（1）利用快速场循环核磁共振技术研究木材水分运动能够通过弛豫率分布定性区分不同孔隙中水的弛豫特征，高频区表征的是大孔中的水分弛豫，低频区表征的是小孔中的水分弛豫。

（2）10MHz 下的水分 T_1 分布表明阔叶材内部水分运动对温度的依赖性强于针叶材内部水分运动对温度的依赖性。

（3）低温情况下，水分弛豫率随温度降低而增加是由于细胞壁中结合水向细胞腔中迁移导致的；高温情况下，水分弛豫率随温度的增加是水分子之间的快速碰撞加速弛豫导致的。此外，90℃和100℃下弛豫率分布曲线的峰点反映了孔隙中体积水和表面水的快速转换。

（4）温度的升高导致分子加速运动，水分加速弛豫，平均分子运动相关时间减小。不同种类的木材之间活化能差异较大。

3.6　本章小结

本章利用时域核磁共振技术，分别研究了木材在吸湿、解吸和干燥过程中，水分状态的变化与迁移情况。实验数据充分说明细胞壁水包含了结合水和自由水，细胞腔水也包含了结合水和自由水。这一发现澄清了将结合水等同于细胞壁水、将自由水等同于细胞腔水的错误概念。而且实验数据说明结合水处于饱和状态时，其含水率在15%左右，这说明纤维饱和点不能通过细胞腔中自由水完全失去、细胞壁中结合水处于饱和状态时的含水率进行定义。细胞壁水中的自由水的横向弛豫时间比较短，一是由细胞壁中结合水和自由水的权重决定的；二是由于细胞壁中的孔隙小造成的。通过分析横向弛豫时间，精确表征了上述过程中细胞壁水［包含单分子层吸附水（即结合水）、多分子层吸附水（即自由水）］和细胞腔水［包含细胞腔内表面水（即结合水）和细胞腔中的自由水］的含量及其变化过程，用数据分析了不同环境中水分之间的迁移规律，以及在迁移过程中不同环境水分出现波动的原因。实验数据支持纤维饱和点乃是过渡态的理论，同时证实了 BET 理论关于细胞壁水的分层假设，揭示了不同环境水分与木材的相互作用，实现了木材水分快速、精准、无损检测。

同时，本章利用快速场循环核磁共振技术，测定了木材中水分在不同温度和不同场强下的纵向弛豫率，研究了木材水分在不同温度下的分子运动相关时间与活化能，为研究木质材料的分子动力学提供了新的视角和方法。

参 考 文 献

[1]　赵广杰, 刘一星. 木质资源材料学[M]. 北京: 中国林业出版社. 2004.

[2]　Siau J. Transport processes in wood[M]. Berlin: Springer-Verlag. 1984.

[3]　Tiemann H D. Effect of moisture upon the strength and stiffness of wood[M]. Washington, D.C: U.S.: Nabu Press. 1906.

[4] Hoffmeyer P, Engelund E T, Thygesen L G. Equilibrium moisture content (EMC) in Norway spruce during the first and second desorptions[J]. Holzforschung, 2011, 65(6): 875-882.

[5] Engelund E T, Thygesen L G, Svensson S, et al. A critical discussion of the physics of wood-water interactions[J]. Wood Science and Technology, 2013, 47(1): 141-161.

[6] 李超. 木材中水分弛豫特性的核磁共振研究[D]. 呼和浩特: 内蒙古农业大学硕士学位论文. 2012.

[7] 伊江平, 冯明智, 何川, 等. 木材干燥过程中水分迁移机理[C]. 第五届中国木材保护大会暨中国木材工业协会第一届会员大会. 2010.

[8] 科尔曼. 木材学与木材工艺学原理: 人造板[M]. 北京: 中国林业出版社. 1984.

[9] Avramidis S S J. An investigation of the external and internal resistance to moisture diffusion in wood[J]. Wood Science and Technology, 1987, 21(3): 249-256.

[10] 张明辉, 李新宇, 周云洁, 等. 利用时域核磁共振研究木材干燥过程水分状态变化[J]. 林业科学, 2014, 50(12): 109-113.

[11] Nanassy A J. Use of wide line NMR for measurement of moisture content in wood[J]. Wood Science and Technology, 1973, 5(3): 187-193.

[12] Nanassy A. True dry-mass and moisture content of wood by NMR[J]. Wood Science and Technology, 1976, 9(2): 104-109.

[13] Nakamura K, Hatakeyama T, Hatakeyama H. Studies on bound water of cellulose by differential scanning calorimetry[J]. Textile Research Journal, 2016, 51(9): 607-613.

[14] Berthold J, Rinaudo M, Salmeń L. Association of water to polar groups; estimations by an adsorption model for ligno-cellulosic materials[J]. Colloids and Surfaces A: Physicochemical and Engineering Aspects, 1996, 112(2): 117-129.

[15] Zelinka S L, Lambrecht M J, Glass S V, et al. Examination of water phase transitions in Loblolly pine and cell wall components by differential scanning calorimetry[J]. Thermochimica Acta, 2012, 533: 39-45.

[16] Sabina H, Bernhard B, Luisa C. Magnetic resonance microscopy: instrumentation and applications in engineering, life science, and energy research[M]. Berlin: Wiley-VCH GmbH. 2022.

[17] Wong P. Methods in the physics of porous media[M]. San Diego: Academic Press. 1999.

[18] Brunauer S, Emmet P H, Teller E. Adsorption of gases in multimolecular layers[J]. Journal of the American Chemical Society, 1938, 60: 309-319.

[19] Stamm A. Wood and cellulose science[M]. New York: Ronald Press. 1964.

[20] Araujo C D, Mackay A L, Hailey J R T, et al. Proton magnetic resonance techniques for characterization of water in wood: application to white spruce[J]. Wood Science and Technology, 1992, 26(2): 101-103.

[21] 黄彦快, 王喜明. 木材吸湿机理及其应用[J]. 世界林业研究, 2014, 27(3): 35-40.

[22] 渡边治人. 木材应用基础[M]. 上海: 上海科学技术出版社. 1986.

[23] Langmuir I. The adsorption of gases on plane surfaces of glass, mica and platinum[J]. Journal of the American Chemical Society, 1918, 40(9): 1361-1403.

[24] Chauhan S S, Aggarwal P, Karmarkar A, et al. Moisture adsorption behaviour of esterified rubber wood (*Hevea brasiliensis*)[J]. Holz als Roh und Werkstoff, 2001, 59(4): 250-253.

[25] Taniguchi T, Harada H, Nakato K. Determination of water adsorption sites in wood by a hydrogen-deuterium exchange[J]. Nature, 1978, 272(5650): 230-231.

[26] 陈忠东, 林海, 崔玉权, 等. 常规木材干燥缺陷及产生的原因[J]. 林业机械与木工设备,

2006, 34(7): 50-51.

[27] 李杰林. 基于核磁共振技术的寒区岩石冻融损伤机理试验研究[D]. 长沙: 中南大学博士学位论文. 2012.

[28] 程毅翀. 基于低场核磁共振成像技术的岩心内流体分布可视化研究[D]. 上海: 上海大学硕士学位论文. 2014.

[29] Kimmich R, Anoardo E. Field-cycling NMR relaxometry[J]. Progress in Nuclear Magnetic Resonance Spectroscopy, 2004, 44(3): 257-320.

[30] Berns A E, Bubici S, Pasquale C D, et al. Applicability of solid state fast field cycling NMR relaxometry in understanding relaxation properties of leaves and leaf-litters[J]. Organic Geochemistry, 2011, 42(8): 978-984.

[31] Conte P, Alonzo G. Environmental NMR: Fast-field-cycling relaxometry[J]. eMagRes, 2013, 2(3): 389-398.

[32] Bakhmutov V. Practical NMR relaxation for chemists[M]. West Sussex, England: John Wiley & Sons Ltd. 2004.

[33] 温敬铨, 王建中, 程务本. 生物分子在溶液中的构象和动力学的自旋-晶格驰①豫研究　Ⅰ.丙氨酸[J]. 生物物理学报, 1989, 5(1): 1-6.

[34] Li X, Wang X, Zhang M. Molecular dynamics of water in wood studied by fast field cycling nuclear magnetic resonance relaxometry[J]. BioResources, 2016, 11(1): 1882-1891.

[35] Telkki V, Yliniemi M, Jokisaari J. Moisture in softwoods: fiber saturation point, hydroxyl site content, and the amount of micropores as determined from NMR relaxation time distributions[J]. Holzforschung, 2012, 67(3): 291-300.

[36] Hartley I D, Kamke F A, Peemoeller H. Cluster theory for water sorption in wood[J]. Wood Science and Technology, 1992, 26(2): 83-99.

[37] Labbé N, Jéso B, Lartigue J, et al. Moisture content and extractive materials in maritime pine wood by low field 1H NMR[J]. Holzforschung, 2002, 56(1): 25-31.

[38] 徐华东. 冻结与非冻结木材中应力波传播速度规律研究[D]. 哈尔滨: 东北林业大学博士学位论文. 2011.

[39] 孙元光, 杨玲, 阙泽利. 温度对木材性能影响的研究概况[J]. 安徽农学通报, 2013, 19(16): 109-111.

[40] 李晓强. 基于核磁共振的岩心分析实验及应用研究[D]. 成都: 西南石油大学硕士学位论文. 2012.

[41] Barrie P. Characterization of porous media using NMR methods[J]. Annual Reports on NMR Spectroscopy, 2000, 41: 265-316.

[42] Gianolio E, Giovenzana G B, Longo D, et al. Relaxometric and modelling studies of the binding of a lipophilic Gd-AAZTA complex to fatted and defatted human serum albumin[J]. Chemistry (Weinheim an der Bergstrasse, Germany), 2007, 13(20): 5785-5797.

[43] Provencher S W. CONTIN: A general purpose constrained regularization program for inverting noisy linear algebraic and integral equations[J]. Computer Physics Communications, 1982, 27(3): 229-242.

[44] De Pasquale C, Marsala V, Berns A E, et al. Fast field cycling NMR relaxometry characterization of biochars obtained from an industrial thermochemical process[J]. Journal of Soils and Sediments, 2012, 12(8): 1211-1221.

[45] Halle B, Jóhannesson H, Venu K. Model-free analysis of stretched relaxation dispersions[J].

---

① 驰字错误，应为弛。

Journal of Magnetic Resonance, 1998, 135(1): 1-13.

[46] Kumar A, Mehrotra N. NMR spin-lattice relaxation time and activation energy of some substituted phenols[J]. Indian Journal of Pure & Applied Physics, 2005, 43(1): 39-43.

[47] Araujo C D, Mackay A L, Whittall K P, et al. A diffusion model for spin-spin relaxation of compartmentalized water in wood[J]. Journal of Magnetic Resonance, Series B, 1993, 101(3): 248-261.

[48] Louis M, Max A, Adeline C. Determination of the diffusion coefficient and the activation energy of water desorption in IROKO wood (*Chlorophora excelsa*), during a conductive drying[J]. International Journal of Thermal Technologies, 2013, 3(3): 75-79.

第4章　木材分层吸湿性的核磁共振弛豫特征

通常使用的台式时域核磁共振波谱仪虽然测量精度高，但体积较大、不便于移动，进行核磁测量时，被测物体必须置于磁体的封闭均匀磁场中心，因而要限制物体的体积以适用于磁体的大小。单边核磁共振波谱仪（NMR-MOUSE）正是近年来在台式时域核磁共振波谱仪基础上发展起来的便携式通用型核磁共振表面探测仪[1]，是一种新型的可移动式单边核磁共振波谱仪，磁场仅从一侧作用于被测样品，其磁场、高频探头及控制器都远小于试验室中的高频超导核磁，方便携带。在 NMR-MOUSE 中，用非均匀磁场取代了高频均匀磁场，因而相对于传统的核磁共振波谱仪，便携式核磁仪的灵敏度和精度都有所下降，但其具有体积小、使用轻便、测量时间短等诸多优点。最重要的是，被测物并不需要置于磁场中心，只要将其放在单边核磁共振传感器外部即可，这就使得被测物的体积大小和形状不受限制。

由于使用单边核磁共振波谱仪对物体进行检测时，被测物体的大小和形状不受任何限制，只要在探头的有限探测范围内便可以采集到信号，因此，单边核磁共振波谱仪拓宽了传统核磁共振波谱仪的应用领域，到目前为止，单边核磁共振波谱仪在测井[2]、壁画[3]、木材[4]、文物[5]、食品[6]、木乃伊[7]等研究领域得到了广泛的应用。

单边核磁共振波谱仪传感器的磁体结构主要有 U 形[8, 9]和条形[10, 11]，U 形磁体的线圈位于其磁体间隙之间，而条形磁体的线圈位于其表面。图 4-1 所示是一种简单的单边核磁共振波谱仪传感器磁体结构。

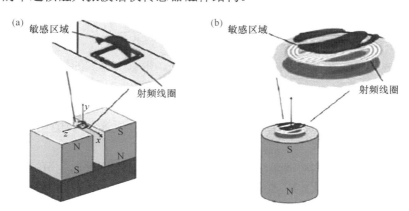

图 4-1　一种简单的单边核磁共振波谱仪传感器的磁体结构[12]

（a）U 形结构；（b）条形磁体

随着单边核磁共振波谱仪技术的发展，有很多专家学者基于 U 形和条形磁体的结构开发出来一系列的优化结构。根据磁体产生的磁场方向不同，单边磁体结构总体上可分为产生水平磁场和产生垂直磁场两类，而每一类磁体结构根据其产生的磁场性质又可分为梯度场和均匀场两种。Perlo 等[13]基于 U 形磁体结构设计出了如图 4-2(a)所示的产生梯度场的磁体结构，该磁体的磁场在垂直方向上 10mm 处最均匀，在垂直方向上 15mm 范围以内的梯度值约为 20T/m；另外，基于 U 形磁体结构设计出了可以产生均匀场的单边磁体结构，如图 4-2（b）所示[14]。该磁体结构在传统的 U 形结构磁体底部加了两对小的 U 形磁体，共同组合成有梯度分布的主磁场，并使用两对更小的 U 形磁体和三对直流载流线圈以抵消磁场的不均匀分量，在磁体垂直方向上 5mm 处得到高均匀度磁场。

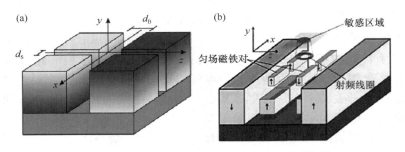

图 4-2　两种基于 U 形结构设计的单边磁体[13, 14]

本章采用装有单边永磁体的时域单边核磁共振波谱仪（NMR-MOUSE），以 ^1H 为探针，检测木材试件在不同相对湿度的环境下，通过分层分析其含水率的变化，来确定各层的吸湿行为。这种方法快速、无损、操作简单，并且可以通过调节探头高度来检测试件的各个层面，不需要移动试件。

4.1　木材分层吸湿性测定方法

（1）分别将加拿大杨（*Populus canadensis*，本章中提到的杨木都是加拿大杨木）、樟子松加工成规格为 35mm×35mm×3mm（弦向×径向×纵向）的试材。

（2）将试材 35mm×3mm 面用硅酮密封胶密封，以避免在吸湿过程中四个面的吸湿或解吸对试验造成误差。然后将密封好的试材放置在（103±2）℃的恒温鼓风干燥箱中烘至绝干。

（3）采用饱和盐溶液调湿法在 35℃恒温下调制了三个恒温、恒湿环境，三种盐分别为硫酸钾（K_2SO_4）、氯化钾（KCl）、氯化钠（NaCl），35℃时其相对湿度依次为（96.7±0.4）%、（83.0±0.3）%、（74.9±0.2）%。

（4）将定制的聚四氟乙烯板（如图 4-3 所示）平放在盛有饱和溶液的干燥皿

上，然后将绝干试材置于聚四氟乙烯板的凹槽里进行吸湿，每种饱和盐溶液重复
吸湿 3 次。

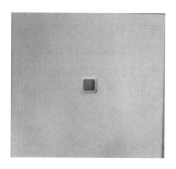

图 4-3　聚四氟乙烯板

（5）在吸湿过程中，NMR-MOUSE 的探头位于试材顶部，载有探头的高精度
升降机按照设定的参数进行升降，达到分层检测的目的。每次测量会对样品的氢
原子信号进行采集，每隔一段时间进行一次称重，确保每次称重都有一个信号量
与之对应。当试材重量变化小于其绝干重量的 0.1%时，认为该试材达到水分吸湿
平衡状态。本试验测量试件的深度范围为 1000～3000μm，每隔 200μm 分一层，
共 11 层，而每一层的分辨率为 10μm。试验中试件距离饱和盐溶液最近的一层为
3000μm 层，1000μm 层为试件距离饱和盐溶液最远的一层。试验装置和 NMR-
MOUSE 探头工作原理如图 4-4 所示。

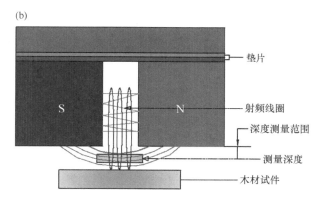

图 4-4　试验装置（a）和 NMR-MOUSE 探头工作原理（b）

（6）本研究所采用的 NMR-MOUSE 产于新西兰 Magritek 公司，型号为 PM5，
测试中利用应用程序"Profile application"，该宏命令执行 CPMGfast 序列，并控
制探头的位置进行分层测量。在探头表面固定距离的位置存在一块敏感区域，通

过机械化移动探头，该敏感区可以指定距离穿透试件，再通过 CPMG 脉冲序列来采集信号，从而达到分层测量试件的目的。探头死时间为 11μs，主要参数设置如下：探头选择（probe head）PM5-02mm；主频率（B1 frequency）19.53MHz；脉冲长度（pulse length）4；两次扫描间的时间（repetition time）2000ms；回波数（number of echoes）64；扫描次数（number of scans）90；2 倍 τ 值（echotime）31μs；接收增益值（rxGain）31；停顿时间（dwell time）0.5μs；分辨率（resolution）50μm；初始深度（initial depth）3000μm；最终深度（final depth）1000μm；每步移动深度（step size）–200μm。

4.2 不同相对湿度下杨木的分层吸湿特性

4.2.1 杨木吸湿过程中含水率的测定

在吸湿试验中，单边核磁共振波谱仪自动对试件每一层的氢原子信号进行检测。在分析预试验数据后可知，所有试件在吸湿到 1440min 后均达到吸湿平衡，而在 800～1440min 期间氢原子信号量变化甚微，为了尽量避免在称重过程中对试验结果造成的误差，在 0～800min 内每隔 80min 将试件取出进行一次称重，之后在试件达到吸湿平衡后即 1440min 时再进行一次称重。

将基于单边核磁共振技术检测得到的木材氢原子信号量与对应时刻的含水率做数据拟合，以确定此技术是否可以表征木材的含水率。图 4-5～图 4-7 分别是杨木在三种饱和盐溶液所调制湿度下吸湿不同时间的信号量随其含水率变化的曲线。从图中可知，随着含水率的增加，氢原子信号量逐渐增加，并且二者有着高度的线性关系，因此可以利用单边核磁共振波谱仪技术测定出氢原子信号量，通过拟合曲线得出任何时刻的杨木含水率。

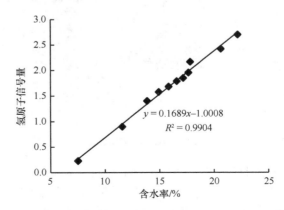

图 4-5 K$_2$SO$_4$ 饱和盐溶液调制湿度下杨木含水率与氢原子信号量关系

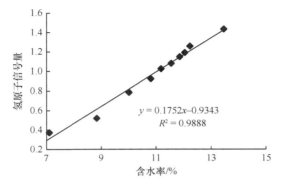

图 4-6　KCl 饱和盐溶液调制湿度下杨木含水率与氢原子信号量关系

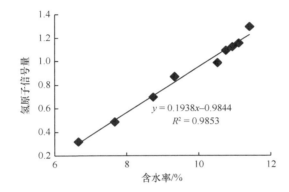

图 4-7　NaCl 饱和盐溶液调制湿度下杨木含水率与氢原子信号量关系

4.2.2　杨木吸湿过程的分层吸湿特性

4.2.2.1　杨木在 K_2SO_4 饱和盐溶液调制湿度下的分层吸湿行为

将绝干的杨木试件置于 K_2SO_4 饱和盐溶液调制的相对湿度为（96.7±0.4）% 的环境中进行吸湿，直至达到平衡态。图 4-8 中 11 条曲线分别表示试件各层氢原子信号量随吸湿时间的变化。由图可知，随着吸湿时间的增加，试件每一层的信号量均呈现先快速增大、再缓慢增大、最后达到平衡状态的趋势。在吸湿 80min 进行第一次测量时，试件距离 K_2SO_4 饱和盐溶液最远的两层（即 1000μm 和 1200μm）没有吸湿迹象，其信号量大约为 0.003；1400μm、1600μm 和 1800μm 三层有微量吸湿，信号量为 0.01 左右；而 2000μm、2200μm、2400μm、2600μm、2800μm 和 3000μm 六层已有一定量的吸湿，氢原子信号量达到 0.03 左右。在吸湿 160min 进行第二次测量时，1600～3000μm 的各层均快速吸湿，距离饱和盐溶液最近的 2600μm、2800μm 和 3000μm 三层吸湿最强，信号量达到 0.12 左右；此时 1200μm 层有微量吸湿，信号量为 0.01 左右；距离饱和盐溶液最远的 1000μm 层仍几乎没有吸湿。在吸湿 240min 进行第三次测量时，所有层面均在快速吸湿，距离饱和盐溶液最远的 1000μm 和 1200μm 两层也存在大量吸湿情况，信号量分别为 0.07 和 0.1。从图 4-8 中可以看出，240min 是该吸湿试验的一个转折时间点，除 1000μm 以外的所有层面在 240min 以前均在快速吸湿，240min 后吸湿速率明显减小。1000μm 层面在 160~320min 快速吸湿，320min 后吸湿速率减小。

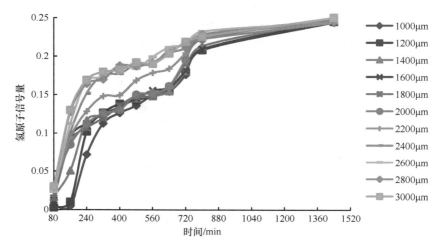

图 4-8　杨木在 K$_2$SO$_4$ 饱和盐溶液湿度下试件各层的氢原子信号量随时间的变化
（彩图请扫封底二维码）

　　试件 3000μm、2800μm、2600μm 和 2400μm 四层的吸湿曲线变化趋势相似，在 240min 后，其吸湿速率基本保持不变，直至达到吸湿平衡状态。而其他层面则在 640min 时出现第二个转折点，在 640~800min 期间的吸湿速率要大于 240~640min 期间的吸湿速率，但小于 240min 前快速吸湿阶段的吸湿速率。1000~2200μm 层面在 800min 后吸湿速率下降并趋于稳定，直至达到吸湿平衡状态。在 1440min 进行最后一次检测时，所有层面的信号量基本一致，为 0.24 左右。

　　图 4-9 中每条曲线分别表示不同测量时间试件各层氢原子信号量变化。图中曲线的变化逐渐趋于水平，即试件每一层的氢原子信号量趋于平衡。由于氢原子信号量与木材的含水率呈线性关系，因此可知随着试件深度的增加（即随着试件与饱和盐溶液距离减小），试件含水率不断增大，直至达到平衡态。

　　由图 4-9 中曲线可以看出，80min、160min 和 240min 的三条曲线间距最大，表示这是试件吸湿速率最大的三个时间段。在 160min 和 240min 时，距离 K$_2$SO$_4$ 饱和盐溶液较近的几层信号量明显大于距离饱和盐溶液较远的 1000μm 和 1200μm

两层。240min 时,距离饱和盐溶液较远的几层快速吸湿,这可能是由于试件内部各层之间较大的含水率梯度导致低含水率的几层加快了吸湿速率。在吸湿进行 720min 后,所有层面的吸湿速率几乎接近,层与层之间的含水率梯度也在逐渐降低。在 1440min 时,吸湿试件所有层面的氢原子信号量基本相同,也就是说所有层面的含水率达到一致。

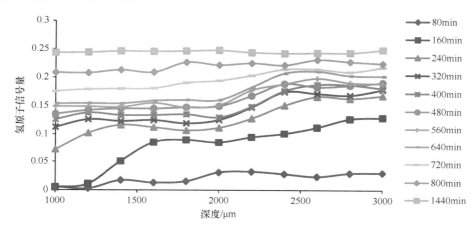

图 4-9　杨木在 K_2SO_4 饱和盐溶液湿度下不同测量时间试件各层氢原子信号量的变化

4.2.2.2　杨木在 KCl 饱和盐溶液调制湿度下的分层吸湿行为

图 4-10 为杨木在饱和 KCl 盐溶液调制的相对湿度为(83.0±0.3)%的环境中试件各层氢原子信号量随时间的变化曲线。在吸湿 80min 进行第一次测量时,试件距离溶液最远的三层 1000μm、1200μm 和 1400μm 均没有吸湿迹象,其信号量为 0.002 左右;180~3000μm 间七层的吸湿量相差不多,氢原子信号量为 0.015~0.021。在 160min 进行第二次测量时,试件 1000μm 和 1200μm 两层仍没有吸湿迹象,1400μm 层有明显的吸湿迹象,其氢原子信号量为 0.02 左右;而 1600~3000μm 间各层大量吸湿,信号量达到 0.04 左右。在吸湿 240min 进行第三次测量时,试件 2000~3000μm 的六层有大量吸湿,而 1600μm 和 1800μm 两层的吸湿量比较小,这可能是由于试件在这段吸湿过程中有了轻微的形变,导致试件与单边核磁共振波谱仪的相对位置有轻微变化,致使检测到的位置有偏移。此时试件的 1200μm 层面也有了大量的吸湿,信号量增大了 9 倍,由初始的 0.002 增至 0.02,但距离饱和盐溶液最远的 1000μm 层面仍没有明显的吸湿迹象。在 320min 进行第四次测量时,试件所有层面均在大量吸湿,1000μm 层面也有了明显的吸湿,其信号量增大了 10 倍左右。在 1440min 进行最后一次检测时,所有层面信号量基本达到同一点,为 0.13 左右。

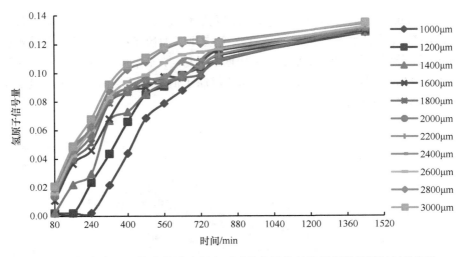

图 4-10 杨木在 KCl 饱和盐溶液湿度下试件各层的氢原子信号量随时间的变化
（彩图请扫封底二维码）

图 4-10 中曲线斜率的大小可以反映出试件各层吸湿速率的快慢。从图中可以看出，吸湿 400min 时曲线斜率发生明显变化，在 80～400min 期间，1600～3000μm 间 8 层的吸湿速率均较大，在 400min 后吸湿速率开始逐渐降低，曲线趋于平缓直至达到平衡状态。而试件 1000μm 和 1200μm 两层在 480min 时吸湿速率开始降低，直至达到吸湿平衡状态。

由图 4-11 可知，试件在 80～320min 期间一直在大量吸湿。在 160～240min 期间的吸湿量比 80～160min 期间的吸湿量小。320min 与 240min 曲线间距增大，表明在 320min 时试件的吸湿量又有所增大。而 320min 之后，试件在同样的吸湿时间内吸湿量有所减小，且每 80min 期间的吸湿量基本保持稳定。图中 720min 和 800min 两条曲线在 1600～2400μm 处出现轻微的"凹槽"，表明在这两个时间段内 1800μm、2000μm 和 2200μm 三层的含水率均低于 1000～1600μm 和 2400～3000μm 处的含水率。有两种原因可能导致这种结果：第一种原因是在吸湿过程中该部位发生了轻微的形变，致使核磁共振波谱仪检测到的位置发生轻微的偏移，从而使测量值产生了一定的误差；第二种原因是在该试件的这一部位有一定的缺陷，当试件的该部位达到某一含水率时，其吸湿性会低于周边没有缺陷的部位，而当其周边部位的含水率都大于该部位的含水率时，该部位开始继续吸湿以达到平衡含水率，从而形成了图示中的"凹槽"。

4.2.2.3 杨木在 NaCl 饱和盐溶液调制湿度下的分层吸湿行为

图 4-12 为杨木在饱和 NaCl 盐溶液调制的相对湿度为（74.9±0.2）%的环境中试件各层氢原子信号量随吸湿时间增加的变化曲线。在 80min 进行第一次测量

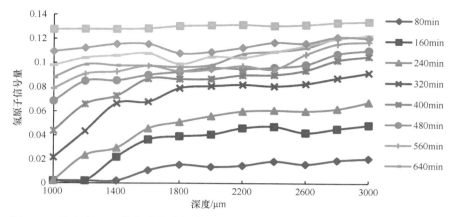

图 4-11　杨木在 KCl 饱和盐溶液湿度下不同测量时间试件各层氢原子信号量的变化

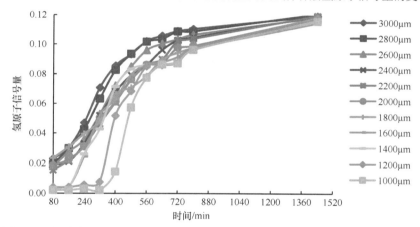

图 4-12　杨木在 NaCl 饱和盐溶液湿度下试件各层的氢原子信号量随时间的变化
（彩图请扫封底二维码）

时，试件中距离饱和 NaCl 盐溶液最远的 4 层（1000μm、1200μm、1400μm 和 1600μm）均没有吸湿迹象，其信号量为 0.003 左右；1800～3000μm 的 7 层吸湿量相差不多，氢原子信号量为 0.02 左右。在吸湿 160min 进行第二次测量时，试件中的 1000μm、1200μm、1400μm 和 1600μm 各层仍没有吸湿迹象，而 1800～3000μm 的 7 层在大量地吸湿，信号量达到 0.02～0.03。在吸湿 240min 进行第三次测量时，1800～3000μm 的 7 层一直保持大量吸湿，同时 1400μm 和 1600μm 两层也有了明显的吸湿，其信号量达到了 0.02，是绝干态时的 10 倍左右，但 1000μm 和 1200μm 两层仍没有吸湿。在 320min 进行第四次测量时，1000μm 层的信号量基本保持不变，1200μm 层也只有微量的吸湿，而试件的其他层面均在不断地大量吸湿。在 400min 进行第五次测量时，所有层面均开始吸湿，1200μm 层的氢原子信号量从 0.008 增到了 0.052，1000μm 层的信号量也从 0.002 增到了 0.015。从

图 4-12 中可以看出，随着吸湿时间的增加，试件每一层的信号量均呈现先快速增大、再缓慢增大、最后达到平衡状态的趋势。560min 是吸湿速率发生变化的转折点，在 560min 后试件 1200～3000μm 间 10 层的吸湿速率开始降低，曲线逐渐趋于平缓，直至达到平衡状态。而 1000μm 层则在 640min 时吸湿速率才开始降低，直至达到吸湿平衡状态。在 1440min 进行最后一次检测时，所有层面的信号量均达到 0.11～0.12。

图 4-13 表示杨木在 NaCl 饱和盐溶液调制的湿度环境中不同测量时间试件各层氢原子信号量的变化。由图 4-13 可以看出，在 80～640min，试件从最靠近溶液的一层开始吸湿，当达到 640min 时，各层氢原子信号量基本一致，这说明在这一时刻试件各层的含水率基本相同。在 640～1440min 这段时间内，试件各层氢原子信号量随时间增加而逐渐增大，在 1440min 时试件各层的含水率与外界环境达到平衡。图中 640min、720min 和 800min 的吸湿曲线很接近，可能是由于 NaCl 饱和盐溶液调制的相对湿度较低，因此试件在较短的时间内吸湿量很小。

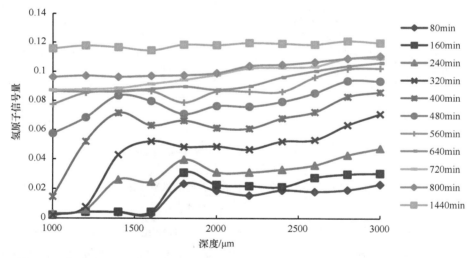

图 4-13　杨木在 NaCl 饱和盐溶液湿度下不同测量时间试件各层氢原子信号量的变化

4.2.3　小结

通过对比观察杨木试件在 K₂SO₄、KCl、NaCl 饱和盐溶液调制湿度下的吸湿曲线，可以得到以下结论。

（1）试件的最大吸湿速率随着吸湿环境相对湿度的降低而减小，但维持最大吸湿速率的时间随吸湿环境相对湿度的降低而延长。当试件处于相对湿度较高的 K₂SO₄ 饱和盐溶液环境中时，在吸湿的前 240min 内，试件的吸湿曲线斜率整体较大，即该段时间内试件的吸湿速率最大。当试件处于相对湿度中等的 KCl 饱和盐溶液环境中时，在吸湿的前 400min 内试件的吸湿速率最大，且低于在 K₂SO₄ 饱和盐溶液环境中的最大吸湿速率。当试件处于相对湿度最低的 NaCl 饱和盐溶液环境中时，在吸湿的前 560min 内试件的吸湿速率最大，且低于在 KCl 饱和盐溶液环境中的最大吸湿速率。

（2）随着吸湿环境相对湿度的降低，试件中距离饱和盐溶液最远的 1000μm 层发生吸湿所需时间逐渐增加。当试件在 K₂SO₄ 饱和盐溶液环境中进行吸湿时，试件的 1000μm 层在 240min 时即有了大量的吸湿。当试件在 KCl 饱和盐溶液环境吸湿时，试件的 1000μm 层在 320min 时开始大量的吸湿。当试件在相对湿度最低的 NaCl 饱和盐溶液环境吸湿时，试件的 1000μm 层在 400min 时才有大量的吸湿。

（3）当试件在 K₂SO₄ 饱和盐溶液中达到吸湿平衡时，各层氢原子信号量比较稳定，在 0.24 左右。当试件在 KCl 饱和盐溶液环境中达到吸湿平衡时，各层氢原子信号量有了一定的波动，变化范围为 0.128～0.135。当试件在 NaCl 饱和盐溶液环境中达到吸湿平衡时，各层的氢原子信号量有轻微的波动，变化范围为 0.114～0.121。由此可见，当吸湿环境相对湿度较低时，试件距离盐溶液较近层面的含水率与其距离盐溶液较远层面的含水率会产生微弱的差距，这可能是由于当降低吸湿环境的相对湿度时，试件各层间的含水率梯度会随之降低，从而导致吸湿动力减小。

4.3 不同相对湿度下樟子松的分层吸湿特性

4.3.1 樟子松吸湿过程中含水率的测定

用单边核磁共振波谱仪检测樟子松试件时会受到木材中树脂信号的影响，因此在将樟子松试件含水率与其氢原子信号进行拟合前，要去掉树脂的信号以避免对拟合结果产生影响。图 4-14～图 4-16 中曲线的拟合，是将每次测量得到的信号量和含水率都减去初次测量到的信号量和含水率，用其差值进行的拟合。与杨木相似，单边时域核磁共振技术测定出樟子松氢原子信号量与含水率有着高度的线性关系，氢原子信号量的大小能够反映含水率的大小。

4.3.2 樟子松吸湿过程的分层吸湿特性

4.3.2.1 樟子松在 K₂SO₄ 饱和盐溶液调制湿度下的分层吸湿行为

图 4-17 为试件在 K₂SO₄ 饱和盐溶液调制的湿度环境中氢原子信号量的变化曲线。从曲线的整体趋势看，随着吸湿时间的延长，试件各层的信号量均呈现先快

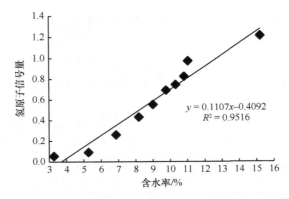

图 4-14 K₂SO₄ 饱和盐溶液调制湿度下樟子松含水率与氢原子信号量关系

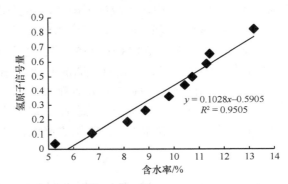

图 4-15 KCl 饱和盐溶液调制湿度下樟子松含水率与氢原子信号量关系

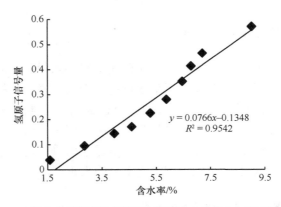

图 4-16 NaCl 饱和盐溶液调制湿度下樟子松含水率与氢原子信号量关系

速增大、再缓慢增大、最后达到平衡状态的趋势。而最终试件达到吸湿平衡状态后，层与层之间的信号量并不相同，这可能是由于樟子松本身的结构造成在不同的位置存在含水率梯度，致使产生的信号量不同。试件达到吸湿平衡时，信号量较大的三个层面依次为 1800μm 层、2000μm 层和 2200μm 层；信号量较小的三个层面依次为 1000μm 层、1200μm 层和 1400μm 层；而其余五个层面的信号量很接近且集中在 0.1~0.15。距离饱和盐溶液最远的 1000μm 层在 400min 时才开始吸湿，且在 400~800min 的吸湿速率基本保持恒定，之后有所下降，直至达到吸湿平衡。而 1200μm 层在 320min 有明显的吸湿迹象，之后在 560min 时达到了较大的信号量（0.077）。

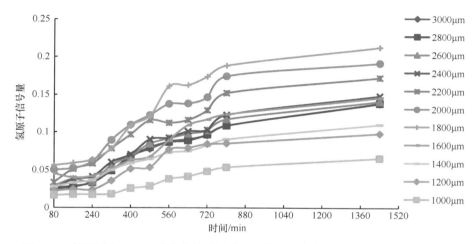

图 4-17　樟子松在 K_2SO_4 饱和盐溶液湿度下试件各层的氢原子信号量随时间的变化
（彩图请扫封底二维码）

图 4-18 所示为吸湿过程中不同测量时间试件各层氢原子信号量分布情况。从图中可以看出，随着吸湿时间的延长，试件的信号量逐渐增大。在 80min 进行第一次测量时，曲线在 1800μm 处形成一个小峰，这是由于试件在该位置处能够吸湿更多的水分，进而产生较多的氢原子信号量。在之后的检测中，信号量曲线均在该处形成了峰，且随着吸湿时间的延长，峰也越来越明显，再次证明试件在该处拥有较强的吸湿能力。这可能是由于樟子松试件中此位置是吸湿能力较强的晚材所造成的。再从图 4-18 中所有曲线整体来看，距离盐溶液近的层面含水率要高于距离盐溶液远的层面，试件整体含水率分布仍有一定的不均匀性。

4.3.2.2　樟子松在 KCl 饱和盐溶液调制湿度下的分层吸湿行为

图 4-19 显示的是试件在 KCl 饱和盐溶液所调制湿度环境中的吸湿曲线。随着吸湿时间的增加，试件各层氢原子信号量均呈现先快速增大、再缓慢增大、最后趋于平衡的变化趋势。同样，在试件最终达到吸湿平衡状态后，层与层之间的信号量并不相同，信号量较高的三个层面依次为 2800μm 层、1800μm 层和 3000μm 层，信号量较低的三个层面依次为 1000μm 层、1200μm 层和 1400μm 层。距离饱

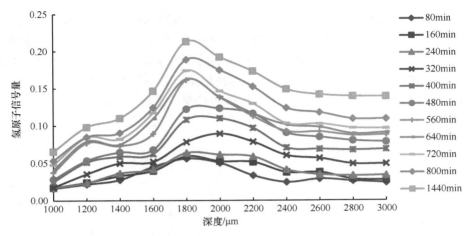

图 4-18　樟子松在 K_2SO_4 饱和盐溶液湿度下不同测量时间试件各层氢原子信号量的变化

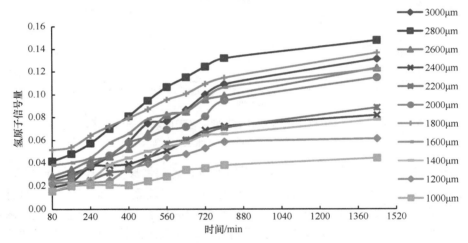

图 4-19　樟子松在 KCl 饱和盐溶液湿度下试件各层的氢原子信号量随时间的变化
（彩图请扫封底二维码）

和盐溶液最远的 1000μm 层在 480min 时才开始吸湿，且在 640min 时基本达到吸湿平衡，之后的吸湿过程中，其信号量变化很小。1200μm 层在 400min 开始有明显吸湿迹象，且 400～800min 之间的吸湿速率基本保持恒定，在 800min 时基本达到了吸湿平衡。从信号量较大的三层吸湿曲线来看，在 80～800min 期间这三层的吸湿速率基本保持恒定，而 2800μm 层和 3000μm 层的吸湿速率很接近且明显比 1800μm 层的吸湿速率要大，说明该试件 2800～3000μm 层的吸湿能力要明显大于 1800μm 层的吸湿能力，表明同一木材不同部位不同层次的吸湿能力有很大的差异。

从图 4-20 曲线的整体趋势看，试件各层的氢原子信号量随着吸湿时间的延长而逐渐增大，表明其含水率在逐渐增大。曲线在 1800μm 和 2800μm 处两个明显的峰说明试件在此处的吸湿能力较强，可以产生更多的氢原子信号。其原因是 1800μm 和 2800μm 分别位于试材的早材位置，而早材的吸湿性高于其他位置的晚材。随着吸湿时间的延长，两个峰也变得越来越明显，在达到吸湿平衡后，2800μm 处的信号量要大于 1800μm 处。这说明 2800μm 层的含水率要大于 1800μm 层的含水率，其原因是 2800μm 层距离饱和盐溶液液面较近、吸湿量大，同时也证明对于樟子松针叶材，即使达到吸湿平衡，依然存在含水率梯度。

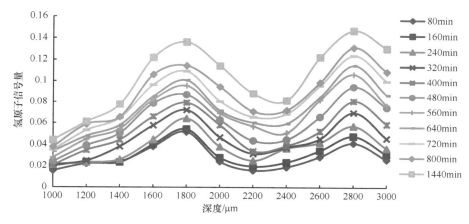

图 4-20　樟子松在 KCl 饱和盐溶液湿度下不同测量时间试件各层氢原子信号量的变化

4.3.2.3　樟子松在 NaCl 饱和盐溶液调制湿度下的分层吸湿行为

图 4-21 为试件在 NaCl 饱和盐溶液调制的湿度环境中的吸湿曲线。随着吸湿时间的延长，试件各层的氢原子信号量均呈现先快速增大、再缓慢增大、最后达到平衡状态的变化趋势。达到吸湿平衡时，氢原子信号量较高的三个层面为 1600μm 层、1800μm 层和 3000μm 层，信号量较低的三个层面为 1000μm 层、1200μm 层和 2600μm 层。距离饱和盐溶液最远的 1000μm 层在 160min 时有了微弱的吸湿现象，而 1200μm 层从测试开始就有明显的吸湿现象，且 1200μm 层的信号量要明显高于 1000μm 层。这可能是由于 1000μm 层和 1200μm 层分别处于早、晚材，晚材 1200μm 的吸湿能力大于早材 1000μm 层的吸湿能力。从图 4-21 中所有吸湿曲线来看，每一层的吸湿速率相差不多，且在 800min 之前吸湿速率基本保持恒定。

图 4-22 中，曲线在 1600μm 和 3000μm 处分别形成了明显的峰，试件在此两个位置有较强的吸湿能力，产生了更多的氢原子信号，均为试材早、晚材的差异造成的。在整个吸湿过程中，3000μm 层的吸湿量最大，1000μm 层的吸湿量最小，这说明距离饱和盐溶液近的层面要比距离饱和盐溶液远的层面吸湿量大，樟子松试材即使达到了吸湿平衡，依然存在含水率梯度。

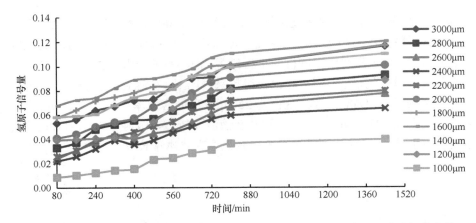

图 4-21 樟子松在 NaCl 饱和盐溶液湿度下试件各层的氢原子信号量随时间的变化

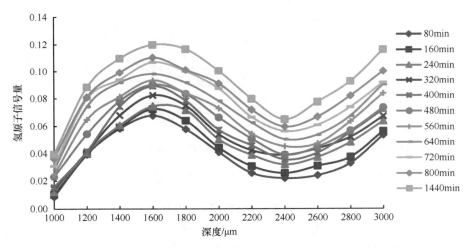

图 4-22 樟子松在 NaCl 饱和盐溶液湿度下不同测量时间试件各层氢原子信号量的变化

4.3.3 小结

通过分析樟子松试件在 K_2SO_4、KCl、NaCl 饱和盐溶液所调制湿度环境下的吸湿行为，可以得到以下结论。

（1）随着吸湿环境相对湿度的降低，试件发生吸湿行为所需时间逐渐变长。

（2）樟子松试件中不同位置的吸湿能力是有区别的，进而导致在达到吸湿平衡时，氢原子信号量存在差异，特别是晚材的吸湿性明显大于早材。

（3）樟子松试件在吸湿过程中，通常距离饱和盐溶液液面较近层面要比距离远层面的吸湿量大。

（4）试件达到吸湿平衡后，最大氢原子信号量随吸湿环境相对湿度的降低而减小。

4.4　本章小结

与传统测量木材含水率的称重法和电阻法相比较，本章所使用的方法可以更精确、更省时且完全无损地检测任意形状木材的含水率分布。主要结论归纳如下。

（1）利用单边核磁共振波谱仪测量试件得到的信号量与通过称重法得到的木材含水率线性相关。

（2）随着环境相对湿度的降低，杨木和樟子松试件达到吸湿平衡后的最大氢原子信号量也随之减小，说明环境相对湿度越大，木材试件越容易吸湿。

（3）利用单边核磁共振波谱仪对吸湿试件进行分层分析，可知随着吸湿环境相对湿度降低，杨木和樟子松试件中距离饱和盐溶液最远位置发生吸湿行为所需时间逐渐增加。对比杨木和樟子松的吸湿曲线可以看出，杨木 1000μm 层比樟子松 1000μm 层更早地发生了吸湿行为。

（4）在吸湿过程中，杨木试件不同层面吸湿量差距较樟子松试件小。这是由于杨木具有导管组织，有助于水分的吸收和传输，而樟子松不具有导管组织，因此，在同样的相对湿度条件下，杨木要比樟子松更容易达到吸湿的均匀一致。

（5）在达到吸湿平衡状态后，杨木试件所有层面的含水率基本一致，而樟子松试件各层面的信号量并不相同。这是由于樟子松属于早、晚材急变树种，早材吸湿性小于晚材；而杨木属于散孔材，早、晚材差距不明显。

参 考 文 献

[1] 任晓红, 王靖岱, 阳永荣, 等. 核磁共振对高分子材料结构的在线分析[J]. 高分子材料科学与工程, 2008, 24(1): 1-5.

[2] Blümich B, Perlo J, Casanova F. Mobile single-sided NMR[J]. Progress in Nuclear Magnetic Resonance Spectroscopy, 2008, 52(4): 197-269.

[3] Proietti N, Capitani D, Lamanna R, et al. Fresco paintings studied by unilateral NMR[J]. Journal of Magnetic Resonance, 2005, 177(1): 111-117.

[4] Marko A, Wolter B, Arnold W. Application of a portable nuclear magnetic resonance surface probe to porous media[J]. Journal of Magnetic Resonance, 2007, 185(1): 19-27.

[5] Blümich B, Casanova F, Perlo J, et al. Advances of unilateral mobile NMR in nondestructive materials testing[J]. Magnetic Resonance Imaging, 2005, 23(2): 197-201.

[6] Belton. P, Gil. A, Webb. G, et al. Magnetic resonance in food science: latest developments[M]. Cambridge: Royal Society of Chemistry. 2003.

[7] Ni Q, King J D, Wang X. The characterization of human compact bone structure changes by low-field nuclear magnetic resonance[J]. Measurement Science and Technology, 2004, 15(1): 58-66.

[8] Eidmann G, Savelsberg R, Blümler P, et al. The NMR MOUSE, a mobile universal surface

explorer[J]. Journal of Magnetic Resonance, Series A, 1996, 122(1): 104-109.

[9] Blümich B, Casanova F, Perlo J, et al. Noninvasive testing of art and cultural heritage by mobile NMR[J]. Accounts of Chemical Research, 2010, 43(6): 761-770.

[10] Blümich B, Anferov V, Anferova S, et al. Simple NMR-mouse with a bar magnet[J]. Concepts in Magnetic Resonance. Part B: Magnetic Resonance Engineering, 2002, 15(4): 255-261.

[11] Rahmatallah S, Li Y, Seton H C, et al. NMR detection and one-dimensional imaging using the inhomogeneous magnetic field of a portable single-sided magnet[J]. Journal of Magnetic Resonance, 2005, 173(1): 23-28.

[12] Federico C, Juan P, Bernhard B. Single-sided NMR[M]. Berlin Heidelberg: Springer. 2015.

[13] Perlo J, Casanova F, Blümich B. Profiles with microscopic resolution by single-sided NMR[J]. Journal of Magnetic Resonance, 2005, 176(1): 64-70.

[14] Perlo J, Casanova F, Blümich B. Ex situ NMR in highly homogeneous fields: ^{1}H spectroscopy[J]. Science, 2007, 315(5815): 1110-1112.

第 5 章　木材孔隙的核磁共振弛豫表征方法

　　木材是天然的多孔性材料，木材的孔隙赋予了其隔音、隔热、吸附扩散物、吸收能量、细胞壁改性等多种特性，使之得到广泛的应用。但也由于孔隙的存在，使得木材密度降低、硬度下降，易吸湿变形、腐朽破坏。

　　木材孔隙分类方法多样。中户莞二[1]把木材中的孔隙分为永久孔隙和瞬时孔隙。所谓永久孔隙，一般是指在干燥或湿润状态下其大小、形状几乎不变化的孔隙，如细胞腔、纹孔室等。瞬时孔隙则是由于润胀剂的存在而形成，干燥时会完全消失的孔隙，如细胞壁孔隙等。赵广杰[2]按尺度大小把木材中的孔隙划分为宏观孔隙、微观孔隙和介观孔隙。所谓宏观孔隙，是指用肉眼能够看到的孔隙，如以树脂道、细胞腔为下限的孔隙。微观孔隙则是以分子链断面数量级为最大起点的孔隙，如纤维素分子链断面数量级的孔隙。介观孔隙不同于宏观和微观孔隙，是三维、二维或一维尺度在纳米量级（1～100nm）的孔隙，可称为纳米孔隙。一般介观孔隙是可以用电子显微镜观察到的尺度。Plötze 等[3]用压汞法测定了木材中的孔径分布，将木材中的孔隙分为大孔（半径 58～2μm 或 2～0.5μm）、介孔（500～80nm）和微孔（80～1.8nm）。国际纯粹与应用化学联合会（IUPAC）将多孔材料的孔径分为微孔（<2nm）、介孔（2～50nm）和大孔（>50nm）三类。为了便于不同领域间的交流，本书将木材中的孔隙分为微观孔隙（micropore or microvoid，<2nm）、介观孔隙（mesopore or mesovoid，2～50nm）和宏观孔隙（macropore or macrovoid，>50nm）。

　　最常用的测定木材孔隙的方法有氮气吸附法和压汞法。氮气吸附法可以对微观孔隙和介观孔隙进行较准确的测定，但测定时间较长，且不能用于湿材的测试；压汞法主要用于测定宏观孔隙[4]。数理统计方法也被用来表征木材孔隙，但是这种方法只是定性地描述孔隙的变化，无法定量计算孔径尺寸，局限性较大。此外，对于木材孔径的研究方法还有扫描电镜、小角度 X 射线散射、原子力显微镜等[5]。

　　以上提到的诸多孔隙测定方法均存在局限性，一些方法在测定过程中还会破坏木材原有的孔隙结构。时域核磁共振技术以其无损检测的优势，在多孔材料研究领域备受关注。李海波等[6]对岩芯的压汞数据及 T_2 分布进行对比和理论分析，T_2 分布谱换算得到的岩芯孔隙半径分布与压汞法得到的孔喉半径分布取得了良好的相关性。Halperin 等[7]利用时域核磁共振技术测量了泥浆水化过程微观结构演变，通过 T_2 分布得到了泥浆水化过程中总表面积和孔隙大小分布。王晓君等[8]利用时域核磁共振测定了凝胶过滤介质的孔径分布，证实了该方法的可行性。滕英跃等[9]研究了褐煤在低温干燥过程中水分 T_2 分布的变化，得出时域核磁共振可以在无损伤情况下连续监测褐煤中的水分、孔径分布的变化。赵彦超等[10]研究了致密砂岩储层的核磁共振 T_2 分布与压汞法得到的毛管压力曲线所获得的孔喉半径分布之间的转换方法和对应关系，得到两者之间存在密切的相关性，利用 T_2 分布来评价致密砂岩储层的孔喉半径分布是有效的。

多孔材料中的流体由于受孔隙形状、孔隙表面、毛细管等外界束缚条件的影响，在核磁共振测量 T_2 时，信号产生的衰减是不一样的，孔隙孔径越小，信号衰减越快。基于此，本章以时域核磁共振技术为理论基石、以水分子的 ^1H 为探针，全面探测木材内部孔隙的水分状态，进而对孔隙分布进行测定和计算。

5.1 木材孔隙分布

绝大多数木材的孔隙分布范围广且不均一，木材中各类孔隙构造如表 5-1 所示。

表 5-1 木材主要构造元素的孔隙结构[5]

构造元素	木材	直径	孔隙形状
导管	环孔阔叶材	20～400μm	管状
	散孔阔叶材	40～250μm	
管胞	针叶材	15～40μm	管状
木纤维	阔叶材	10～15μm	管状
树脂道	针叶材	50～300μm	管状
具缘纹孔室	针叶材	4～30μm	倒漏斗状
具缘纹孔口	针叶材	400nm～6μm	管状
具缘纹孔膜	针叶材	10nm～8μm	多边形间隙
细胞壁（干燥）	针叶材	2～100nm	裂隙状
	环孔阔叶材		圆筒状
	散孔阔叶材		裂隙圆筒混合结构
细胞壁（湿润）	—	1～10nm	裂隙状
	云杉	0.4～40nm	
微纤丝间隙		2～4.5nm	裂隙状

以木材中水分子的 ^1H 为探针，利用时域核磁共振技术可以在多尺度范围内探测不同孔径中的水分状态，进而根据孔径与弛豫时间的关系计算木材孔径分布。

5.1.1 测定方法

（1）选取 5 种木材进行测定。三种阔叶材：青杨、白榆、黑胡桃木；两种针叶材：樟子松和落叶松。试验所用试件为圆柱试件，均平行于纤维方向钻取自边材木质部，每种木材钻取一个试件，规格均为 12mm（Φ）×21mm（L）。其中，黑胡桃木来源为美国印第安纳州；樟子松、落叶松进口自俄罗斯西伯利亚；青杨、白榆均采伐于内蒙古自治区呼和浩特市周边地区。

（2）选用两种具有固定平均孔径的亲水性标准样品计算木材最具代表性的两类孔隙的表面弛豫率。

① Whatman 定量滤纸，英国沃特曼公司生产。型号 Grade40，平均孔隙直径 8μm，厚度 210μm，棉纤维含量高于 98%。

② AAO（纳米阳极氧化铝）多孔膜，深圳拓扑精膜科技有限公司生产。型号 AAO（30），孔道直径 30nm，深度 150μm。

（3）利用低场核磁共振波谱仪器 Bruker 公司生产的 minispec mq20 时域核磁共振波谱仪（图 5-1）进行测定。磁体的磁场频率为 19.95MHz，探头死时间为 4.5μs。90°脉冲宽度 15.1μs，180°脉冲宽度 30.86μs。磁体箱温度 40°C。

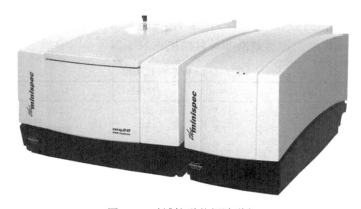

图 5-1　时域核磁共振波谱仪

（4）将滤纸吸蒸馏水后放入试管，用时域核磁共振波谱仪测定 T_2，T_2 的测定使用的是 CPMG 脉冲序列，扫描次数为 16，循环延迟时间 2s，半回波时间 0.1ms，回波数 6000。同样，将 AAO（30）浸入蒸馏水中，待表面气泡消失，取出后去除表面水分，立于试管底部，采集 T_2，试验参数与滤纸测定的试验参数相同。

（5）将 5 种木材试件浸泡于蒸馏水中，室温下在真空干燥箱内（干燥箱内绝对压力为 20kPa）真空饱和吸水 24h，确保试件全部沉于水底。擦除表面多余水分后，在室温下对 5 个试件依次进行 T_2 弛豫时间的测定，所用参数与标准试件测定时相同。试件检测完毕后，使用电子天平称重，并用千分尺测量试件的直径和高度，各测 6 次后取平均值。然后，将木材试件放于真空干燥箱中，在（105±1）°C 干燥 24h，获得绝干质量。最后，用千分尺测定每个试件的直径和高度，各测量 6

次后取平均值。

（6）检测完毕后，应用 CONTIN 算法[11, 12]对所得 T_2 数据进行反演，即可得到水分的 T_2 分布，进而对孔隙分布进行计算。

5.1.2 木材孔隙度

木材孔隙度为孔隙体积与木材总体积的比值，孔隙度的大小能较为直观地反映木材密度。本研究使用体积法计算木材孔隙度，即孔隙中水的体积与饱和吸水木材的体积之比。

$$P = \frac{\dfrac{M_1 - M_2}{\rho_w}}{\pi \left(\dfrac{D_1}{2}\right)^2 \cdot H_1} \times 100\% \tag{5-1}$$

式中，P 为孔隙度；M_1 为饱水木材的质量；M_2 为绝干木材的质量；ρ_w 为水的密度（1g/cm³）；D_1 为饱水木材试件直径；H_1 为饱水木材的高度。

5 种木材孔隙度的测量数据和计算结果见表 5-2。

表 5-2　5 种木材孔隙度

木材	M_1/g	D_1/mm	H_1/mm	M_2/g	孔隙度/%
白榆	2.715	12.3	22.0	1.294	55
青杨	2.514	12.5	21.3	0.942	60
黑胡桃木	2.823	12.7	21.3	1.128	63
落叶松	2.685	12.1	21.4	1.255	58
樟子松	2.576	12.3	21.4	0.810	70

注：M_1、D_1、H_1 分别是饱水木材的质量、直径和高度；M_2 是绝干木材的质量。

5.1.3 孔隙表面弛豫率定标

通常，多孔材料内部水分的核磁共振 T_2 弛豫率由三部分组成[13, 14]：

$$\frac{1}{T_2} = \frac{1}{T_{2b}} + \frac{1}{T_{2s}} + \frac{D(\gamma G T_E)^2}{12} \tag{5-2}$$

式中，$\dfrac{1}{T_2}$ 为总弛豫率；$\dfrac{1}{T_{2b}}$ 为孔隙中体积水（未与孔内表面接触的水）的弛豫率；$\dfrac{1}{T_{2s}}$ 为孔隙表面水的弛豫率；$\dfrac{D(\gamma G T_E)^2}{12}$ 为扩散弛豫率。

通常，孔隙表面附近的固-液界面相互作用能够显著加速孔隙中水分的弛豫过程，而孔隙中体积水的弛豫效能与之相比要低得多，因此孔隙表面水提供主要的 T_2 弛豫贡献[15]，$\frac{1}{T_{2b}}$ 可忽略不计[16]。此外，D 为孔隙中水分扩散系数，通常室温下自由运动水的扩散系数大约为 $2\times10^{-3}\text{cm}^2\cdot\text{s}^{-1}$[17]。$\gamma$ 为 H 的磁旋比 $267.52\text{MHz}\cdot\text{T}^{-1}$，$G$ 为外磁场梯度，T_E 为回波时间。当 T_E 很小（本研究中为 0.1ms）且外磁场较为均匀时（$G\approx0\ \text{Gs}\cdot\text{cm}^{-1}$），$\frac{D(\gamma GT_E)^2}{12}$ 可以忽略不计。因此公式（5-2）可以简化为

$$\frac{1}{T_2} \approx \frac{1}{T_{2s}} \tag{5-3}$$

而对于表面弛豫，有

$$\frac{1}{T_{2s}} = \rho\left(\frac{S}{V}\right) \tag{5-4}$$

式中，ρ 为孔隙表面弛豫率；S 为孔隙表面积；V 为孔隙体积；$\frac{S}{V}$ 为孔隙的比表面积。

$$\frac{1}{T_2} = \rho\left(\frac{S}{V}\right) = \rho\frac{F_s}{r} \tag{5-5}$$

式中，r 为孔隙半径；F_s 为形状因子，一般对于球形孔隙，$F_s=3$，而对于柱形孔隙，$F_s=2$[18]。本研究假设木材孔隙全部为柱形孔隙，因此有

$$T_2 = \frac{d}{4\rho} \tag{5-6}$$

式中，d 为孔隙直径。

本试验选取的标准样品滤纸纤维素含量较高，因此纤丝本身吸入的水分较少，绝大部分的水分存储在纤丝交织的孔隙中。而另一种标准样品，即阳极氧化铝多孔膜，虽然是无机膜，但是这种膜具有均匀分布的纳米孔结构，孔隙比表面积大，且孔道具有亲液性[19]，这一特性与木材细胞壁物理特征相近。图 5-2 为两种标准样品吸水后的 T_2 分布，AAO（30）只有一个 T_2 分布峰，且弛豫时间分布在 $1\sim10$ms 之间，这与木材中细胞壁水的弛豫时间范围十分相近。而对于纤维素滤纸，存在两个 T_2 分布峰，弛豫时间分布分别集中在 $1\sim10$ms 和 $10\sim100$ms，这与木材中细胞壁水和细胞腔水的弛豫时间 T_2 分布峰十分接近。综上，本研究选取的两种标准样品能够较为准确地反映出木材细胞壁及细胞腔的孔隙结构特征。

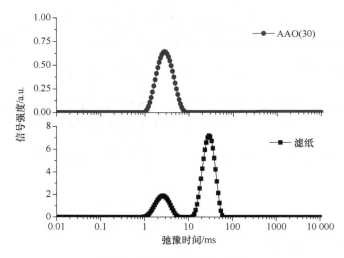

图 5-2　标准样品水分 T_2 分布

通常，表面弛豫发生在固-液接触面上，在理想的快扩散极限条件下（即孔隙非常小、表面弛豫非常慢，使得在弛豫期间内分子可以在孔隙中往返多次），根据公式（5-6），两种标准样品孔隙表面弛豫率如表 5-3 所示，可知细胞腔的平均表面弛豫率约为细胞壁平均表面弛豫率的 24 倍。

表 5-3　标准样品横向弛豫时间及孔隙表面弛豫率

标准样品	平均孔径/μm	T_{2_1}/ms	T_{2_2}/ms	$\rho/(\mu m\cdot ms^{-1})$
纤维素滤纸	8.00	2.58	31.44	0.0640
AAO 多孔膜	0.03	2.77	—	0.0027

5.1.4　木材孔径分布

5 种木材饱和吸水状态下的横向弛豫时间如表 5-4 所示，T_{2_1} 相差不大，表明 5 种木材细胞壁孔径范围相似。不同木材的 T_{2_2} 有所差别，其中，青杨和黑胡桃木相似，而樟子松、落叶松和榆木相似；T_{2_3} 的差别最为显著。由于 T_{2_2} 和 T_{2_3} 均为细胞腔水弛豫时间，表明 5 种木材孔径的主要区别在于细胞腔孔径尺寸。根据公式（5-6），对于 T_{2_1}，将 $\rho = 0.0027\mu m\cdot ms^{-1}$ 代入；对于 T_{2_2} 和 T_{2_3}，将 $\rho = 0.064\mu m\cdot ms^{-1}$ 代入，经计算，5 种木材主要孔径见表 5-4。由表可知，5 种饱水木材的细胞壁平均孔径较为接近，为 23～54nm。然而，不同木材的细胞腔孔径范围变化较大，为 5.5～156.7μm。

表 5-4 5 种木材饱水状态下横向弛豫时间和对应孔径尺寸

木材	T_{2_1}/ms	T_{2_2}/ms	T_{2_3}/ms	Φ_1/μm	Φ_2/μm	Φ_3/μm
白榆	3.45	28.53	205.00	0.0373	7.3037	52.4800
青杨	3.40	51.55	358.00	0.0367	13.1968	91.6480
黑胡桃木	4.98	53.72	612.00	0.0538	13.7523	156.6720
樟子松	2.16	21.40	118.84	0.0233	5.4784	30.4230
落叶松	2.88	27.10		0.0311	6.9376	

由图 5-3 可以看出，弛豫时间的分布是连续的，表 5-4 所示的 T_{2_1}、T_{2_2} 和 T_{2_3} 是 T_2 弛豫时间分布的峰点值。事实上，木材的孔径尺度并不均一，因此每种木材的孔径应该有一定的分布范围。只不过对于不同的树种，某种孔径范围的孔隙占据的比例不同。孔径尺度的差异导致孔隙中水分运动频率的不同，因此表现为不同的弛豫时间。图 5-3 反映的是木材中不同尺度孔隙中的水分运动。由于木材细胞壁的比表面积远远大于细胞腔比表面积，因此二者具有不同的孔隙表面弛豫率，根据公式（5-6）和表 5-3 表面弛豫率计算结果，可分别对木材细胞壁和细胞腔孔径进行计算。

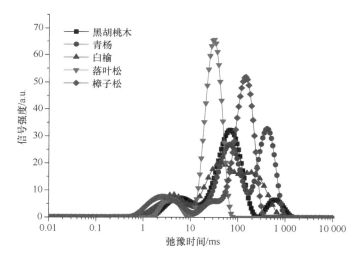

图 5-3 5 种木材饱水状态下水分 T_2 分布

由图 5-4 可知，5 种饱水木材细胞壁孔径范围较为接近，主要集中在 20～70nm，不同木材的细胞腔孔径相差较大。落叶松细胞腔孔径最小且结构最为均一，范围 1～11μm。樟子松中<10μm 的孔径所占比例较小，绝大部分为 30～60μm 的孔径；而黑胡桃木中绝大部分为 10～30μm 的孔径，此外还有少量>100μm 的大孔径；白榆的孔径分布范围较大，10～70μm 所占比例均较多。青杨中主要存在 20μm

和 100μm 的孔径，且二者比例较为接近。与前人通过其他检测手段得到的结果相比[20-22]，本研究计算结果较为合理，因此，本方法对于木材孔隙分布的计算是可行的。

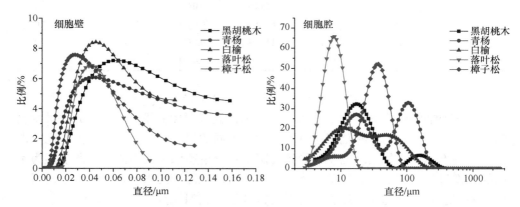

图 5-4   5 种木材细胞壁及细胞腔孔径分布

表 5-5 中 A_{2_1}% 为细胞壁水占总水量百分比，A_{2_2}% 与 A_{2_3}% 的和为细胞腔水占总水量百分比。因为水分的总体积即为木材的孔隙总体积，所以 A_{2_1}% 代表细胞壁孔隙总体积，A_{2_2}% 与 A_{2_3}% 的和代表细胞腔孔隙总体积。经计算，5 种木材细胞壁和细胞腔的孔隙度如表 5-6 所示，木材细胞壁孔隙度范围为 4%～12%，细胞腔孔隙度范围为 46%～65%。

表 5-5   5 种木材饱水状态下横向弛豫时间和峰面积

木材	T_{2_1}/ms	T_{2_2}/ms	T_{2_3}/ms	A_{2_1}	A_{2_2}	A_{2_3}	A_{2_1}/%	A_{2_2}/%	A_{2_3}/%
白榆	3.45	28.53	205	1 137	6 046	9 557	7	36	57
青杨	3.40	51.55	358	2 009	12 312	19 142	6	37	57
黑胡桃木	4.98	53.72	612	1 473	7 937	4 878	10	56	34
樟子松	2.16	21.40	119	1 509	2 457	14 228	8	14	78
落叶松	2.88	27.10	—	874	3 518	—	20	80	—

表 5-6   5 种木材细胞壁和细胞腔孔隙度

木材	总孔隙度/%	细胞壁孔隙度/%	细胞腔孔隙度/%
白榆	70	4.9	65.1
青杨	63	3.8	59.2
黑胡桃木	60	6.0	54.0
落叶松	58	11.6	46.4
樟子松	55	4.4	50.6

5.1.5　小结

本节利用时域核磁共振技术测定木材孔隙分布。首先通过质量法测定了 5 种木材的孔隙度，然后测定了 2 种标准样品的表面弛豫率，最后测定了 5 种木材在饱水状态下的横向弛豫时间，构建了 T_2 分布与细胞壁及细胞腔孔隙分布之间的关系。研究结论归纳如下。

（1）由体积法计算的木材孔隙度范围为 55%～70%。

（2）通过标准样品的测定可知，孔径越小，表面弛豫率越低，木材细胞腔的平均表面弛豫率约为细胞壁平均表面弛豫率的 24 倍。

（3）不同木材细胞壁平均孔径较为接近，为 23～54nm；而不同木材细胞腔孔径范围变化较大，为 5.5～156.7μm。此外，落叶松的孔径分布较其余 4 种木材均一度更高。

（4）木材细胞壁孔隙度为 4%～12%，而细胞腔孔隙度为 46%～65%。

5.2　干燥过程中木材孔隙动态变化

木材干燥是水分吸收能量被排出木材的过程。在不同的存在位置，水分与木材的结合方式不同。其中，细胞腔等大毛细管中的水分与木材是纯粹的物理结合，而细胞壁结合水与木材是氢键结合。一般细胞腔水的蒸发不会对木材孔隙产生影响，因此细胞腔水含量的变化对木材物理性质的改变影响较小，而细胞壁水含量的变化会导致木材孔隙发生较大改变，使木材表现出干缩湿胀的特性，物理性能也发生较大变化。

现今诸多干燥方法被应用到木材工业中，如常规干燥、微波干燥、高频干燥、热风干燥等。因技术要求不高、成本低的特点，常规干燥仍然最常用。然而，干燥过程中过大的温度梯度和含水率梯度很容易造成干燥缺陷，如开裂、弯曲、翘曲、扭曲、塌陷、表面开裂等[23]。此外，环境的相对湿度对木材干燥的影响很大。有研究表明，在窑干早期，木材中有较多液态水存在的情况下，使用低温（<45℃）和高湿度（>75%）干燥比较合理。2006 年，Möttönen[24]研究了传统低温干燥过程中欧洲白桦的干燥行为变化及终含水率，结果表明，相对湿度对干燥过程的初始阶段影响很大。对不同湿度下木材皱缩的水分解吸速率的研究表明，在相对湿度 58%～0%范围内，木材皱缩基本不受水分解吸速率的影响[25]。此外，有学者研究了不同湿度下干燥温度与平衡含水率之间的关系，结果显示在低湿度下试件间平衡含水率的差异性较大[26]。

因此，本节将着重解决在低温干燥过程中不同湿度下，不同孔径内水分的变化及其导致的木材内部孔隙的变化，从而为确定更合理的干燥基准和工艺提供理论基础，确保更高的干燥质量。

5.2.1 测定方法

（1）将青杨、白榆、黑胡桃木、樟子松、落叶松每种木材准备 5 个相同规格的试件。试件规格：12mm（Φ）×20mm（L），均钻取自边材木质部，且钻取部位紧邻。

（2）将 5 种木材试件浸泡蒸馏水中，室温下在真空干燥箱内（干燥箱内绝对压力为 20kPa）真空饱和吸水 24h，确保试件全部沉于水底。擦除表面多余水分后，用封口膜将试件圆柱表面封闭，并用环氧树脂胶封闭圆柱试件两个端头，防止水分在端头处挥发，以模拟真正的木材干燥过程。试件端头封闭使用的是 Loctite® M-31CL 环氧树脂胶黏剂，产自德国 Henkel 公司。将处理的试件在室温下固化 24h，使胶黏剂完全固化后待用。

（3）配制 5 种盐的饱和溶液并倒入 5 个干燥皿中，然后分别向 5 个干燥皿加入适量的对应盐使得溶液达到过饱和。本次测定过程为低温干燥，干燥温度与核磁共振磁体温度均为 40℃。

根据 OIML-R121（饱和盐溶液标准相对湿度值），40℃下，5 种饱和盐溶液相对湿度如表 5-7 所示。

表 5-7　5 种饱和盐溶液相对湿度

饱和盐溶液	MgCl$_2$	NaBr	NaNO$_3$	KCl	K$_2$SO$_4$
相对湿度/%	31.6	53.2	71.0	82.3	96.4

注：温度为 40℃。

（4）将干燥皿腔体与盖子之间涂抹凡士林以使干燥皿内部空间封闭，按照相对湿度从小到大的顺序依次编号，将干燥皿整体放入鼓风干燥箱内，设置干燥箱温度为 40℃以使得干燥皿内温湿度达到试验条件，稳定 24h 后开始试验。

（5）首先称重 5 种木材试件，记录数据之后进行 T_2 扫描。T_2 信号测定采用 CPMG 脉冲序列，90°脉冲宽度 14.94μs，180°脉冲宽度 30.5μs；扫描次数为 16，循环延迟 2s，半回波时间 0.1ms，初始回波数 6000。随着干燥的进行，回波数酌情递减以避免收集到过多噪声信号。信号采集使用的是德国 Bruker 公司生产的 minispec mq20 时域核磁共振波谱仪，仪器主要参数见上一节试验设备部分。检测完毕后，试件称重放入干燥皿继续干燥。当试材在 24h 内的重量变化小于其平衡态重量的 0.1%时，可认为达到水分平衡状态。称重后分别测定 T_2。最后，将 5 个试件在 105℃下烘干 24h 使试件达到绝干。试验通过测定试件的绝干质量及其干燥过程不同阶段的即时质量，进而由两者的差值计算试件中水分的质量，即细胞腔水质量与细胞壁水质量之和。以上为一种木材在 5 个不同相对湿度下的完整干燥过程，其余 4 个不同树种试验方法相同。

（6）利用指数函数拟合 T_2 数据，分析低温干燥过程中木材孔径变化。

5.2.2　不同湿度下木材的平衡含水率

表 5-8 所示为 5 种木材的 5 个试件分别在 5 个不同相对湿度下干燥的初始含水率及平衡含水率。由表中可以看出，对于同一种木材，即便初始含水率不同，平衡含水率依然呈现良好的规律性。由图 5-5 可知，平衡含水率随着相对湿度的增加呈指数递增。对于三种阔叶材，在 96.6% 相对湿度下，平衡含水率较高，这是因为在此湿度下，细胞腔水不能够被完全干燥，这在前人的研究中已经被证实。此外，与阔叶材相比，针叶材的平衡含水率较低。

表 5-8　木材干燥前后含水率

木材	相对湿度/%	初始含水率/%	平衡含水率/%	干燥时间/h
青杨	31.6	170.1	8.9	27.0
	53.2	172.2	9.4	39.0
	71.0	173.5	14.1	39.0
	83.2	168.2	20.5	69.0
	96.4	167.1	26.8	105.0
白榆	31.6	104.3	6.2	24.5
	53.2	102.5	8.4	35.5
	71.0	94.6	11.7	35.5
	83.2	95.0	15.9	61.5
	96.4	100.4	37.5	111.0
黑胡桃木	31.6	128.5	9.3	31.0
	53.2	122.4	9.5	43.0
	71.0	119.5	12.3	59.5
	83.2	138.0	17.4	68.5
	96.4	110.9	29.1	80.0
樟子松	31.6	132.6	7.0	35.0
	53.2	122.1	8.2	35.0
	71.0	107.2	11.7	58.0
	83.2	119.8	15.4	70.0
	96.4	123.2	17.2	94.0
落叶松	31.6	80.6	5.3	32.5
	53.2	100.0	8.9	45.5
	71.0	92.1	12.4	56.5
	83.2	103.1	15.9	56.5
	96.4	74.0	20.5	80.5

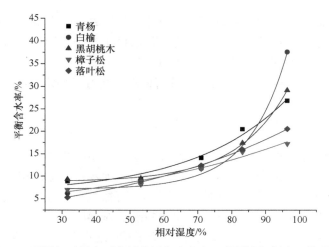

图 5-5　不同相对湿度下木材的平衡含水率（彩图请扫封底二维码）

5.2.3　干燥过程中木材水分横向弛豫特征

第 3 章的研究表明木材细胞壁结合水、细胞腔内表面水及细胞壁小孔隙中受限自由水的横向弛豫时间为 1～10ms，而不同尺寸范围细胞腔中自由水横向弛豫时间较长。

本研究应用指数函数［公式（5-7）］对原始 T_2 衰减信号进行拟合：

$$S(t) = \sum_{i=1}^{n} [A_i \times \exp(\frac{-t_i}{T_{2i}})] + \varepsilon(t_i) \qquad (5\text{-}7)$$

式中，$S(t)$ 是 t 时刻时的信号强度；T_{2i} 是第 i 个水分组分的横向弛豫时间。通常，在高含水率时，尤其是在干燥初期，$n=3$；在低含水率，一般在干燥将近结束时，$n=1$。A_i 表示第 i 个水分组分所占的比例。t_i 是 CPMG 脉冲序列中信号开始激发到其中一个回波之间的时间间隔。$t_i=2n\tau$，τ 是回波间隔。$\varepsilon(t)$ 是噪声信号。

图 5-6 是青杨在 5 个相对湿度下干燥过程的 T_2 分布。T_{2_1} 的范围为 1～10ms，反映的是细胞壁小孔隙水的弛豫时间。T_{2_2} 从几十毫秒衰减到小于 10ms，反映的是小细胞腔孔隙内运动受限的自由水的弛豫时间。在含水率较高时，^{1}H 核弛豫主要源自于细胞腔体积水，因此横向弛豫时间较长；然而随着干燥的进行，细胞腔自由水被大量地排出木材，体积水的弛豫贡献基本可以被忽略，剩余的吸附在细胞腔表面的水分与腔内壁结合力较强[27]，提供了主要的弛豫机制，因此横向弛豫时间较短。T_{2_3} 大于 100ms，反映的是能够在大细胞腔孔隙中自由运动的体积水的弛豫时间。与高湿度下的细胞壁水弛豫时间相比，低湿度下在平衡含水率时的横向弛豫时间较短，水分子运动受到的限制增强，与木材之间的结合力越来越大，同时低相对湿度条件加速了细胞壁水的蒸发。此外，对于 5 个木材试件来说，T_{2_2}

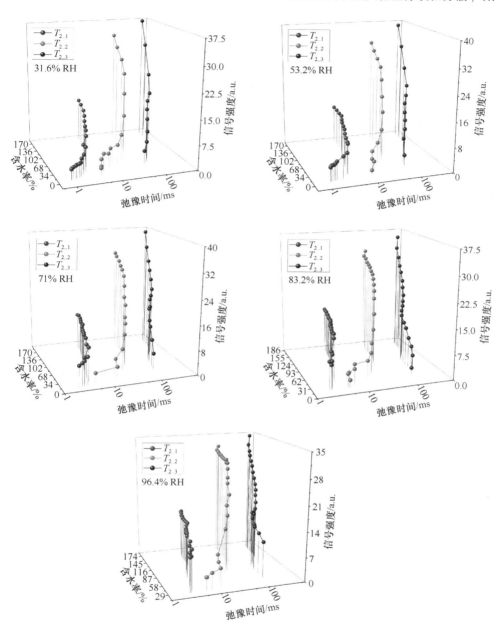

图 5-6　青杨干燥过程水分 T_2 及信号强度变化（彩图请扫封底二维码）

的变化趋势基本相同，相对湿度的改变只影响水分的干燥速率。值得注意的是，在相对湿度为 31.6% 和 53.2% 时，T_{2_3} 的变化趋势相同，以抛物线的形式衰减，但是在 71%、83.2% 和 96.4% 三个相对湿度下，T_{2_3} 以 S 形曲线变化。由此可知，相对湿度的升高对木材的水分运动产生了影响。通常，水分从木材内部向木材表面迁移，然后扩散到周围空气环境中，但是高的相对湿度阻碍水分的扩散，因此会降低木材表面水分的蒸发速率，减缓了横向弛豫时间的减小趋势。另外，由于干燥的持续，水分源源不断地向周围环境蒸发，因此 T_{2_3} 的信号强度不断减小。

随着含水率的降低，对于青杨，所有 T_2 弛豫时间的信号强度均持续减小，在低相对湿度下尤为明显，这表明青杨中的水分较容易被干燥。在干燥初期，T_{2_3} 信号强度减小得较快，而 T_{2_2} 的信号强度减小得较慢，T_{2_1} 信号强度基本保持不变，这表明干燥初期的水分蒸发主要以大细胞腔中体积水为主，小细胞腔中水也被蒸发出了木材内部，而细胞壁孔隙水含量基本没有变化。当含水率降低到约120%时，T_{2_2} 的信号强度减小趋势增大而 T_{2_3} 的减小速率变慢。这是由于含水率梯度使木材内部水分向外移动，水分由小细胞腔进入大细胞腔，减缓了木材表面体积水的干燥速度，因此 T_{2_3} 信号强度呈缓慢减小趋势。此外，当含水率在50%~60%时，T_{2_1} 信号强度开始减小，这表明在此含水率范围，细胞壁水开始被大量干燥。

图 5-7 所示为黑胡桃木在 5 个湿度下干燥过程水分的 T_2 分布。同样，T_{2_1} 为细胞壁水的弛豫时间，除了96.4%相对湿度，其他湿度下的 T_{2_1} 均小于 1ms，表明在最高相对湿度下干燥并达到水分平衡，黑胡桃木中依然有较多细胞壁受限自由水存在。T_{2_2} 为细胞腔内表面结合水和小细胞腔运动受限自由水的弛豫时间，T_{2_3} 为大细胞腔自由水的弛豫时间。对比初始状态下的信号强度可知，T_{2_2} 代表的水分含量占据最大比例，表明黑胡桃木中绝大多数水分存在于细胞腔内表面和小细胞腔中，水分运动受到制约。黑胡桃木属于半散孔材，且孔隙分布不均匀，大孔孔径较大，数量较少，而绝大多数孔隙尺寸较小。与青杨的干燥过程相比，黑胡桃木的 T_{2_1} 及其信号强度变化相似，但是细胞腔结合水和自由水的弛豫特征变化有较大差异。T_{2_2} 不断减小，信号强度却存在较大波动，在干燥初始阶段首先经历快速衰减，当含水率减小到约为52%时，T_{2_2} 信号强度开始增高。这是由于一开始干燥较为迅速，随着细胞腔中水分的不断排出，大孔径中剩余水分与木材结合紧密程度增加，其核磁弛豫特征与此时小细胞腔中的水分横向弛豫特征相似，因此表现为信号强度的增加。而当含水率小于34%左右时，信号强度不断减小，此时主要为与木材结合力较强的水分干燥，主要包括细胞壁水和细胞腔表面吸附水。T_{2_3} 呈减小趋势，但是在干燥的最初几个小时内其信号强度增大。结合 T_{2_2} 弛豫特征的变化可知，干燥过程中不同状态的水分之间发生了转化。由于黑胡桃木的细胞腔平均孔径较大，因此在干燥的初始阶段，木材表面大细胞腔中自由水的干燥速率较快，然而在温度梯度和含水率梯度的共同作用下，大细胞腔中水分在源源不断地排出的同时，部分细胞壁水及小细胞腔自由水开始持续不断进入，并与细胞腔表面水分子结合，导致细胞腔水弛豫效能增加，因此 T_{2_3} 减小，但是

信号强度增加。当含水率降低至大约 81% 时，弛豫时间逐渐减小，信号强度也开始减小，直到干燥结束，表明大细胞腔水分不断被排出。

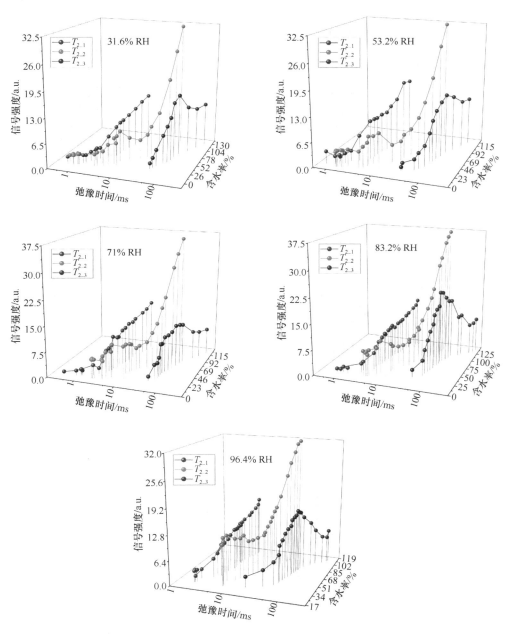

图 5-7　黑胡桃木干燥过程水分 T_2 及信号强度变化（彩图请扫封底二维码）

对比 5 个不同相对湿度下木材水分的 T_2 变化趋势可以看出，水分变化规律基本一致，因此表明相对湿度的变化对黑胡桃木的干燥影响不大。

图 5-8 为白榆在 5 个不同相对湿度下干燥过程的水分横向弛豫时间及信号强度变化。与黑胡桃木相似，白榆中依然是细胞腔内表面结合水和小细胞腔自由水

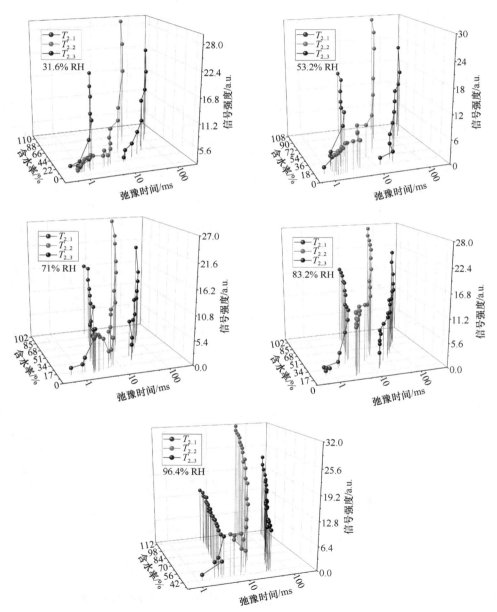

图 5-8　白榆干燥过程水分 T_2 和及信号强度变化（彩图请扫封底二维码）

含量最多，其次为大细胞腔自由水，细胞壁水含量最少。T_{2_1} 为细胞壁水弛豫时间，从大约 10ms 衰减至小于 1ms。在 5 个不同相对湿度下，整体趋势基本相同。只不过在 96.4%相对湿度下，达到水分平衡时的横向弛豫时间大于 1ms，表明在此相对湿度下的干燥平衡，依然有较多细胞壁结合水存在。此外，在干燥初期，白榆的 T_{2_2} 衰减很快，但是在不同相对湿度下的信号强度变化趋势有所差别。在31.6%和 53.2%相对湿度下，信号强度随着干燥的进行逐渐减小，然而在 71%、83.2%和 96.4%相对湿度下，随着干燥的持续，在某一含水率下减小的信号强度呈现增大的趋势。这表明在干燥的过程中部分细胞壁水及大孔径细胞腔水在向木材外部迁移的过程中向小孔径细胞腔水转化。此外，在干燥过程中，T_{2_3} 及其信号强度基本呈线性减小，反映了其较快的干燥速率。随着相对湿度的增大，平衡态的横向弛豫时间呈现增大的趋势。

图 5-9 所示为落叶松干燥过程水分横向弛豫时间及信号强度变化。由于第一节已经确定落叶松孔隙较为均匀，且主要存在两种不同范围的孔隙，因此应用二指数函数对其 T_2 原始数据进行拟合，即公式（5-7）中 $n=1$ 或 2。由图中可知，T_{2_1}从 3～5ms 左右开始衰减，为细胞壁水的弛豫时间；T_{2_2} 从 35ms 左右开始衰减，最终接近 1ms，为细胞腔水的弛豫时间。此外，从干燥开始到 25%含水率时，T_{2_2}及其信号强度基本呈线性减小，表明在此干燥区间，细胞腔水快速干燥；而当含水率降低为 25%以后，T_{2_2} 迅速向 10ms 以下衰减，表明细胞腔运动性较强的自由水已经干燥完毕，余下部分为吸附在细胞腔表面的水分。此外，随着相对湿度的增加，T_{2_1} 及其信号强度的变化速率逐渐减小，因此相对湿度的增加延缓了细胞壁水的干燥过程。值得注意的是，在 83.2%和 96.4%相对湿度下，干燥末期 T_{2_2}的信号强度有增加的趋势，表明当含水率小于纤维饱和点时，高的相对湿度会延缓细胞腔表面吸附水的干燥进程，且部分细胞壁水在干燥过程中的横向弛豫时间与细胞腔表面吸附水相当。

图 5-10 为樟子松干燥过程中细胞壁水和细胞腔水的 T_2 分布。T_{2_1} 表示的是细胞壁中结合水、细胞腔内表面水及细胞壁小孔隙中受限自由水的弛豫时间，T_{2_2}和 T_{2_3} 分别反映的是小细胞腔自由水和大细胞腔自由水的弛豫时间。T_{2_1}、T_{2_2} 和 T_{2_3} 的分布范围分别为 1～10ms、10～50ms 和 50～100ms。对于 T_{2_1}，在干燥初期，弛豫时间及信号强度变化较小，且相对湿度越大，变化率越小。但是对于 T_{2_2}和 T_{2_3}，信号强度变化较大，这表明在干燥初期，由于初始含水率较高，水分的干燥主要来自于细胞腔自由水，而细胞壁水与木材基体结合较为紧密，所以干燥速率较慢。T_{2_3} 在整个干燥过程变化较小，但其信号强度基本呈现快速的线性衰减，且在含水率为 24%～26%时基本为零，此为典型的细胞腔自由水快速干燥特征。对于 T_{2_2}，在干燥初期，弛豫时间为 40～50ms，随着干燥的进行，弛豫时间逐渐减小，而在干燥的末期，弛豫时间小于 10ms，水分状态趋近于细胞壁水。

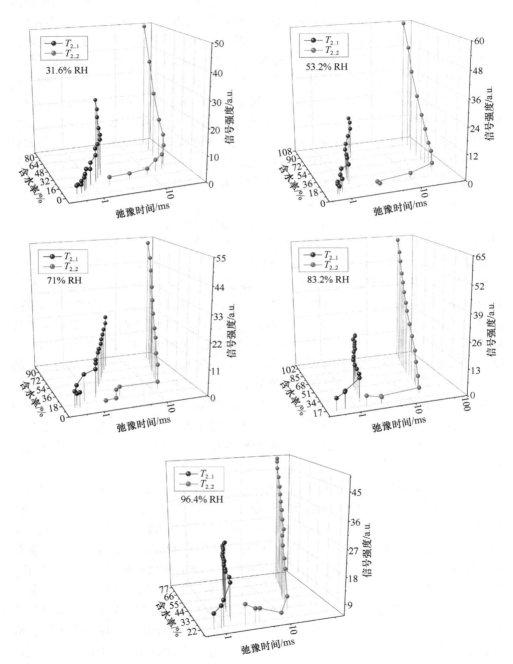

图 5-9　落叶松干燥过程水分 T_2 及信号强度变化

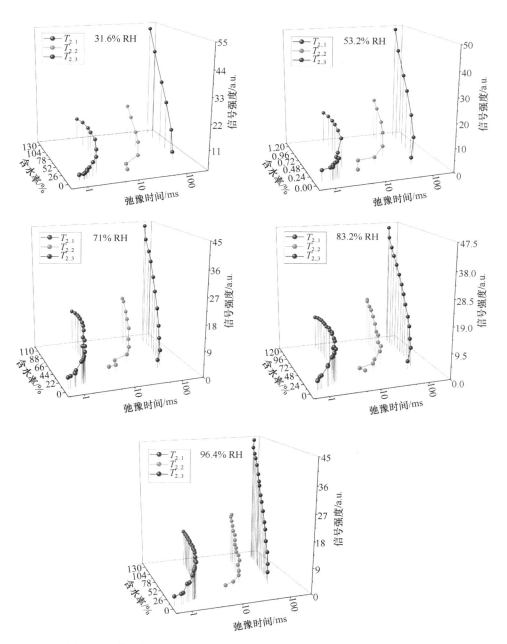

图 5-10　樟子松干燥过程 T_2 及信号强度变化（彩图请扫封底二维码）

产生这一现象主要是由于在干燥初期，细胞腔内水分趋于饱和，水分子整体具有很好的流动性，导致较低的弛豫效率；而随着干燥的不断进行，大量水分被排出木材，余下的水分与木材结合得越来越紧密，^{1}H 核弛豫效率较快，因此导致越来越小的横向弛豫时间。此外，在 5 个不同相对湿度下，随着干燥的进行，T_{2_1}、T_{2_2}、T_{2_3} 及对应的信号强度均逐渐减小，这表明，对于樟子松的干燥而言，基本没有发生不同状态水分之间的相互转化。

5.2.4 干燥过程中木材孔径动态变化

细胞腔自由水含量的变化对木材除质量外的其他物理性质影响不大，而细胞壁水的含量多少则对木材的各项物理力学性质都有极大的影响。干燥过程中木材细胞腔的尺寸几乎保持不变，而细胞壁的尺寸变化较大。这是由于木材在失水时，木材内所含水分向外蒸发，使细胞壁内非结晶区的相邻纤丝间、微纤丝间和微晶间水层变薄（或消失）而靠拢，从而导致细胞壁乃至整个木材尺寸的体积发生变化。因此，细胞壁水的干燥是引起干缩的最主要因素。而事实上，细胞壁水的失去在干燥开始就已经存在[28]，只不过与细胞腔自由水的干燥相比其变化量较小。对于细胞壁水，细胞壁较小的孔隙及较大的比表面积决定了其较快的弛豫效率，因此其弛豫机制主要来自表面弛豫。本节通过分析细胞壁水的变化，研究干燥过程木材孔径的变化，并对不同相对湿度对孔径变化的影响进行对比和分析。

由图 5-11 可知，在水饱和状态下，阔叶材的平均细胞壁孔径较针叶材的大。随着干燥的进行，细胞壁孔径不断缩小，而相对湿度的增加能够延缓孔径的减小趋势。但对于不同的木材而言，孔径变化有所区别。青杨和落叶松在不同相对湿度下的孔径变化趋势整体相同，相对湿度的增加延缓了孔径减小速率。不同之处在于，青杨孔径变化表现出了对相对湿度变化的高敏感性，相比较而言，落叶松的孔径变化对高湿度（83.2%和96.4%）更敏感。对于黑胡桃木，在 31.6%和53.2%相对湿度下，孔径变化趋势基本相同；而在 83.2%和 96.4%相对湿度下，孔径变化趋势出现波动。结合前文的分析可知，这是由水分之间的转化导致细胞壁水含量的无规律变化引起的。白榆在前四个相对湿度下的孔径变化整体相同，只不过相对湿度的增大延缓了孔径的变化速率；而在 96.4%相对湿度下出现了"突变"，表明只有相对湿度足够高时，才会对白榆的孔径变化产生较大影响。对于樟子松，前三个湿度下的孔径变化相似，而后两个湿度下孔径变化基本相同，表明了其高湿度的孔径变化敏感性。

5.2.5 小结

利用时域核磁共振技术无损快速的技术特点，以木材中水分的 ^{1}H 为探针，同时对木材中细胞壁水和细胞腔水进行检测。分别对 5 种木材在不同湿度下的低温干燥过程的水分迁移、细胞壁水和细胞腔水干燥速率，以及细胞壁孔径变化进行分析与计算，主要结论归纳如下。

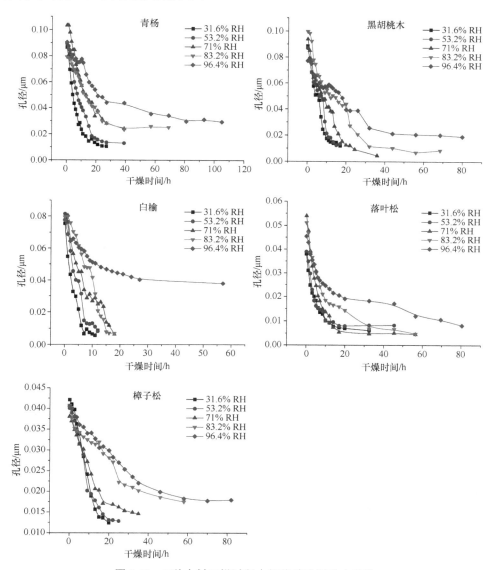

图 5-11　5 种木材干燥过程中细胞壁孔径动态变化

（1）木材平衡含水率随着相对湿度的增大呈指数增长。

（2）水分横向弛豫特征反映了木材之间不同的孔隙结构；此外，两种针叶材的平均细胞壁孔径要小于阔叶材的平均细胞壁孔径，且干燥过程中相对湿度的增加阻碍了细胞壁孔径的减小。

（3）对于 5 种不同的树种，在干燥末期，小细胞腔表面的水分会表现出与细胞壁水相似的弛豫特征，说明是细胞腔表面吸附水。此外，相比较而言，密度高的木材在干燥过程中更易发生不同水分状态之间的转化。

5.3 吸湿过程中木材孔隙动态变化

木材干缩湿胀特性研究表明，水分的含量能够影响木材的孔隙。研究表明，细胞腔自由水的变化对木材孔隙影响很小，而当含水率低于纤维饱和点时，细胞壁间的孔隙随着干燥/吸湿而不断收缩/膨胀，因此细胞壁水是影响木材孔隙变化进而影响木材力学性能的最主要因素。

本节利用时域核磁共振技术研究木材在不同湿度下的水分吸附，包括吸附过程中水分的横向弛豫特征，以及水分吸附引起的木材细胞壁孔径的动态变化。

5.3.1 测定方法

（1）将所有 5 种木材试件（与上节同）放置于真空干燥箱中，在 105℃下真空干燥 24h。将试件取出后用电子天平称重，然后依据干燥时的编号分别将其放入 5 种饱和盐溶液的干燥皿中在室温（20±1℃）下吸湿。每隔一段时间将试件称重后，利用时域核磁共振波谱仪采集 T_2 信号。测定仪器为德国 Bruker 公司生产的 minispec mq20 时域核磁共振波谱仪。信号测定采用 CPMG 脉冲序列，90°脉冲宽度 14.94μs，180°脉冲宽度 30.5μs；扫描次数为 16，循环延迟 1s，半回波时间为 0.1ms，回波个数为 100。

（2）试件在各个湿度下吸湿直到 24h 内质量不再变化，则认为达到吸湿平衡。当试件在较低相对湿度下达到吸湿平衡后即放置于相邻的更高相对湿度下继续吸湿，每隔一段时间称重后测定 T_2，直至在最高相对湿度下达到吸湿平衡。

（3）利用 Contin 软件拟合 T_2 原始数据，分析吸湿过程中木材水分的横向弛豫特征及木材细胞壁孔径变化。

5.3.2 不同湿度下木材的平衡含水率

20℃下，5 种木材在 5 种不同相对湿度环境下由绝干状态达到吸湿平衡，如图 5-12 所示，在同一相对湿度下，5 种木材达到的平衡含水率相近，这表明树种之间的区别对木材吸湿性的影响很小，且木材平衡含水率随着相对湿度的增加呈现指数上升。

5.3.3 吸湿过程中木材水分横向弛豫特征

木材吸湿主要为水分子与木材细胞壁中游离羟基结合形成结合水的过程。

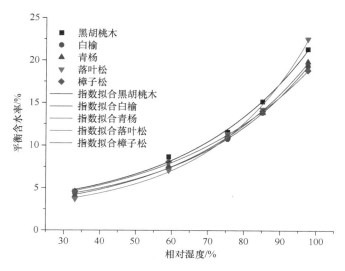

图 5-12　5 种木材平衡含水率与相对湿度的关系（彩图请扫封底二维码）

图 5-13 至图 5-17 为阔叶材及针叶材吸湿过程的水分 T_2 分布。由图可以看出，在低湿度下，木材水分的分布峰跨度较宽，而在高湿度下分布峰跨度较窄。这是由于在低湿度下，仅有少量水分子进入木材并与游离羟基相结合，因此导致提供核磁弛豫的 ${}^1H$ 原子核基数较少，所以测得的核磁信号信噪比较低，因此对于水分子的运动频率难以界定，导致宽的 T_2 分布范围；而在高湿度下，有较多且运动频率相对集中的水分子能够提供核磁弛豫，较高的信噪比使得分布峰较为清晰，且在吸湿时间增加过程中峰的变化存在较强规律性。此外，5 种木材在 5 个不同相对湿度下分别达到吸湿平衡后弛豫时间均小于 10ms，表明吸湿过程中水分的累积主要为细胞壁水。

　　图 5-13 为黑胡桃木由低湿度到高湿度吸湿过程水分的 T_2 分布。由图可以看出，在 33.1%湿度下，黑胡桃木吸湿量很少，经过 34.5h 后方达到吸湿平衡，平衡时的弛豫时间仅为 0.2ms 左右，表明水分与木材结合非常紧密，在此湿度下，水分子并不能完全在细胞壁表面形成完整的单分子层。而在 59.1%相对湿度下，水分达到吸湿平衡的时间延长，且最终水分的弛豫时间约为 0.8ms，与 33.1%湿度下相比，横向弛豫时间的增大表明了被吸入到木材内部且相互结合的水分子数量的增加。在 75.4%、85.1%和 97.6%相对湿度下，达到吸湿平衡的时间进一步延长，达 72h，且在三种相对湿度下，达到平衡时的横向弛豫时间均大于 1ms，弛豫时间随着相对湿度的增大而增大。尤其在 97.6%相对湿度下，在吸湿时间达到 13h 后，横向弛豫时间即处于 1～10ms 之间，因此，相对湿度的增大加速了水分的吸附速率，同时也产生了细胞壁受限自由水。

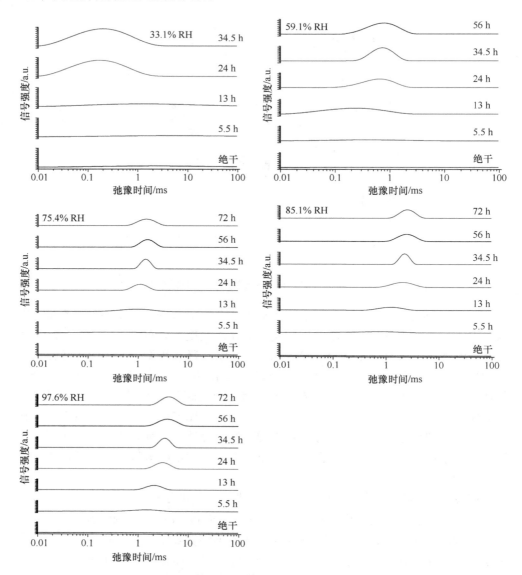

图 5-13　黑胡桃木吸湿过程水分 T_2 分布

　　图 5-14 为青杨从低湿度到高湿度下的吸湿过程水分 T_2 分布。可以看出,在 33.1%相对湿度下,青杨吸湿量很少,即便达到吸湿平衡,极低的吸湿量也难以引起有效 ^1H 核弛豫,因此信号强度非常小。在 59.1%相对湿度下,当吸湿时间达到 23h 以后,横向弛豫时间开始呈现规律性增加,但是由于相对湿度较低,水分与木材结合依然较为紧密,平均弛豫时间在 0.1～1ms 之间。在 75.4%相对湿度下,随着吸湿时间的增加,水分分布峰较为明显且逐渐右移,表明已有较多水分进入

木材并与细胞壁结合，且有细胞壁受限自由水产生，在此相对湿度下平均弛豫时间约为 1ms，以较为紧密的细胞壁结合水状态为主。随着相对湿度的增加，水分子进入木材的量逐渐增多。在 97.6%相对湿度下，分布峰平均弛豫时间集中在 1～10ms，与黑胡桃木相似，说明有大量的细胞壁受限自由水存在。

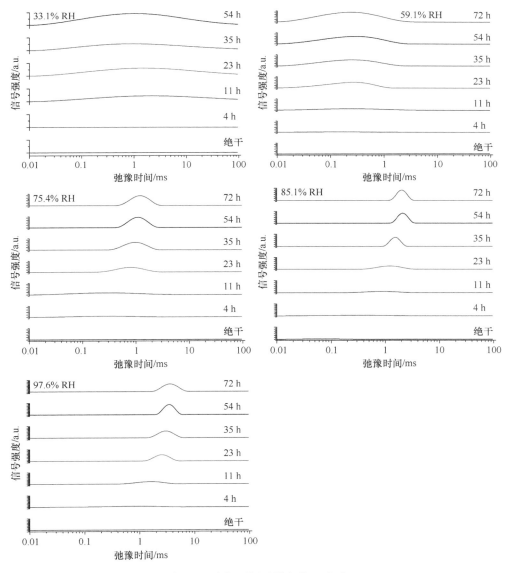

图 5-14　青杨吸湿过程水分 T_2 分布

同样，白榆（图 5-15）在 33.1%和 59.1%相对湿度下水分吸着速率较低，且弛豫时间较短，在 35.4h 时出现较为明显的水分分布峰。而在后三个相对湿度下，吸湿时间在 24h 的时候已经出现了较为明显的细胞壁水分布峰，且随着木材的不断吸湿，峰点右移。此外，相对湿度的增加也使得水分弛豫时间整体右移，因此，吸湿时间的延长及环境相对湿度的增加均增加了水分的吸附量。与黑胡桃木和青杨相比，白榆在同一相对湿度下，水分分布峰范围基本相似，而在较高湿度下尤为明显。

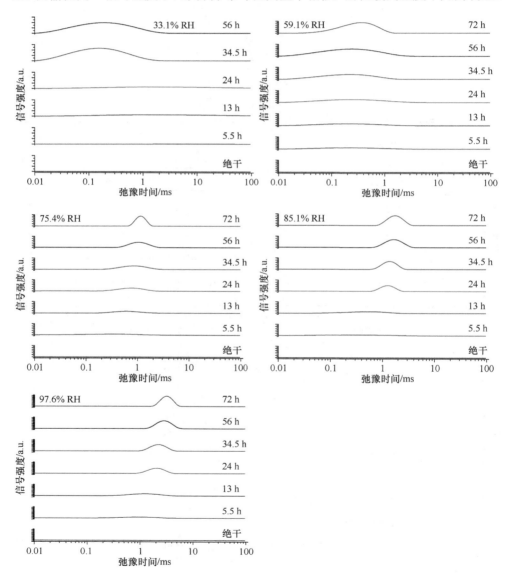

图 5-15　白榆吸湿过程水分 T_2 分布

可以看出，三种阔叶材在整个吸湿过程中具有相似的水分 T_2 分布，从侧面反映了三种阔叶材具有相似的细胞壁孔径分布范围。

由图 5-16 和图 5-17 可以看出，针叶材吸湿过程的水分分布与阔叶材存在差异。通过弛豫时间的分布可知，在 33.1% 和 59.1% 相对湿度下，由于湿度较低，水分分布的差异性并不显著。但是在 75.4%、85.1% 和 97.6% 较高相对湿度下表现出了显著差异性。与阔叶材相比，T_2 分布的峰值较小，且在最高相对湿度下达到

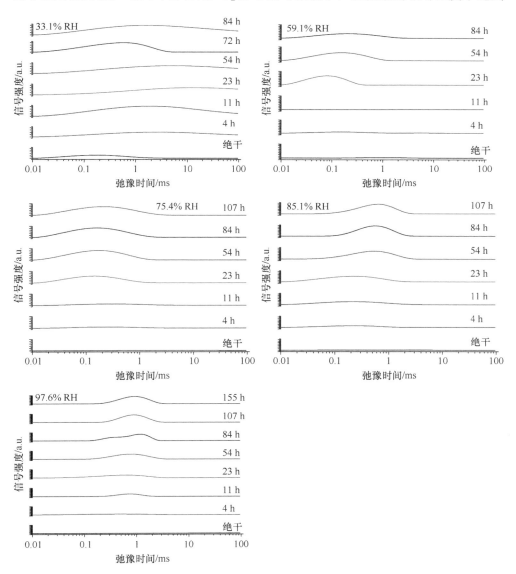

图 5-16　落叶松吸湿过程水分 T_2 分布

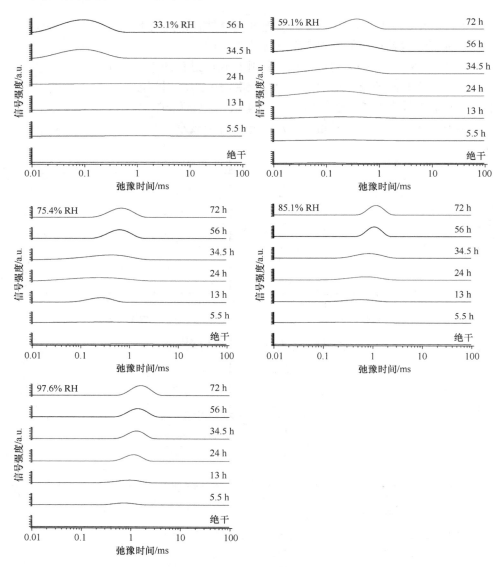

图 5-17　樟子松吸湿过程水分 T_2 分布

吸湿平衡时，平均弛豫时间仅约为 1ms。这表明针叶材细胞壁中的水分与木材结合得更为紧密，换句话说，针叶材具有更小的细胞壁孔径，这也从侧面反映出了针叶材较低的吸湿速率。

5.3.4　吸湿过程中木材孔径动态变化

　　研究表明，木材的湿胀特性主要源于吸湿过程中水分使微纤丝孔隙之间的距离逐渐增大。由于组成基本纤丝的分子链上存在着游离羟基，或者在水分子的作用下将分子链之间的氢键打开，产生新的游离羟基，因此，当水分子进入相邻纤丝、微纤丝和微晶间时，与这些游离羟基形成新的氢键结合，从而使分子链之间的距离增大。事实上，正是由于分子链之间的微小距离增大的累积，最终使得木材在宏观上体现为尺寸变大，且当含水率升高至纤维饱和点时达到最大湿胀量。

由于木材细胞壁孔隙的比表面积较大，根据 BET 理论，水分进入木材首先与细胞壁孔径以单分子层吸附，而后形成多分子层吸附。因此，通过核磁共振测定的水分 T_2 弛豫机制主要源自于细胞壁水的表面弛豫。本节通过公式（5-4）至公式（5-6）计算吸湿过程细胞壁孔径的变化。

由表 5-9 至表 5-13 可知，同针叶材相比，阔叶材细胞壁孔径变化对环境湿度要敏感得多。在 33.1%和 59.1%相对湿度下，随着吸湿的进行，5 种木材的细胞壁孔径没有明显变化，表明在较低湿度下，只有少量水分子进入木材，不足以浸润木材细胞壁并使之发生润胀。而在 75.4%湿度下，三种阔叶材的细胞壁孔径表现出较强的吸湿时间依赖性，落叶松的细胞壁孔径依旧没有显著变化，而樟子松仅

表 5-9　黑胡桃木不同湿度下吸湿细胞壁孔径变化

吸湿时间/h	T_2/ms					孔径/nm				
	33.1%	59.1%	75.4%	85.1%	97.6%	$D_{33.1\%}$	$D_{59.1\%}$	$D_{75.4\%}$	$D_{85.1\%}$	$D_{97.6\%}$
0	0.12	0.20	0.40	0.30	0.30	1.30	2.16	4.32	3.24	3.24
2.0	0.13	0.30	0.40	0.14	0.20	1.40	3.24	4.32	1.51	4.16
5.5	0.10	0.16	0.14	0.40	1.20	1.08	1.73	1.51	4.32	12.96
8.5	0.11	0.13	0.40	0.40	1.63	1.19	1.40	4.32	4.32	17.60
13.0	0.30	0.11	0.72	1.09	1.98	2.24	1.19	7.78	11.77	21.38
24.0	0.10	0.50	1.04	1.85	3.07	1.08	5.40	11.23	19.98	33.16
34.5	0.11	0.66	1.38	2.20	3.20	1.19	7.13	14.90	23.76	34.56
56.0	—	0.60	1.46	2.29	3.52	—	6.48	15.77	24.73	38.02
72.0	—	—	1.37	2.39	3.80	—	—	14.80	25.81	41.04

表 5-10　白榆不同湿度下吸湿细胞壁孔径变化

吸湿时间/h	T_2/ms					孔径/nm				
	33.1%	59.1%	75.4%	85.1%	97.6%	$D_{33.1\%}$	$D_{59.1\%}$	$D_{75.4\%}$	$D_{85.1\%}$	$D_{97.6\%}$
0	0.10	0.13	0.14	0.30	0.20	1.08	1.40	1.51	3.24	1.86
2.0	0.20	0.09	0.11	0.14	0.20	2.16	0.97	1.19	1.51	2.16
5.5	0.12	0.12	0.20	0.15	0.80	1.30	1.30	2.16	1.62	8.64
8.5	0.20	0.11	0.14	0.50	0.95	2.16	1.19	1.51	5.40	10.26
13.0	0.13	0.11	0.50	0.30	1.01	1.40	1.19	5.40	3.24	10.91
24.0	0.14	0.12	0.60	1.23	1.89	1.51	1.30	6.48	13.28	20.41
34.5	0.10	0.11	0.71	1.29	2.18	1.08	1.19	7.67	13.93	23.54
56.0	0.10	0.12	0.98	1.53	2.66	1.08	1.30	10.58	16.52	28.73
72.0	—	0.20	1.17	1.73	3.70	—	2.16	12.64	18.68	39.96

表 5-11　青杨不同湿度下吸湿细胞壁孔径变化

吸湿时间/h	T_2/ms					孔径/nm				
	33.1%	59.1%	75.4%	85.1%	97.6%	$D_{33.1\%}$	$D_{59.1\%}$	$D_{75.4\%}$	$D_{85.1\%}$	$D_{97.6\%}$
0	0.20	0.10	0.20	0.25	0.30	2.16	1.08	2.16	2.70	3.24
2.0	0.09	0.10	0.08	0.14	0.60	0.97	1.08	0.86	1.51	6.48
4.0	0.14	0.17	0.13	0.13	0.30	1.51	1.84	1.40	1.40	8.24
7.5	0.13	0.11	0.40	0.80	1.00	1.40	1.19	4.32	8.64	10.80
11.0	0.08	0.12	0.13	0.70	1.30	0.86	1.30	1.40	7.56	14.04
23.0	0.11	0.12	0.67	1.11	2.46	1.19	1.30	7.24	11.99	26.57
35.0	0.13	0.12	0.87	1.55	2.85	1.40	1.30	9.40	16.74	30.78
54.0	0.13	0.12	1.02	2.06	3.04	1.40	1.30	11.02	22.25	32.83
72.0	—	0.11	1.21	2.18	3.42	—	1.19	13.07	23.54	36.94

表 5-12　落叶松不同湿度下吸湿细胞壁孔径变化

吸湿时间/h	T_2/ms					孔径/nm				
	33.1%	59.1%	75.4%	85.1%	97.6%	$D_{33.1\%}$	$D_{59.1\%}$	$D_{75.4\%}$	$D_{85.1\%}$	$D_{97.6\%}$
0	0.05	0.04	0.05	0.20	0.18	0.54	0.43	0.54	2.16	1.94
2.0	0.02	0.23	0.05	0.12	0.13	0.22	2.48	0.54	1.30	1.40
4.0	0.07	0.14	0.11	0.11	0.16	0.76	1.51	1.19	1.19	1.73
7.5	0.06	0.12	0.11	0.20	0.24	0.65	1.30	1.19	2.16	2.59
11.0	0.09	0.14	0.13	0.11	0.34	0.97	1.51	1.40	1.19	3.67
23.0	0.05	0.11	0.09	0.11	0.23	0.54	1.19	0.97	1.19	2.48
35.0	0.05	0.30	0.06	0.16	0.40	0.54	3.24	0.65	1.73	4.32
54.0	0.09	0.13	0.10	0.30	0.56	0.97	1.40	1.08	3.24	6.05
72.0	0.11	0.20	0.10	0.40	0.6	1.19	2.16	1.08	4.32	6.48
84.0	—	—	0.09	0.42	0.59	—	—	1.97	4.54	6.37
93.0	—	—	0.13	0.32	0.75	—	—	1.40	3.46	8.10
107.0	—	—	0.11	0.40	0.73	—	—	1.19	4.32	7.88
131.0	—	—	—	—	0.69	—	—	—	—	7.45

表 5-13　樟子松不同湿度下吸湿细胞壁孔径变化

吸湿时间/h	T_2/ms					孔径/nm				
	33.1%	59.1%	75.4%	85.1%	97.6%	$D_{33.1\%}$	$D_{59.1\%}$	$D_{75.4\%}$	$D_{85.1\%}$	$D_{97.6\%}$
0	0.20	0.18	0.30	0.24	0.30	2.16	1.94	3.24	2.59	3.24
2.0	0.30	0.20	0.11	0.13	0.80	3.24	2.16	1.19	1.40	8.64
5.5	0.16	0.20	0.13	0.14	0.70	1.73	2.16	1.40	1.51	7.56
8.5	0.30	0.23	0.10	0.30	0.90	3.24	2.48	1.08	3.24	9.72
13.0	0.20	0.10	0.20	0.40	0.90	2.16	1.08	2.16	4.32	9.72
24.0	0.20	0.09	0.12	0.50	1.07	2.16	0.97	1.30	5.40	11.56
34.5	0.30	0.31	0.17	0.69	1.15	3.24	3.35	1.84	7.45	12.42
56.0	0.26	0.34	0.54	1.00	1.25	2.81	3.67	5.83	10.80	13.50
72.0	—	0.41	0.57	1.12	1.44	—	4.43	6.16	12.10	15.55

在吸湿末期细胞壁孔径增大。当相对湿度增加为 85.1%时，落叶松细胞壁孔径在吸湿过程后期出现小幅度增大，而樟子松细胞壁孔径变化开始表现出较为显著的时间依赖性，这一区别源于樟子松具有更大的平均细胞壁孔径。此外，同针叶材相比，阔叶材更易于吸湿，且达到吸湿平衡时的细胞壁孔径比较大。

5.3.5　小结

本节根据 T_2 分布，分析并计算了吸湿过程细胞壁孔径变化，主要结论如下。

（1）水分 T_2 分布峰的平均弛豫时间小于 10ms，表明吸湿过程引起水分累积以细胞壁水为主。此外，在低相对湿度下，较低的核磁信号信噪比使得木材达到吸湿平衡时水分 T_2 分布峰跨度较宽；而在高湿度下，较高的信噪比使得水分 T_2 分布峰规律性较强。

（2）达到吸湿平衡时，阔叶材细胞壁孔径较针叶材细胞壁孔径大得多。

5.4　干燥/吸湿过程细胞壁孔径变化对比

图 5-18 为所测的 5 个木材试件在整个干燥和吸湿过程中细胞壁孔径变化对比。本节旨在对比干燥过程与吸湿过程同一木材试件的细胞壁孔径变化。因此，为获得吸湿过程细胞壁所能达到的最大孔径，将其依次从最低湿度向最高湿度进行吸湿并达到吸湿平衡。可以看出，木材的干燥过程中细胞壁孔径变化率远远大于吸湿过程中细胞壁孔径变化率，且干燥初期的孔径尺寸与吸湿平衡态相比大得多。这正是由于木材干缩湿胀的不完全可逆性导致的。木材从高含水率干燥到绝干，细胞壁孔径尺寸大大缩小，且部分孔径闭合。在这种情况下，吸湿过程中部分闭合的孔径不能够完全打开。如图 5-18 所示，吸湿平衡态的孔径尺寸要小于干燥初始时的孔径。经计算，除落叶松外，其他四种木材干燥初始时的细胞壁孔径约为吸湿平衡时的 2.4 倍。落叶松在干燥初始时的平均孔径约为吸湿平衡时的 5.5 倍，这与落叶松较小且较为均一的细胞壁孔径相关。

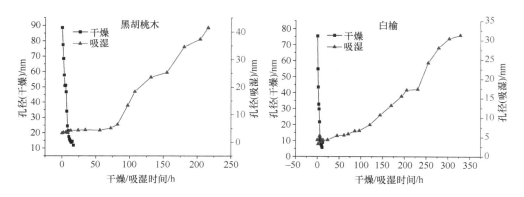

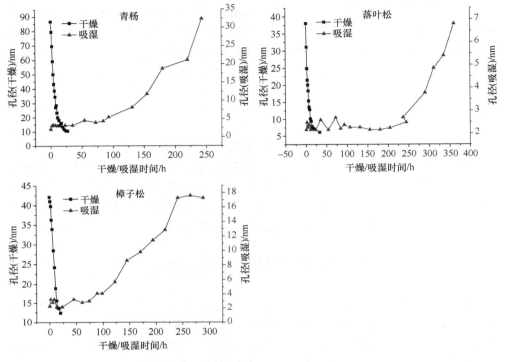

图 5-18　木材干燥/吸湿过程细胞壁孔径变化对比

5.5　本　章　小　结

　　木材作为一种非均质多孔材料，其物理力学性能受水分变化影响很大。全面了解木材孔隙分布，对水分传输、木材干燥、木材改性和木材保护等具有重要意义。本章结论归纳如下。

　　（1）木材的孔隙度范围为 55%～70%，细胞壁孔隙占总孔隙体积的 4%～12%，细胞腔孔隙占总孔隙体积的 46%～65%。试验结果表明，不同木材细胞壁平均孔径较为接近，约为 23～54nm，而细胞腔孔径差异较大，范围为 5.5～156.7μm。

　　（2）由孔径分布可知，落叶松主要存在两种不同的孔隙，而青杨、白榆、黑胡桃木和樟子松存在三种不同的孔隙；此外，针叶材的平均细胞壁孔径要小于阔叶材的平均细胞壁孔径。

　　（3）对于 5 种树种而言，干燥过程中相对湿度的增加阻碍了细胞壁孔径的减小；相比较而言，阔叶材在达到吸湿平衡时的细胞壁孔径较针叶材大得多；对于同一树种试件，干燥过程的细胞壁孔径变化范围远远大于吸湿过程的细胞壁孔径变化范围，且木材干燥开始时的平均细胞壁孔径约为绝干后达到吸湿平衡时的平均细胞壁孔径的 2.4 倍。

参 考 文 献

[1] 中户莞二. 木材空隙构造[J]. 材料, 1973, 22(241): 903-907.

[2] 赵广杰. 木材中的纳米尺度、纳米木材及木材-无机纳米复合材料[J]. 北京林业大学学报, 2002, 24(Z1): 208-211.

[3] Plötze M, Niemz P. Porosity and pore size distribution of different wood types as determined by mercury intrusion porosimetry[J]. European Journal of Wood and Wood Products, 2011, 69(4): 649-657.

[4] 田英姿, 陈克复. 用压汞法和氮吸附法测定孔径分布及比表面积[J]. 中国造纸, 2004, 23(4): 23-25.

[5] 王哲, 王喜明. 木材多尺度孔隙结构及表征方法研究进展[J]. 林业科学, 2014, 50(10): 123-133.

[6] 李海波, 朱巨义, 郭和坤. 核磁共振T2谱换算孔隙半径分布方法研究[J]. 波谱学杂志, 2008, 25(2): 273-280.

[7] Halperin W P, Jehng J Y, Song Y Q. Application of spin-spin relaxation to measurement of surface area and pore size distributions in a hydrating cement paste[J]. Magnetic Resonance Imaging, 1994, 12(2): 169-173.

[8] 王晓君, 刘新利, 李秀男, 等. 低场核磁法测定凝胶过滤介质的孔径分布[J]. 化工学报, 2013, 64(11): 4090-4095.

[9] 滕英跃, 廉士俊, 宋银敏, 等. 基于^{1}H-NMR的胜利褐煤原位低温干燥过程中弛豫时间及孔结构变化[J]. 煤炭学报, 2014, 39(12): 2525-2530.

[10] 赵彦超, 陈淑慧, 郭振华. 核磁共振方法在致密砂岩储层孔隙结构中的应用——以鄂尔多斯大牛地气田上古生界石盒子组 3 段为例[J]. 地质科技情报, 2006, 25(1): 109-112.

[11] Provencher S W. A constrained regularization method for inverting data represented by linear algebraic or integral equations[J]. Computer Physics Communications, 1982, 27(3): 213-227.

[12] Provencher S W. CONTIN: A general purpose constrained regularization program for inverting noisy linear algebraic and integral equations[J]. Computer Physics Communications, 1982, 27(3): 229-242.

[13] 肖立志. 核磁共振成像测井与岩石核磁共振及其应用[M]. 北京: 科学出版社. 1988.

[14] Toumelin E, Torres-Verdín C, Sun B, et al. Random-walk technique for simulating NMR measurements and 2D NMR maps of porous media with relaxing and permeable boundaries[J]. Journal of Magnetic Resonance, 2007, 188(1): 83-96.

[15] Li X, Li Y, Chen C, et al. Pore size analysis from low field NMR spin-spin relaxation measurements of porous microspheres[J]. Journal of Porous Materials, 2015, 22(1): 11-20.

[16] 邓克俊. 核磁共振测井理论及应用[M]. 东营: 中国石油大学出版社. 2010.

[17] 赵蕾. 核磁共振在储层物性测定中的研究及应用[D]. 青岛: 中国石油大学硕士学位论文. 2010.

[18] 何雨丹, 毛志强, 肖立志, 等. 核磁共振T2分布评价岩石孔径分布的改进方法[J]. 地球物理学报, 2005, 48(2): 373-378.

[19] 赵利荣. 多孔阳极氧化铝薄膜的光学常数和润湿特性的研究[D]. 西安: 西北师范大学硕士学位论文. 2010.

[20] Butterfield B. The structure of wood: form and function[M]. Dordrecht: Springer Netherlands. 2006: 1-22.

[21] Stamm A J. Movement of fluids in wood ? Part I: Flow of fluids in wood[J]. Wood Science and Technology, 1967, 1(2): 122-141.

[22] Stamm A J. Void structure and permeability of paper relative to that of wood[J]. Wood Science and Technology, 1979, 13(1): 41-47.

[23] Ouertani S, Koubaa A, Azzouz S, et al. Vacuum contact drying kinetics of Jack pine wood and its influence on mechanical properties: industrial applications[J]. Heat and Mass Transfer, 2015, 51(7): 1029-1039.

[24] Möttönen V. Variation in drying behavior and final moisture content of wood during conventional low temperature drying and vacuum drying of *Betula pendula* timber[J]. Drying Technology, 2006, 24(11): 1405-1413.

[25] Passarini L, Hernández R E. Effect of the desorption rate on the dimensional changes of *Eucalyptus saligna* wood[J]. Wood Science and Technology, 2016, 50(5): 941-951.

[26] Miyoshi Y, Furutani M, Ishihara M, et al. Technological development for the control of humidity conditioning performance of slit materials made from Japanese cedar[J]. Journal of Wood Science, 2015, 61(6): 641-646.

[27] Lamason C, Macmillan B, Balcom B, et al. Examination of water phase transitions in black spruce by magnetic resonance and magnetic resonance imaging[J]. Wood and Fiber Science, 2014, 46(4): 1-14.

[28] 张明辉, 李新宇, 周云洁, 等. 利用时域核磁共振研究木材干燥过程水分状态变化[J]. 林业科学, 2014, 50(12): 109-113.

第6章　木材载荷与核磁共振二阶矩的关系

　　流变学（rheology）源于希腊语，是指材料变形与时间相关性的一门学科。木材流变学即研究木材或木质复合材料变形与时间的相关性，从而对木质材料进行有效利用的一门学科。流变学的研究始于欧洲，早在20世纪40年代最先提出"纸张流变学"学说，随后许多学者提出"木材松弛"理论，并对此进行大量研究[1, 2]。之后研究人员先后发现了含水率对木材蠕变的影响及机械吸附蠕变现象等[3]，这使得木材流变学有了飞跃性发展。进入90年代后，木材流变学在实验方法的改进、试验数据的收集、流变模型的建立，以及物理现象的解释和应用等各个方面都取得了巨大进展[4, 5]。国内对木材流变学的研究始于80年代末[6]。对木材流变学进行研究的根本目的是掌握木质材料在长期使用过程中的客观变化规律，从而能够更好、更充分地使用木质材料[7, 8]。

　　木材是由纤维素和壳聚糖类物质，以及其他化学物质混合而成的生物高分子材料。这是一种具备弹性、黏弹性和黏性材料特征的高分子物质。木材承受载荷的过程中，其变形会随着时间的推移显著增大，甚至在应力远小于其极限破坏力之前，木质材料就会因为变形过大而使整个构件失去稳定状态，产生危险。木质材料随着承载时间的延长，发生极大变形而失效，这就是木质材料的蠕变现象。在科研实践及生产生活中，充分利用木质材料的蠕变特性，优质、高效地将木质材料应用于工程设计和结构构造中具有重要意义[9]。蠕变反映了材料在载荷下的流变性质。固体材料在压力作用下，变形随时间延长而增加的现象称为蠕变[10]。蠕变能反映木质材料的尺寸与形状的稳定性，是通过木质材料内部分子的运动和变化，以及木质材料的微观结构变化来反映木质材料的形变。蠕变现象同时受到温度和载荷的影响。在低温、低载荷的条件下，蠕变很小且速度慢，在短时间内不易察觉。在高温、高载荷的条件下，形变迅速，也不易观察蠕变现象。只有在适当载荷下，蠕变现象明显。掌握木材在恒定载荷作用下的变形特性，对指导工程中合理选材用材及木材耐久性研究有着非常重要的实际意义[11]。

　　二阶矩在统计学上的定义是指随机变量偏离原点方差的平方的期望值。在物理力学方面，二阶矩被认为是一种用来表示结构强度的函数。距今为止，国内的参考文献中对二阶矩的研究大部分集中于数理统计方面。姚泽良等[12]分别利用一次二阶矩方法和二次二阶矩方法分析了结构的可靠度。谭忠盛等[13]在计算隧道衬砌各截面的载荷效应时，首次将二次二阶矩法与随机有限元素法结合，用于隧道结构可靠度分析。研究表明，二次二阶矩的渐进精度高，且简单实用，是隧道结构可靠度分析中较为理想的高精度计算方法。于勇等[14]将统一二阶矩模型用于研究颗粒动力学理论，模拟颗粒之间的碰撞。

由于分子的随机运动会影响二阶矩的变化，因此研究者将二阶矩与核磁共振弛豫信息联系在一起研究聚合物的分子动力学体系[15]。通过弛豫率与二阶矩的变化研究分子动力学模型的波谱密度，波谱密度则由分子运动频率的相关时间来决定。通过核磁共振谱线拟合二阶矩来模拟分子内部的各向异性运动已经成为一种研究磁偶极子相互作用的新方法[16]。根据范弗莱克（Van Vleck）公式，相同共振频率原子核的核磁共振谱线二阶矩值取决于磁偶极子之间的相互作用。晶体的二阶矩值则由晶体中存在共振及非共振的原子核两部分共同组成[17]。Latanowicz等[18]基于质子的自旋-晶格弛豫时间及质子核磁共振谱线的二阶矩，研究多晶样品的分子动力学。研究表明，分子内部的各向同性翻转使二阶矩的值明显减小。Goc[19]通过 Van Vleck 公式计算复杂固体分子内运动的二阶矩，进而通过核磁共振二阶矩的测量分析样品结构和样品动力学的相关信息。在固体的核磁共振实验中，二阶矩是最独特的一个参数，若样品的晶体结构已知，便可通过公式精确地计算出任何材料的二阶矩值。Andrew 等[20]的研究表明，核磁共振谱线的二阶矩值可作为研究固体分子动力学，并获取分子运动活化能的一种方法。Araujo 等[21]将木材核磁共振谱线的二阶矩、结合水的自旋-自旋弛豫时间及含水率建立函数关系，通过核磁共振信息所反映的固体木材与水的微观动态性能来分析吸湿过程中木材与水之间的相互作用关系。研究表明，木材细胞壁物质在纤维饱和点下的吸湿过程中，内部分子的各向异性运动增强，木材结构变为相对松弛的状态，二阶矩值减小。Hartley 等[22]为了研究水分含量对木材细胞壁材料的影响，进行了木材解吸、吸湿、再解吸的实验过程，通过二阶矩的变化来分析木材细胞壁材料的刚性强度。

基于已有的有关核磁共振与二阶矩的知识，本章将以木质材料及水分子中的氢原子作为追踪工具，通过时域核磁共振波谱仪，利用自由感应衰减曲线拟合计算二阶矩值，阐述木质材料在不同载荷大小、不同作用切面、不同加载时间的条件下所表现出的微观弛豫特性，并为利用核磁共振技术研究载荷下木质材料的无损检测奠定理论基础。

6.1 载荷大小、作用切面及心边材对核磁共振二阶矩的影响

木材作为一种非均质且各向异性的天然高分子材料，其强度会因所施加的外力方式、方向、位置的不同而改变。

6.1.1　测定方法

（1）选取青杨和樟子松两种木材为试验材种，树龄约为 10 年，胸径为 30cm，均采伐于内蒙古自治区呼和浩特市周边地区。在木材心、边材位置分别截取试验试件，截取时需保证试件的横切面、径切面、弦切面分明，试件规格均为 18mm（L）×18mm（T）×18mm（R）。横切面、径切面、弦切面示意图如 6-1 所示：横切面（cross section）即为图中 C 面，是与树干长轴相垂直的切面，亦称端面或横截面；径切面（radial section）即为图中 R 面，是顺着树干长轴方向、通过髓心与木射线平行或与生长轮相垂直的纵切面；弦切面（tangential section）即为图中 T 面，是顺着树干长轴方向、与木射线垂直或与生长轮相平行的纵切面。

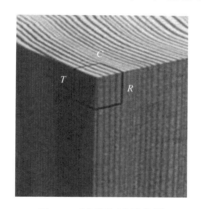

图 6-1　试件取材示意图

（2）将所用的青杨和樟子松试件全部置于环境温度（约 25℃）下，待试件达到该温湿度下的平衡含水率状态（此时青杨平衡含水率约为 9%，樟子松平衡含水率约为 15%），分别施加不同大小载荷于青杨心、边材及樟子松心、边材的横切面、径切面、弦切面，并在载荷作用过程中使用时域核磁共振波谱仪采集 FID 信号。测试仪器为德国 Bruker 公司的 minispec LF90 时域核磁共振波谱仪。探头直径为 30mm，磁体的磁场频率为 21.28MHz，探头死时间为 10.2μs。90°脉冲宽度 12.94μs，180°脉冲宽度 25.84μs。磁体箱温度 37℃。FID 参数设置：增益值 64dB，扫描次数 8 次，循环延迟时间 2s，采样窗口宽度 4ms。

（3）操作过程中依次改变载荷大小：0kg、40kg、60kg、80kg、100kg、120kg、140kg、160kg、180kg。FID 信号采集完毕后，选取 60μs 之前信号，利用 Origin 软件拟合 FID 曲线，通过 Abragam 公式计算求得相应状态下木材二阶矩值。具体计算过程如下。

FID 与阶矩 M_n 之间的函数关系如下：

$$F_M(t) = 1 - M_2 \frac{t^2}{2!} + M_4 \frac{t^4}{4!} - \ldots \tag{6-1}$$

式中，M 表示阶矩；F 代表 FID 信号强度。

将 Abragam 公式与 sinc 函数（$\sin bt / bt$）和 Gaussian 函数结合，可得

$$F_M(t) = \exp(-\frac{1}{2}a^2 t^2) \frac{\sin bt}{bt} \tag{6-2}$$

其扩展式为

$$F_M(t) = 1 - (a^2 + \frac{1}{3}b^2)\frac{t^2}{2!} + (3a^4 + 2a^2 b^2 + \frac{1}{5}b^4)\frac{t^4}{4!} - \ldots \tag{6-3}$$

综合比较公式（6-1）和公式（6-3）可得

$$M_2 = a^2 + \frac{1}{3}b^2 \tag{6-4}$$

$$M_4 = 3a^4 + 2a^2 b^2 + \frac{1}{5}b^4 \tag{6-5}$$

式中，a 为高斯函数的标准偏差；b 为波谱的特征宽度。

sinc 函数扩展式[式（6-2）]能够精确地拟合实验所测得的 FID 数据，由此计算的二阶矩主要由两个重要参数 a 和 b 决定。

6.1.2 载荷大小对核磁共振二阶矩的影响

通过改变载荷大小，观察樟子松和青杨试材二阶矩变化。表 6-1 为载荷与木材二阶矩的拟合方程。从表 6-1 中可以看出，载荷与木材二阶矩之间呈指数相关，相关系数（R^2）范围为 0.94~0.99。

表 6-1　不同载荷下木材核磁共振二阶矩拟合方程

木材	切面	回归方程	R^2
樟子松边材	径切面	$y=28386.78+1092.31\exp（0.0085x）$	0.97
	横切面	$y=27352.09+1516.80\exp（0.0073x）$	0.94
	弦切面	$y=28309.93+1041.96\exp（0.0109x）$	0.98
樟子松心材	径切面	$y=29258.07+386.71\exp（0.0114x）$	0.96
	横切面	$y=28133.25+802.09\exp（0.0089x）$	0.99
	弦切面	$y=29638.33+83.59\exp（0.0213x）$	0.94
青杨边材	径切面	$y=26676.02+838.42\exp（0.0109x）$	0.96
	横切面	$y=24298.46+2037.38\exp（0.0056x）$	0.95
	弦切面	$y=29701.12+337.96\exp（0.0142x）$	0.96
青杨心材	径切面	$y=26124.14+852.50\exp（0.0092x）$	0.99
	横切面	$y=35476.25-11509.89\exp（-0.0043x）$	0.99
	弦切面	$y=24805.35+3962.28\exp（0.0036x）$	0.94

　　环境湿度下的气干材樟子松和青杨木材试件，在不同载荷大小的作用下二阶矩的变化过程如图 6-2 所示。图 6-2（a）、（b）分别表示樟子松边材和心材的径切面、横切面及弦切面在载荷作用下二阶矩的变化过程。而图 6-2（c）、（d）分别表示青杨边材和心材的径切面、横切面及弦切面在载荷作用下二阶矩的变化情况。由图 6-2 可知，樟子松和青杨二阶矩值均随着载荷大小的增加而逐渐增大。已有研究表明[22]，木材的二阶矩值增加，内部结构变得紧实。由此可知，当载荷作用于木材时，木材二阶矩值的增加表明木材内部结构呈密实状态。在载荷作用较小时，木材主要是纤维素分子链内部键长、键角等发生变化，或纤维素分子链发生卷曲和伸展等形变，分子链之间的氢键发生断裂、滑移和重新组合[23]。随着载荷大小的增加，木材细胞发生形变，当载荷大小增加到一定程度时，木材细胞壁被压溃，相邻细胞之间产生重叠，木材结构呈相对密实状态。

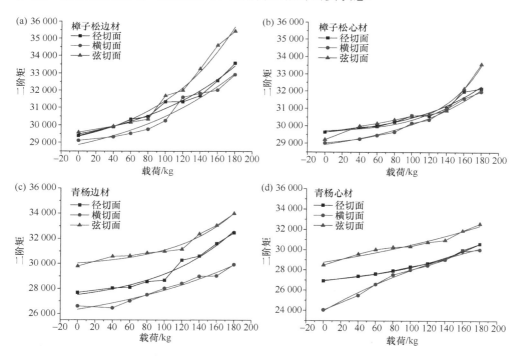

图 6-2　载荷作用下木材核磁共振二阶矩的变化（彩图请扫封底二维码）

6.1.3　载荷作用木材切面对核磁共振二阶矩的影响

　　如图 6-2 所示，当载荷分别作用于青杨和樟子松的不同切面时，弦切面二阶矩值最大，其次为径切面，横切面的二阶矩值最小。这表明相同载荷作用下，木材弦切面细胞壁的刚性强度最低，木材内部结构最密实。这是因为当载荷作用于弦切面初期，木材细胞内腔大壁薄的细胞首先被压缩变形；随着载荷大小的增加，厚壁细胞开始发生形变，木材密度差异变小，木材结构趋于均匀；随着载荷大小的继续增加，坍塌的细胞壁不断被挤压而致密化[24]，木材试件强度增加[25]，宏观表现为二阶矩值逐渐增大。当载荷作用于径切面时，由于早晚材的差异，木材抵抗外力作用增强，宏观表现为径切面受力时二阶矩值小于弦切面；当载荷作用于木材的横切面时，木材力学强度最大，需克服纤维素大分子内作用力，所以木材试件横切面受力时二阶矩值最小。

6.1.4 载荷作用位置（心边材）对核磁共振二阶矩的影响

图 6-3 中，相同载荷作用下，木材试件边材的二阶矩值均大于试件心材的二阶矩值。这是因为边材组织内部的薄壁细胞在载荷作用下发生微小形变，并随着载荷大小的增加，细胞逐渐被压溃，细胞壁开始向细胞腔内塌陷弯曲，并产生形变；随着载荷大小的持续增加，细胞壁相互接触，细胞腔被完全填充，细胞壁实质物质被压缩，木材结构变得致密，其刚性强度显著增加，二阶矩曲线呈逐渐上

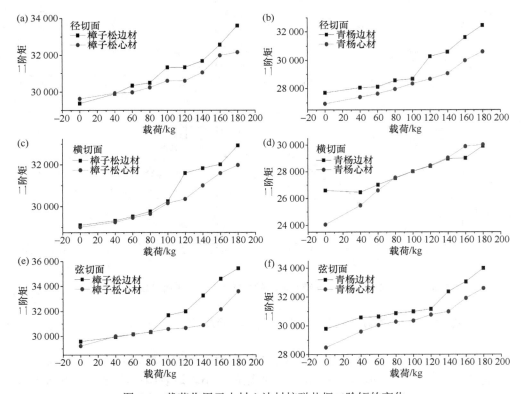

图 6-3　载荷作用于木材心边材核磁共振二阶矩的变化

升趋势。在心材组织内部细胞腔内含有大量的单宁、色素、树胶、树脂及碳酸钙等沉积物。心材材质密度大、硬度高，在相同载荷的作用下，其组织内部细胞压缩变形程度低于边材，紧密程度低，所以其载荷作用下的二阶矩值低于边材载荷作用下的二阶矩值。

6.1.5　小结

（1）环境湿度下，樟子松和青杨气干材二阶矩值均随着载荷大小的增加而逐渐增大，木材内部结构呈密实状态。

（2）当载荷分别作用于木材弦切面、径切面和横切面时，弦切面的二阶矩值最大，其次为径切面，横切面的二阶矩值最小。

（3）相同载荷作用下，木材边材的二阶矩值均大于心材的二阶矩值。

6.2　载荷作用时间对核磁共振二阶矩的影响

木材作为一种优良的工程材料，在使用过程中需要考虑变形与加载时间的相关性。木质材料在外力作用下所产生的变形是随时间变化的，且在一般情况下其形变是随时间的推移而逐渐增加的。在实际生产生活中，可以观察到工程木结构梁或者其他木构件在长期载荷作用下发生严重变形，在远小于其极限载荷的作用下被破坏，造成重大损失。当木质材料作为工程材料时，形变特征成为其重要因素[26]，形变会影响木构件的正常使用，同时减少木质材料的耐久性。因此，研究载荷作用下木质材料的形变是很重要的[27]。

6.2.1　测定方法

（1）选取青杨和樟子松两种木材为试验材种，树龄约为 10 年，胸径为 30cm，均采伐于内蒙古自治区呼和浩特市周边地区。在青杨和樟子松心、边材位置分别截取试验试件，截取时需保证试件的横切面、径切面、弦切面分明，试件规格均为 18mm（L）×18mm（T）×18mm（R）。用电子天平称量青杨和樟子松试件质量，并用游标卡尺测量和记录试件三个方向的尺寸（三次测量取平均值）。

（2）依次将气干状态青杨心材、青杨边材、樟子松心材、樟子松边材分别置于试验压机中，在施加载荷过程中必须确保不同种类木材试件的载荷作用面为横切面、径切面、弦切面。实验过程中，需将不同种类、不同受力面的试件分开单独施加载荷。在室温（25℃）状态下进行实验操作，载荷大小分别为 60kg、90kg、120kg，载荷作用时间为 0h、12h、24h、36h、48h、60h、72h、84h、96h、108h、120h。

（3）首先测试木材试件初始状态时的 FID 信号，然后每间隔 12h 从试验压机中取出木材试件,测量试件的质量和尺寸,并使用核磁共振波谱仪快速采集 FID 信号,测试完毕后将木材试件重新置于试验压机中加载。重复上述操作,直至载荷作用时间达到 120h。FID 信号测定仪器为德国 Bruker 公司的 minispec LF90 时域核磁共振波谱仪。FID 参数设置如下:扫描次数 8 次,循环延迟时间 2s,采样窗口宽度 4ms。

(4)FID 信号采集完毕后,选取 60μs 之前信号分析数据,通过 Abragam 公式拟合求得试材二阶矩值。

6.2.2 载荷时间对青杨核磁共振二阶矩的影响

如图 6-4 所示,载荷作用下青杨边材、心材随着加载时间的延长,木材二阶矩值逐渐增加,木材试件内部结构变得更加紧密。当载荷作用时间继续增加时,青杨二阶矩变化缓慢,直至达到平衡状态,二阶矩不再发生变化。图 6-5 中,随着载荷作用时间的增加,青杨试件的密度先呈上升趋势,后逐渐趋于平缓状态。

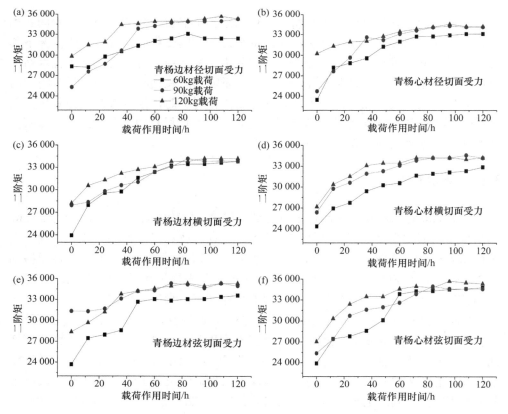

图 6-4　不同载荷作用下青杨核磁共振二阶矩随时间的变化

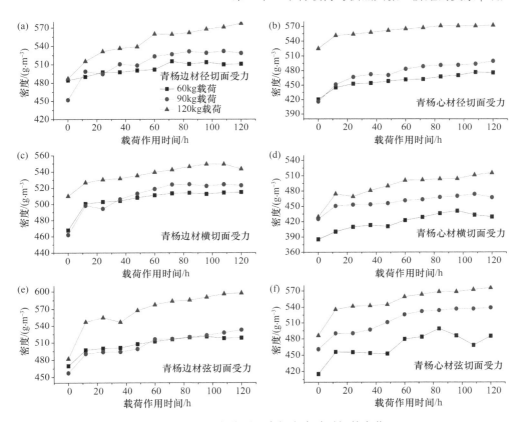

图 6-5 不同载荷作用下青杨密度随时间的变化

这表明载荷作用下木材内部结构逐渐变得紧密，直至达到密实状态。在载荷作用下，木材细胞被压缩产生变形，木材密度增加，随着载荷作用时间的延长，变形逐渐加剧，木材细胞及细胞壁被压溃，内部结构更为紧密，木材发生永久变形，不再恢复，所以木材试件密度不再发生变化，青杨的二阶矩值也不再发生变化。

6.2.3 载荷时间对樟子松核磁共振二阶矩的影响

如图 6-6 显示，在载荷作用下，随着载荷作用时间的延长，樟子松心、边材二阶矩先呈上升趋势，后逐渐趋于平缓状态。这与青杨心、边材二阶矩的变化趋势相同。同样，在不同荷载作用时，樟子松二阶矩值不同，随着载荷大小的增加，樟子松二阶矩值也随之增大。图 6-7 中，随着载荷作用时间的延长，樟子松密度逐渐增加，直至最后趋于稳定状态。并且随着载荷大小的增加，樟子松密度逐渐增加。在 120kg 载荷作用下，樟子松密度最大。这是因为载荷作用下，木材内部细胞被压溃，木材内部结构变得紧密，使得木材密度增加。

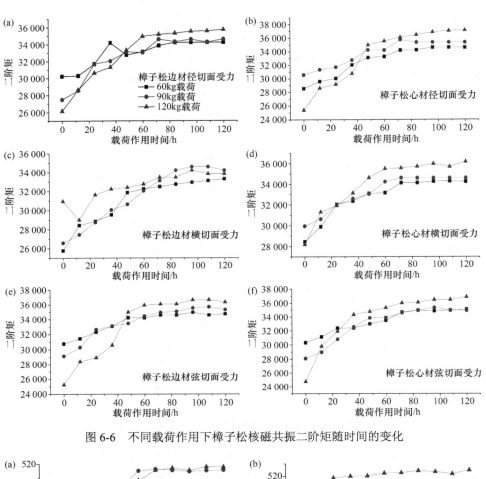

图 6-6 不同载荷作用下樟子松核磁共振二阶矩随时间的变化

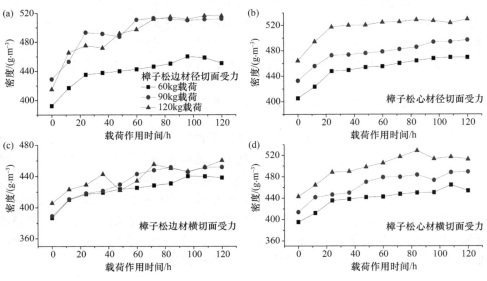

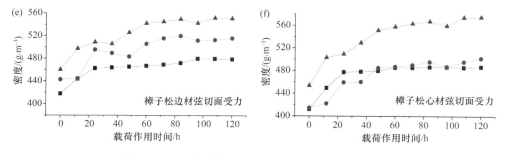

图 6-7　不同载荷作用下樟子松密度随时间的变化

6.2.4　小结

（1）载荷作用下青杨和樟子松二阶矩变化曲线和密度变化曲线的变化趋势相同。随着载荷作用时间的延长，青杨和樟子松密度逐渐增加，直至最后趋于稳定状态。

（2）在不同载荷大小作用下，青杨和樟子松边、心材的三个切片均随着载荷作用时间的延长，二阶矩值逐渐增加直至达到平衡状态。

6.3　吸湿过程中木材载荷与核磁共振二阶矩的关系及孔隙变化

木材力学强度与其含水率有着密切关系。当木材含水率在纤维饱和点之下时，极性水分子与木材细胞壁、纤维素非结晶区内部和半纤维素中的羟基结合形成氢键，使得分子链之间的距离增加，木材体积增大，木材的塑性增强，其强度降低。本节主要讨论吸湿过程中木材载荷与核磁共振二阶矩的关系及孔隙变化。

6.3.1　测定方法

（1）选取青杨和樟子松两种木材为试验材种，树龄约为 10 年，胸径为 30cm，均采伐于内蒙古自治区呼和浩特市周边地区。在青杨和樟子松心、边材位置分别截取试验试件，截取时需保证试件的横切面、径切面、弦切面分明，试件规格均为 18mm（L）×18mm（T）×18mm（R）。

（2）配制硫酸钾（K_2SO_4）饱和盐溶液并置于干燥皿内，根据 OIML-R121（饱和盐溶液标准相对湿度值），温度保持 25℃，硫酸钾饱和盐溶液相对湿度为 97.3%，将配制好的饱和盐溶液放置于鼓风干燥箱内，设置鼓风干燥箱温度为 25℃，使得干燥皿内温湿度达到试验条件。

（3）将青杨和樟子松两种木材试件放置于鼓风干燥箱中，于（103±1）℃下干燥 24h 使其达到绝干状态。取出后用电子天平称重，并记录质量。将试件放于盛有硫酸钾饱和盐溶液的干燥皿中吸湿，每隔一段时间取出，称重，在载荷作用下利用德国 Bruker 公司的 minispec LF90 时域核磁共振波谱仪采集 FID 信号和 T_2 信号。FID 信号测定参数：采样次数为 8 次，循环延迟 2s，采样窗口宽度 4ms。T_2 信号测定采用 CPMG 序列，具体参数如下：90°脉冲宽度 12.94μs，180°脉冲宽度 25.84μs，扫描次数为 8 次，循环延迟 2s，半回波时间值为 0.1ms。测试结束后继续放回干燥皿中吸湿，重复操作，直至试件在 48h 内重量变化小于其绝干重的 0.1%，即认为达到吸湿平衡状态。经试验测定，试件在 97.3%相对湿度环境中达到的平衡含水率处于纤维饱和点之下。

（4）FID 信号采集完毕后，选取 60μs 之前的信号量，通过 Abragam 公式拟合求得二阶矩。对 T_2 原始数据进行 CONTIN 拟合，分析载荷作用下吸湿过程中木材孔隙的变化。

（5）选用纳米阳极氧化铝多孔膜标准样品计算木材孔隙的表面弛豫率。将 AAO（30）浸入蒸馏水中，待表面气泡消失，取出后去除表面水分，立于试管底部。用时域核磁共振波谱仪 CPMG 脉冲序列测定 T_2，具体参数如下：扫描次数 8 次，循环延迟时间 2s，半回波时间 0.1ms，回波数为 6000。

6.3.2 吸湿过程中载荷大小对核磁共振二阶矩的影响

载荷作用于青杨吸湿过程中二阶矩的变化如图 6-8 所示，随着吸湿时间的增加，青杨的二阶矩值逐渐减小，最终达到平衡状态。这是因为木材细胞壁纤维素非结晶区、半纤维素及木质素的极性基团都极易与水分子结合，在吸湿过程中，水分子的大量进入会破坏木材细胞壁分子之间原有的氢键连接，转变为水分子和细胞壁分子之间的氢键连接作用，使得木材细胞壁分子的自由体积增大[28]，分子链的延展性增强，分子间键能减弱，从而产生木材纤维素分子链之间的滑移现象以及细胞壁结构之间的松弛现象[29]。这是导致二阶矩值随含水率增加而逐渐减小的主要原因。

在吸湿过程中，青杨的二阶矩值基本是随着载荷大小的增加而变大。载荷作用过程中，木材内部细胞组织产生形变，随着载荷大小的增加，木材压缩变形加剧，其组织内部细胞腔基本消失，大量细胞处于压溃状态，使得木材内部结构密实，导致吸湿过程中水分子进入后与木材细胞壁及细胞腔上的羟基结合点减少，使木材的吸湿含量减少，木材结构相对密实。因此，在相同吸湿环境中，载荷作用下木材的二阶矩值高于无载荷作用木材的二阶矩值。

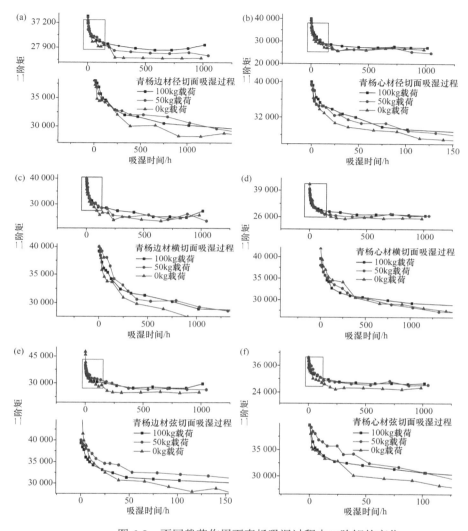

图 6-8　不同载荷作用下青杨吸湿过程中二阶矩的变化

载荷作用于樟子松吸湿过程中的二阶矩的变化如图 6-9 所示。樟子松载荷作用下吸湿过程二阶矩的变化趋势与青杨相同，并且二者在吸湿过程中二阶矩变化趋势无明显差异。随着樟子松含水率的增加，二阶矩值逐渐减小直至达到动态平衡。当樟子松心、边材试件达到吸湿平衡时，100kg 载荷作用下木材的二阶矩值普遍大于无载荷作用时木材的二阶矩值。载荷作用于樟子松时，其内部的管胞被压缩变形，并随着载荷大小的增加细胞呈压溃状态，出现压缩密实区域[30]，使得细胞腔及细胞壁上的水分子结合点大量减少，吸湿过程中水分子进入后无法与木材内部羟基结合，木材结构相对密实。所以载荷作用下的木材试件二阶矩值大于无载荷状态下木材试件的二阶矩值，例如，图 6-9（e）中樟子松边材弦切面受载荷作用时二阶矩变化最为明显。

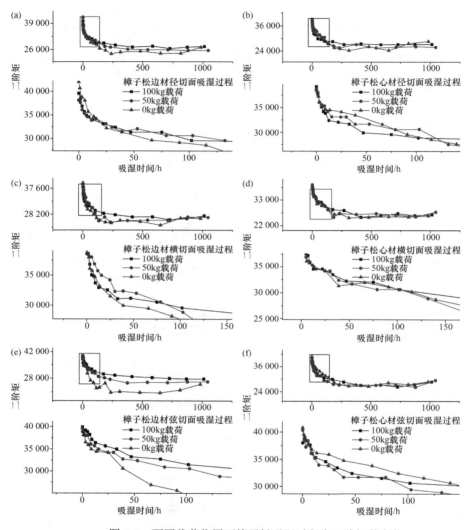

图 6-9   不同载荷作用下樟子松吸湿过程中二阶矩的变化

6.3.3   吸湿过程中载荷作用于不同切面对核磁共振二阶矩的影响

载荷作用于青杨的弦切面、径切面和横切面时，如图 6-10 所示，木材试件的二阶矩值均随着吸湿时间的增加而减小。图 6-10（a）、（b）中，在无载荷作用过程中，青杨心、边材的横切面、径切面、弦切面在吸湿过程中二阶矩值基本相同。

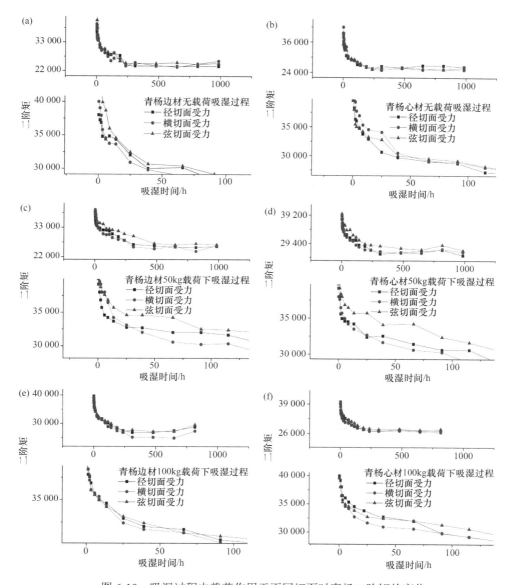

图 6-10 吸湿过程中载荷作用于不同切面时青杨二阶矩的变化

然而当载荷作用于木材不同的切面时，吸湿过程中二阶矩差异较明显，整体表现为弦切面受力时木材的二阶矩值最大，其内部结构最为紧密；横切面受力时木材的二阶矩值最小，其整体压缩量最小；载荷作用下径切面受力时，其二阶矩值处于弦切面和横切面之间，这是因为径切面内部起骨架作用的物质为木射线，其细胞壁径切面的微纤丝与木射线相交，受到载荷作用后扭转变形，导致木材结构内

部细胞壁扭曲，但对载荷的抵抗力大于弦切面，因此相同载荷作用下径切面二阶
矩值小于弦切面、大于横切面。

载荷作用于不同受力面时，如图 6-11 所示，樟子松与青杨相同，当载荷作用
于木材弦切面时，其二阶矩值最大，但差距没有青杨那么明显。樟子松属于早晚
材急变材，早材细胞具有直径大、细胞壁薄等特点，而晚材细胞尺寸相对偏小，
细胞壁较厚。当载荷作用于樟子松弦切面时，厚壁细胞对载荷有一定的抵抗作用。

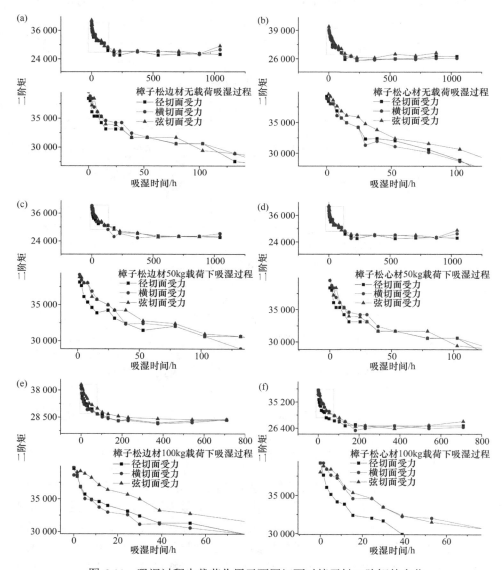

图 6-11　吸湿过程中载荷作用于不同切面时樟子松二阶矩的变化

当载荷作用于樟子松横切面时，细胞壁结构在压缩过程中弯曲变形，形成多层褶皱，相同吸湿环境中，其吸湿量最多，二阶矩值最小。

6.3.4　吸湿过程中载荷作用对木材细胞壁孔径大小的影响

根据前一章介绍的利用核磁共振技术计算木材细胞壁孔径的方法，便可计算出载荷作用时木材吸湿过程中细胞壁孔径的变化，如表 6-2～表 6-4 所示。

如表 6-2 所示，无载荷作用下，青杨和樟子松边、心材的细胞壁孔径均随着吸湿时间的延长而逐渐增大，当试材达到吸湿平衡时，其细胞壁孔径大小基本不再变化。这是因为木材吸湿过程中，水分子进入木材内部，与游离羟基基团结合，使得木材微纤丝孔隙增大，宏观表现为木材细胞壁孔径增大[31]。

表 6-2　无载荷吸湿过程中木材细胞壁孔径变化

吸湿时间 /h	T_2/ms				孔径/nm			
	杨木边材	杨木心材	松木边材	松木心材	$D_{杨边}$	$D_{杨心}$	$D_{松边}$	$D_{松心}$
0	0.20	0.11	0.10	0.10	6.7	3.7	3.3	3.3
3	0.20	0.12	0.12	0.12	6.7	4.0	4.0	4.0
9	0.35	0.10	0.10	0.36	11.7	3.3	3.3	12.0
33	1.40	1.27	0.9	0.62	46.7	42.3	30.0	20.7
75	1.64	1.55	1.12	1.02	54.6	51.7	37.3	34.0
174	1.88	1.41	1.35	1.33	62.6	47.0	45.0	44.3
414	2.30	1.91	1.36	1.24	76.6	63.6	45.3	41.3
726	2.22	2.34	1.28	1.43	74.0	78.0	42.7	47.7
1014	2.46	2.59	1.50	1.27	82.0	86.3	50.0	42.3

表 6-3 中，在 50kg 载荷作用下，木材试件的细胞壁孔径随着吸湿时间的增加而逐渐增大。与表 6-2 对比可发现，在载荷作用下木材的细胞壁孔径明显小于无载荷作用下木材细胞壁孔径。再与表 6-4 对比，可观察到，100kg 载荷作用下，吸湿过程中木材的细胞壁孔径明显减小，即相同吸湿环境中，随着载荷大小的增加，青杨和樟子松试件的细胞壁孔径明显减小。这是因为在载荷作用下，木材细胞腔被压缩，微纤丝之间产生滑移现象。随着载荷大小的增加，细胞壁逐渐密实化，宏观表现为木材细胞壁孔径减小。

综合对比表 6-2～表 6-4 的数据，可以看出，最终达到吸湿平衡时，青杨试件的心、边材孔径大于樟子松试件的心、边材孔径。对于同一树种，心、边材之间的孔径差异不明显。随着载荷大小的增加，试件达到吸湿平衡时所用的时间明显缩短。这表明在载荷作用下，木材水分吸着点减少，吸湿时间缩短，能够较快地达到吸湿平衡状态。

表 6-3   50kg 载荷吸湿过程中木材孔径变化

吸湿时间/h	T_2/ms				孔径/nm			
	杨木边材	杨木心材	松木边材	松木心材	$D_{杨边}$	$D_{杨心}$	$D_{松边}$	$D_{松心}$
0	0.23	0.10	0.22	0.11	7.7	3.3	7.3	3.7
3	0.40	0.20	0.22	0.12	13.3	6.7	7.3	4.0
11.5	0.70	0.50	0.37	0.30	23.3	16.7	12.3	10.0
39	1.18	1.10	0.57	0.81	39.3	36.7	19.0	27.0
103	1.86	1.91	1.20	1.17	62.0	63.6	40.0	39.0
230	1.75	1.88	0.94	0.77	58.3	62.6	31.3	25.7
542	2.40	2.40	1.07	1.03	80.0	80.0	35.7	34.3
878	2.16	2.24	0.87	1.06	72.0	74.6	29.0	35.3
1046	2.19	2.52	0.94	1.27	73.0	84.0	31.3	42.3

表 6-4   100kg 载荷吸湿过程中木材孔径变化

吸湿时间/h	T_2/ms				孔径/nm			
	杨木边材	杨木心材	松木边材	松木心材	$D_{杨边}$	$D_{杨心}$	$D_{松边}$	$D_{松心}$
0	0.10	0.20	0.11	0.10	3.3	6.7	3.7	3.3
3	0.11	0.35	0.22	0.22	3.7	11.7	7.3	7.3
13.5	0.54	0.70	0.54	0.48	18.0	23.3	18.0	16.0
39	1.17	1.20	0.60	0.71	39.0	40.0	20.0	24.0
91	1.42	1.06	0.70	0.77	47.3	35.3	23.3	25.7
188	1.81	1.68	0.87	1.17	60.3	56.0	29.0	39.0
312	2.06	1.83	0.94	1.12	68.6	61.0	31.3	37.3
648	1.88	2.44	1.10	1.15	62.6	81.3	36.7	38.3
984	2.13	2.30	1.10	1.12	71.0	76.6	36.7	37.3

　　图 6-12 更加直观地展示了在载荷作用下木材孔径的变化趋势。吸湿初期，由于水分子与细胞壁上的羟基结合，导致木材微纤丝之间的间隙增加，木材细胞壁孔径增大。随着吸湿的进行，木材吸湿达到动态平衡阶段，此时细胞壁孔径大小也随之趋于平缓状态。在吸湿过程中，随着载荷大小的增加，青杨和樟子松的孔径均呈减小趋势，其中，在 100kg 载荷作用下，木材的孔径明显小于无载荷作用下木材的孔径。青杨和樟子松的边材在载荷作用下孔径的变化差异较大，而其心材试件变化差异较小。原因在于，一方面，心材试件的吸湿性能较差；另一方面，心材试件结构相对密实，其细胞腔内含有大量的沉积物，材质硬、密度大，所以其变化差异明显小于边材试件。

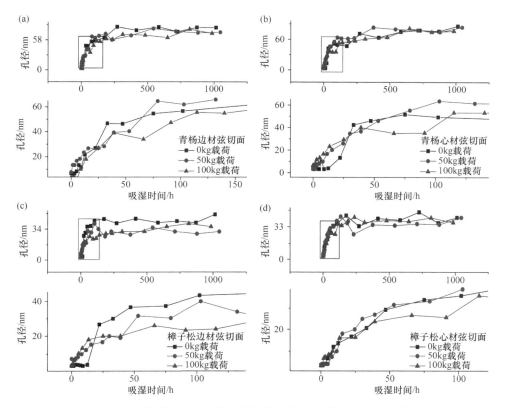

图 6-12　载荷作用下木材吸湿过程中细胞壁孔径大小的变化

6.3.5　小结

本节主要讨论了吸湿过程中，木材二阶矩及其孔径大小的变化，进而建立了木质材料弛豫特性与载荷的相互关系。主要结论归纳如下。

（1）木材吸湿过程中，随着吸湿时间的增加，木材试件的二阶矩值逐渐减小，最终达到平稳状态。这是因为木材细胞壁物质在吸湿过程中，内部分子的各向异性运动增强，木材结构变为相对松弛状态。

（2）在相同吸湿环境中，载荷作用下木材的二阶矩值高于无载荷作用下木材的二阶矩值。

（3）吸湿过程中，木材弦切面受力时产生的二阶矩值最大，其次为径切面，横切面受力时产生的二阶矩值最小。

（4）青杨和樟子松边、心材细胞壁孔径均随着吸湿时间的延长而逐渐增大。当试材达到吸湿平衡，其细胞壁孔径大小基本不再变化。

（5）随着载荷大小的增加，木材细胞壁孔径逐渐减小。

6.4 本 章 小 结

本章利用核磁共振弛豫技术探究不同载荷大小、不同载荷作用切面、不同载荷作用时间下，青杨和樟子松二阶矩与其内部结构变化之间的关系，并分析了载荷作用下木材吸湿过程中二阶矩和木材孔径的变化。主要结论如下。

（1）气干樟子松和青杨试材二阶矩均随着载荷大小的增加逐渐增大。载荷作用于木材弦切面时产生的二阶距值最大，其次为径切面，横切面受力时木材二阶矩值最小。

（2）在恒定载荷作用下，边材的二阶矩值大于心材的二阶矩值，且心、边材二阶矩值均随着载荷作用时间的延长逐渐增加直至达到平衡状态。这表明，载荷作用下木材内部结构逐渐变得紧密，直至最后达到密实状态，二阶矩值趋于平衡状态。

（3）当含水率低于纤维饱和点时，青杨和樟子松二阶矩值随着吸湿时间的延长逐渐减小，最终达到平衡状态，且载荷作用试材的二阶矩值大于无载荷试材的二阶矩值。

（4）随着载荷大小的增加，木材的细胞壁孔径逐渐变小，并且木材达到吸湿平衡时所用的时间明显缩短。载荷作用于青杨和樟子松试材的细胞壁孔径变化直观地反映了施加载荷使得木材内部的细胞腔及细胞壁被压缩。这与载荷作用于吸湿过程中木材的二阶矩变化趋势相符合。

参 考 文 献

[1] Kommers W. Plastic flow (creep) properties of two yellow birch plywood plates under constant shear stress[J]. Archives of General Psychiatry, 1960, 66(8): 888-896.
[2] Abragam A, Carr H. The principles of nuclear magnetism[J]. Physics Today, 1961, 14(11): 56-58.
[3] Armstrong L, Kingston R. Effect of moisture changes on creep in wood[J]. Nature, 1960, 185(4716): 862-863.
[4] Olsson A, Salmen L. Viscoelasticity of *in situ* Lignin as Affected by Structure: Softwood vs. Hardwood[M]. Washington: American Chemical Society. 1992.
[5] 战剑锋, 顾继友, 蔡英春, 等. 木材流变学特性对板材常规干燥开裂、变形的影响[J]. 林业机械与木工设备, 2007, 35(10): 33-36.
[6] 王培元, 郭文莉, 郭继红. 刨花在压缩力下变形状态的研究——(Ⅱ)杨木刨花压缩力学行为对刨花板质量影响的分析研究[J]. 林业科学, 1992, 28(5): 415-422.
[7] 王逢瑚. 木质材料流变学[M]. 哈尔滨: 东北林业大学出版社. 2005.
[8] 赵广杰. 木材的化学流变学——基础构筑及研究现状[J]. 北京林业大学学报, 2001, 23(5): 66-70.
[9] 江泽慧, 姜笑梅. 木材结构与其品质特性的相关性[M]. 北京: 科学出版社. 2008.
[10] 穆霞英. 蠕变力学[M]. 西安: 西安交通大学出版社. 1990.

[11] 刁海林. 木材蠕变特性研究的方法与技术[J]. 林业实用技术, 2012, (10): 59-61.

[12] 姚泽良, 李宝平, 周雪峰. 结构可靠度分析的一次二阶矩方法与二次二阶矩方法[J]. 西北水力发电, 2005, 21(3): 20-23.

[13] 谭忠盛, 王梦恕. 隧道衬砌结构可靠度分析的二次二阶矩法[J]. 岩石力学与工程学报, 2004, 23(13): 2243-2247.

[14] 于勇, 蔡飞鹏, 周力行, 等. 考虑颗粒间碰撞的稠密气/固流动二阶矩两相湍流模型[J]. 化工学报, 2005, 56(4): 626-632.

[15] Medycki W, Latanowicz L, Szklarz P, et al. Proton dynamics at low and high temperatures in a novel ferroelectric diammonium hypodiphosphate $(NH_4)_2H_2P_2O_6$(ADhP) as studied by ^{1}H spin-lattice relaxation time and second moment of NMR line[J]. Journal of Magnetic Resonance, 2013, 231(231C): 54-60.

[16] Bashirov F, Gaisin N. Using the intramolecular contribution to the second moment of NMR line shape to detect site symmetry breakdown in molecular crystals[J]. International Journal of Spectroscopy, 2015, 2015(1-2): 1-6.

[17] Mackay A L, Tepfer M, Taylor I E P, et al. Proton nuclear magnetic resonance moment and relaxation study of cellulose morphology[J]. Macromolecules, 1985, 18(6): 1124-1129.

[18] Latanowicz L, Medycki W, Jakubas R. Complex molecular dynamics of $(CH_3NH_3)_5Bi_2Br_{11}$ (MAPBB) protons from NMR relaxation and second moment of NMR spectrum[J]. Journal of Magnetic Resonance, 2011, 211(2): 207-216.

[19] Goc R. Calculation of the NMR second moment for materials with different types of internal rotation[J]. Solid State Nuclear Magnetic Resonance, 1998, 13(1): 55-61.

[20] Andrew E R, Lipofsky J. The second moment of the motionally narrowed NMR spectrum of a solid[J]. Journal of Magnetic Resonance, 1972, 8(3): 217-221.

[21] Araujo C, Avramidis S, Mackay A. Behaviour of solid wood and bound water as a function of moisture content. a proton magnetic resonance study[J]. Holzforschung, 1994, 48(1): 69-74.

[22] Hartley I D, Avramidis S, Mackay A L. H-NMR studies of water interactions in sitka spruce and western hemlock: moisture content determination and second moments[J]. Wood Science and Technology, 1996, 30(2): 141-148.

[23] Engelund E, Svensson S. Modelling time-dependent mechanical behaviour of softwood using deformation kinetics[J]. Holzforschung, 2011, 65(2): 231-237.

[24] 窦金龙, 汪旭光, 刘云川, 等. 干、湿木材的动态力学性能及破坏机制研究[J]. 固体力学学报, 2008, 29(4): 348-353.

[25] 雷亚芳, 冉鲁威, 李增超, 等. 色木径向、弦向、非标准向压缩木的主要力学性能[J]. 西北林学院学报, 2000, 15(2): 29-32.

[26] 卢宝贤, 李静辉, 丁卫, 等. 几个主要树种的蠕变特性[J]. 力学与实践, 1996, 18(1): 36-38.

[27] 徐咏兰, 华毓坤. 不同结构杨木单板层积材的蠕变和抗弯性能[J]. 木材工业, 2002, 16(6): 10-12.

[28] Navi P, Pittet V, Plummer C J G. Transient moisture effects on wood creep[J]. Wood Science and Technology, 2002, 36(6): 447-462.

[29] 彭辉, 蒋佳荔, 詹天翼, 等. 木材普通蠕变和机械吸湿蠕变研究概述[J]. 林业科学, 2016, 52(4): 116-126.

[30] 边明明. 连续压缩载荷下木材力学性能及微观结构变化定量表征[D]. 北京: 中国林业科学研究院硕士学位论文. 2011.

[31] 黄彦快, 王喜明. 木材吸湿机理及其应用[J]. 世界林业研究, 2014, 27(3): 35-40.

第7章 表面炭化木材吸湿吸水性的核磁共振弛豫行为

由于近些年来实施天然林限伐，人工林木已成为木材加工利用的主要来源[1, 2]。然而人工林木材具有尺寸稳定性差、不耐腐朽等缺陷，大大限制了人工林木材的广泛应用。

炭化木有物理"防腐木"之称，也称为热处理木，主要是通过高温处理，使木材内部组分发生物理化学变化，减小木材的吸湿性和内应力，提高其耐腐性[3]。根据炭化程度和应用范围的不同，木材炭化主要分为木材表面炭化和木材深度炭化两类。木材表面炭化是指使用氧焊枪、电热压板等加热设备将木材表面烧烤，使木材表面拥有一层薄的炭化层，表面炭化层的理想厚度在 3mm 左右[4]。经表面炭化处理后的木材表面呈现突出的木纹理，产生美观立体的视觉效果，同时能够赋予木材良好的耐潮湿及不易变形、不易吸水的物理性能，提高木材表面的耐风化和降解能力。木材表面炭化作为延长木材耐久性和使用寿命的技术，被广泛应用于工艺品、装修材料和户外家具的制作，所得木材又称为工艺炭化木或炭烧木[5]。木材深度炭化是指在 200℃左右高温的长时间处理下，使木材具有良好的耐腐防虫蛀性能和物理性能。经过深度炭化的木材可广泛用于室外家具、户外地板、厨房、桑拿房的装修[6, 7]。

木材炭化是木材内部物质的一系列分解与聚合的反应过程，一般被认为有 4 个连续阶段：①温度小于 150℃时，木材炭化进行的是结合水（吸着水）的脱离；②温度在 150～240℃时，木材内部的纤维素结构氢键断裂；③温度在 240～400℃时，木材内部的 C—O 键和 C—C 键断裂；④温度大于 400℃时，木材内部发生芳构化，形成网状结构[8]。也有学者研究了木材中心部位炭化的过程：温度小于 200℃时，木材进行热软化、脱气和干燥；温度在 200℃时，木材变成绝干状态，并开始热解；温度在 200～260℃时，半纤维素分解；温度在 260～310℃时，纤维素热解[9]；温度在 310～450℃时，木素热解。半纤维素在 260℃左右、纤维素在 310℃左右内部结构开始消失，向芳香族结构变化，310～450℃再分解，逐渐转化为多环芳香结构；木素中的甲基在 310℃开始分解脱离，聚酚结构在 400～410℃消失[10]。

虽然炭化木材的一些亲水基团等被分解，但其仍具有一定吸湿吸水性。Kymäläinen 等[11]用云杉和松木边材在热压板上进行单侧表面炭化，研究湿度特性的变化，结果表明云杉边材的含水率明显减少但松木边材变化不明显。Metsa-

Kortelainen 等[12]对欧洲赤松的心、边材进行了热处理，研究发现，热处理后的木材心、边材的吸水性发生了改变，均为随温度的升高而降低，但变化程度有所不同，心材的吸水性低于边材。Päivi 等[13]利用核磁共振技术研究了热处理松木的吸水性能，结果表明结合水含量随着热处理温度的升高而降低，但只有当热处理温度大于 200℃时，自由水的含量才会明显减少。Javed 等[14]利用核磁共振技术研究了 180℃、200℃、230℃和 240℃热处理樟子松的吸水性能，结果发现细胞腔自由水的吸水率只有在 240℃时才明显减少。

对于表面炭化木材，由于表面化学成分和组织结构的变化，其水分迁移和传输必定与普通木材有很大不同。因此，本章将通过时域核磁共振技术研究表面炭化木材的水分传输行为，旨在揭示炭化处理后木材化学成分的变化对木材吸湿吸水性的影响，得到木材表面炭化处理的最佳炭化温度与炭化时间。

7.1　表面炭化北京杨吸湿吸水性

北京杨是典型阔叶材，因资源丰富、价格低廉，被广泛地应用于木材加工。本节通过利用时域核磁共振分析北京杨心、边材表面炭化后的吸湿率、吸水率，以确定北京杨心、边材表面最佳的炭化温度及炭化时间，为阔叶材表面炭化提供技术支持。利用核磁共振技术研究表面炭化木材吸湿、吸水过程中的水分迁移规律，可为提高阔叶材表面炭化尺寸稳定性提供理论依据。

7.1.1　测定方法

（1）选取北京杨为试材，采伐于内蒙古自治区呼和浩特市周边地区。在距离地表面 1m 的树干木质部处（沿纤维方向）锯长方块试件 20 个，心、边材各 10 个，试件规格均为 1cm（R）×1cm（T）×2cm（L）。

（2）将试件放入 105℃鼓风干燥箱中干燥 24h，使试件绝干后取出，称重，记录试件的质量。放入德国 Bruker 公司生产的 minispec mq20 时域核磁共振波谱仪中，测量试件的 FID 信号。再用硅橡胶封闭绝干试件的两端头，防止试材在吸湿过程中从端头（横切面）处快速吸湿，室温环境中放置 24h，待胶黏剂完全固化后，将试件再放入鼓风干燥箱中干燥 6h，以保证试件为绝干状态。

（3）选取心、边材试件各 9 个，放在电热板上进行表面炭化处理，炭化温度分别设定为 250℃、300℃和 350℃，炭化时间分别设定为 90s、50s、15s。每个炭化温度和炭化时间下，心、边材试件各一个，对 18 个试件进行表面炭化处理后待用。

（4）将配制的氯化钾饱和盐溶液倒入干燥皿中。将干燥皿放入鼓风干燥箱温度为 40℃的常温环境中，根据饱和盐溶液标准相对湿度值（OIML-R121），40℃

温度下，氯化钾饱和盐溶液调制环境的相对湿度为 82.3%。稳定 24h 后开始进行吸湿试验。

（5）将试件放入干燥皿中吸湿，间隔 0.5h 后取出，称重并测定 FID 信号和横向弛豫时间，直到试件的连续两次重量变化不超过试件质量的 0.1%，说明试件此时已达到吸湿平衡状态，终止吸湿试验。根据质量变化计算吸湿过程中试件吸湿率。应用 Contin 算法对横向弛豫时间数据进行反演，得到 T_2 分布谱图。吸湿试验的 FID 测试参数设置：增益值 69dB，扫描次数 8 次，采样窗口宽度 14ms，扫描间隔时间 2s。T_2 测试采用 CPMG 脉冲序列，参数设置：增益值 78dB，扫描次数 8 次，采样点数 500 个，半回波时间 0.1ms。

（6）将吸湿平衡的试件绝干、称重后放入盛有蒸馏水的烧杯中，在室温环境下进行吸水试验。首先，吸水 0.5h 后取出试件，擦干表面液态水并称重，再测定 FID 信号和横向弛豫时间。直到试件的连续两次重量变化不超过试件重量的 0.1% 时，说明已达到吸水饱和状态，试验结束。依据质量变化，计算吸水过程中试件含水率变化，应用 Contin 算法对 T_2 数据进行反演得到 T_2 分布谱图。吸水试验的 FID 测定参数设置：增益值 69dB，扫描次数 8 次，采样窗口宽度 14ms，扫描间隔时间 2s。T_2 测定采用 CPMG 脉冲序列，参数设置：增益值 56dB，扫描次数 8 次，采样点数 5550 个，半回波时间 0.1ms。

7.1.2 表面炭化北京杨含水率与 FID 信号强度关系

利用时域核磁共振技术可以对木材中的水分含量进行测定。将称重法测得的处理试件的吸湿（吸水）含水率与 FID 信号进行拟合，可以确定木材吸湿/吸水含水率与 FID 信号强度之间的关系。

表面炭化北京杨心、边材吸湿/吸水后含水率与 FID 信号强度的关系见图 7-1，其含水率与 FID 信号强度之间的相关系数均可达到 0.96 以上，因此核磁共振测得的 FID 信号强度与表面炭化木材吸湿/吸水含水率呈高度线性相关。

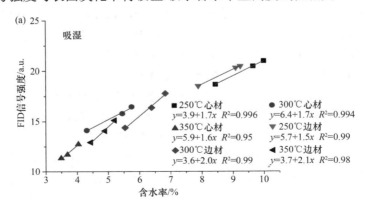

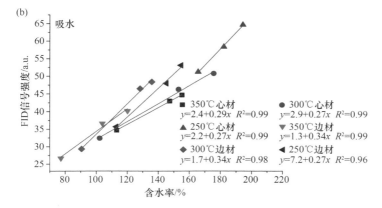

图 7-1 表面炭化北京杨吸湿/吸水过程中含水率与 FID 信号强度的关系

7.1.3 表面炭化温度对北京杨吸湿性的影响

从图 7-2 可知,当吸湿时间为 77.5h 时,未处理材已经达到吸湿平衡,平衡含水率为 11.8%。而经过炭化处理的试件仍然处于继续吸湿状态,直到 221h 时才达

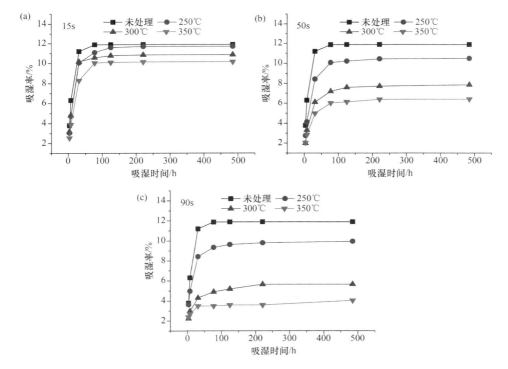

图 7-2 不同炭化温度处理的北京杨心材吸湿率

15s、50s、90s 是表面炭化时间,下同

到吸湿平衡状态。在吸湿平衡条件下，未处理材的吸湿率高于其他三个表面炭化处理试件的吸湿率，且随着炭化温度的升高，北京杨心材处理材的平衡吸湿率逐渐减低。因为 15s 的炭化时间相对较短，250℃的炭化温度使北京杨心材吸湿率降低幅度较小。随着炭化时间的增加，炭化温度对北京杨心材吸湿率影响加大。当炭化时间为 90s 时，250℃的炭化温度引起北京杨心材吸湿率的大幅度降低，当炭化温度升高到 350℃时，北京杨心材的平衡吸湿率仅为 3.5%。

由前面的章节可知，木材中不同水分状态的横向弛豫时间都不相同。通常木材细胞壁水横向弛豫时间在 0.1~10ms，其对木材的性质变化有着很大的影响。小孔隙中的自由水横向弛豫时间为 10~40ms，大孔隙中自由水的横向弛豫时间通常大于100ms。表面炭化北京杨心材吸湿饱和后的水分横向弛豫时间分布如图 7-3 所示，横向弛豫时间范围为 0.1~10ms，炭化前后北京杨心材经吸湿平衡后均只有细胞壁水。达到吸湿平衡时，未处理材的信号强度高于其他三个经过炭化处理试件的信号强度，且所有试材的信号强度和横向弛豫时间都随炭化温度的升高而减小。这些结果表明在相同炭化时间下，随着炭化温度的升高，吸湿平衡木材内部细胞壁水的含量逐渐变小，细胞壁中的吸湿位点逐渐变少。

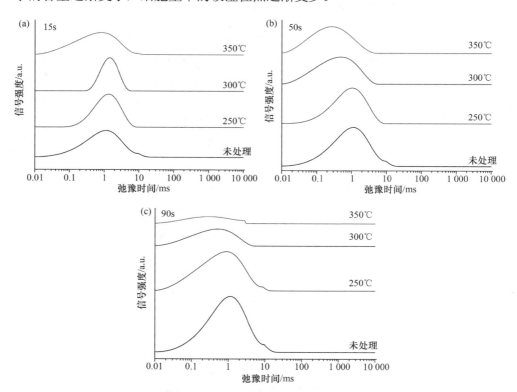

图 7-3　吸湿平衡时不同炭化温度处理的北京杨心材水分 T_2 分布

　　表面炭化温度对北京杨边材吸湿率的影响见图 7-4。未处理材在吸湿 221h 时达到了吸湿平衡，吸湿率为 12.1%，与心材不同，在此时刻，除表面炭化温度在250℃下北京杨边材没达到吸湿平衡状态，其他炭化温度下的边材均达到了吸湿平衡。表面炭化温度对北京杨边材平衡吸湿率的影响规律基本与其心材相同，即随着炭化温度的升高，北京杨边材的平衡吸湿率逐渐减低。对比北京杨心、边材可知，经高温和较长时间的表面炭化后，北京杨心材的平衡吸湿率低于边材，而当表面炭化温度和时间较小时，北京杨心材的平衡吸湿率大于边材。

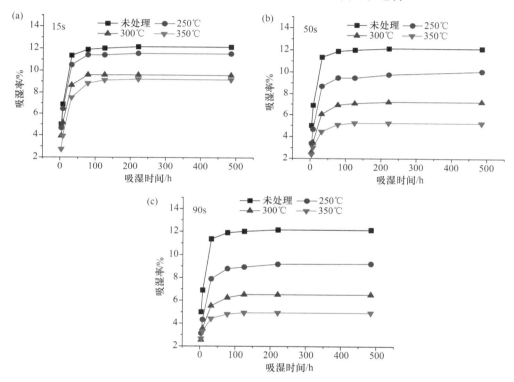

图 7-4　不同炭化温度处理的北京杨边材吸湿率

　　如图 7-5 所示，吸湿平衡时，未处理试件的水分横向弛豫时间信号强度明显高于其他三个经过炭化处理试件的信号强度，且横向弛豫时间及其信号强度随炭化温度升高而减小。这说明随着炭化温度的升高，处理边材细胞壁的吸湿位点逐渐减少，细胞壁水分含量变少，且与木材结合得越来越紧密。

7.1.4　表面炭化时间对北京杨吸湿性的影响

　　表面炭化时间为 90s、50s、15s 时，北京杨心材的吸湿率见图 7-6。同一炭化温

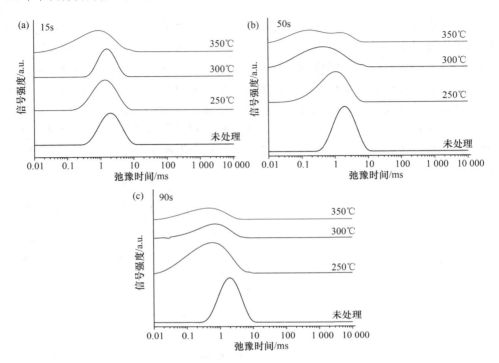

图 7-5　吸湿平衡后不同炭化温度处理的北京杨边材水分 T_2 分布

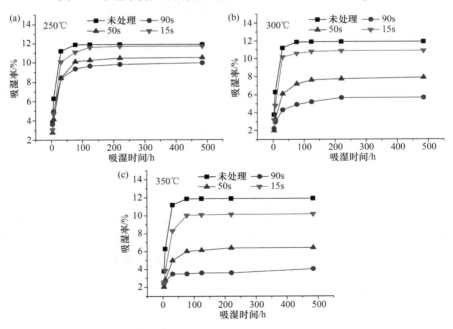

图 7-6　不同炭化时间处理的北京杨心材吸湿率

度下，炭化时间越长，北京杨心材所能达到的平衡吸湿率越低。炭化时间对北京
杨心材的影响随着炭化温度的提高而变得更加显著。

不同表面炭化时间下北京杨心材吸湿平衡后 T_2 分布如图 7-7 所示。在同一
炭化温度下，随着表面炭化时间增加，对应的信号强度和横向弛豫时间不断地
减小，这说明随着炭化时间的增加，处理北京杨心材细胞壁的吸湿位点减少，
细胞壁水的含量变小。同时炭化温度的提高使得炭化时间对水分含量的影响变
得更加显著。

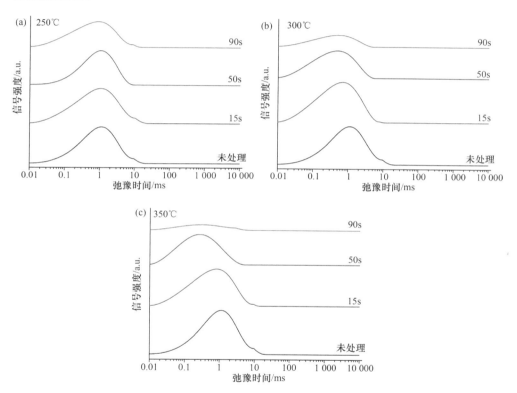

图 7-7　吸湿平衡后不同炭化时间处理北京杨心材水分 T_2 分布

图 7-8 所示为表面炭化处理时间对北京杨边材吸湿率的影响。随着炭化时间
的增加，处理北京杨边材的平衡吸湿率逐渐减低。但与心材不同的是，50s 和 90s
炭化时间处理后北京杨边材的平衡吸湿率极为接近。

图 7-9 为吸湿平衡后北京杨边材在不同炭化时间处理下内部水分的 T_2 分布。
炭化时间对北京杨边材细胞壁水的影响与心材基本相同，随着炭化时间的增加，
北京杨边材吸湿平衡后的内部细胞壁水含量变小，细胞壁的吸湿位点减少。

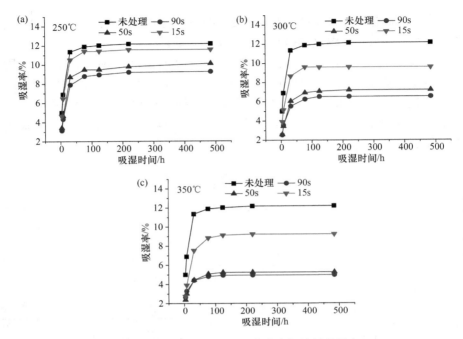

图 7-8 不同炭化时间处理的北京杨边材吸湿率

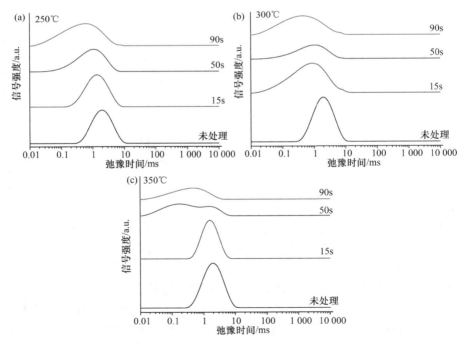

图 7-9 吸湿平衡后不同炭化时间处理北京杨边材水分 T_2 分布

7.1.5　表面炭化温度对北京杨吸水性的影响

图 7-10 显示表面炭化温度为 250℃、300℃、350℃对北京杨心材吸水率的影响。由图 7-10 可知，当吸水时间达到 821h 时，未处理及三个炭化温度处理的北京杨心材都已经达到了饱和状态，且未处理材吸水率（223%）明显高于处理材的吸水率。随着炭化温度的升高，北京杨心材吸水率逐渐降低。但在不同的炭化时间下，具体表现有所不同。具体来说，当炭化 15s 时，未处理材与经过 250℃炭化温度处理材的吸水率基本持平；随着炭化温度上升到 300℃、350℃，吸水率稍有降低。当炭化时间为 50s 时，经过 250℃和 300℃炭化处理的北京杨心材的吸水率比较接近，而经过 350℃炭化处理的北京杨心材的吸水率与未处理材相比明显下降。当炭化时间增加到 90s 时，300℃、350℃处理的北京杨心材的吸水率较未处理材均有较大程度的降低。试验结果表明，炭化温度为 350℃、炭化时间为 90s 时，北京杨心材的吸水率最小，效果最佳。

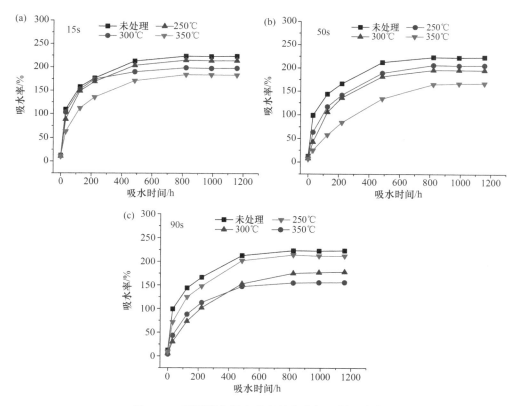

图 7-10　不同炭化温度处理的北京杨心材吸水率

图 7-11 为吸水饱和后不同炭化温度处理的北京杨心材水分 T_2 分布。随着表

面炭化温度的升高，横向弛豫时间为 1～10ms 的细胞壁水峰点的位置向左移动，这表明表面炭化温度的升高使得木材细胞壁水与木材结合得越来越紧密。此外，横向弛豫时间为 1～10ms 细胞壁水的峰面积随着炭化温度的升高呈现降低的趋势，且在 10～20ms 逐渐出现一个小峰，这个峰代表了小孔隙水，因此该结果表明较高的表面炭化温度会降低细胞壁水的含量，且细胞壁水的存在形式由氢键结合水逐渐转变为微毛细管凝结水，这主要是因为高温促使了微毛细管孔隙的形成，减少了木材上羟基的数量。横向弛豫时间为 20～100ms 和 100ms 以上的峰点随炭化温度的升高逐渐向右移动，且弛豫峰的面积也有减小的趋势，这说明表面炭化温度的提高会降低炭化层细胞腔自由水与木材之间的结合力和含量，其原因在于较高的表面炭化温度使得木材表面的部分孔隙消失，数量变少。

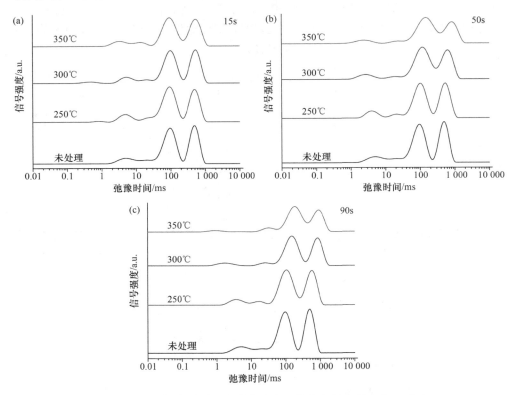

图 7-11　吸水饱和后不同炭化温度处理的北京杨心材水分 T_2 分布

表面炭化温度对北京杨边材吸水率的影响见图 7-12。随着炭化温度的升高，北京杨边材的吸水率逐渐降低。250℃炭化处理的北京杨边材的吸水率与未处理材相比有较大程度的降低，其吸水率更接近于 300℃炭化处理的北京杨边材的吸水率。炭化温度上升到 350℃时，炭化北京杨边材吸水率进一步大幅度地减少。对比发现，表面炭化和未处理材的北京杨心材吸水率大于边材。这是由于北京杨心材导管中存在较多的侵填体，水分流动不通畅，吸收水分较多。

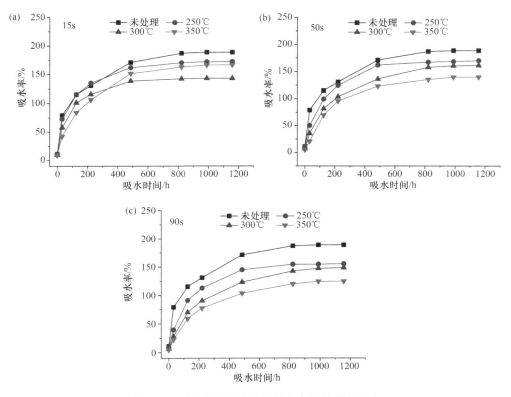

图 7-12　不同炭化温度处理的北京杨边材吸水率

图 7-13 为吸水饱和后不同表面炭化温度下北京杨边材的水分 T_2 分布。与心材相同，炭化后北京杨边材横向弛豫时间为 1～10ms 的峰点随炭化温度的升高向左移动，横向弛豫时间为 10～100ms、100ms 以上的峰点随温度的升高稍稍向右移动，细胞壁水和细胞腔水的含量随炭化温度的增加而明显减小。但是不同的是，在炭化温度较低，即 250℃时，北京杨边材就出现了微毛细管凝结水（细胞壁孔隙水）。

7.1.6　表面炭化时间对北京杨吸水性的影响

不同表面炭化时间对北京杨心材吸水率的影响见图 7-14，总体上随着炭化时间的增加，处理北京杨心材吸水率呈降低的趋势。具体来说，当炭化温度为 250℃时，15s、50s、90s 炭化试材的吸水率极为接近，与未处理材相比仅有小幅度的降

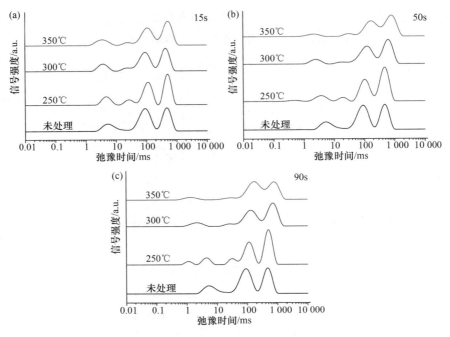

图 7-13 吸水饱和后不同炭化温度处理的北京杨边材水分 T_2 分布

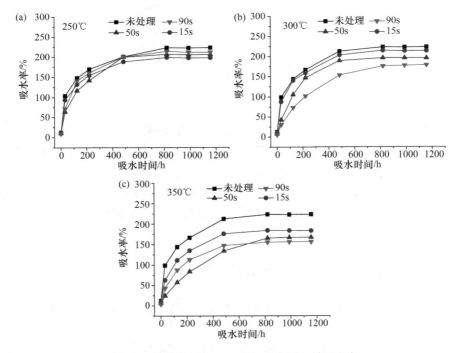

图 7-14 不同炭化时间处理的北京杨心材吸水率

低。炭化温度增加到 300℃时，随着炭化时间的延长，表面炭化北京杨心材吸水率逐渐降低。当炭化温度为 350℃时，相较未处理材，15s 炭化北京杨心材的吸水率就发生较大程度的降低，50s、90s 炭化试材的吸水率进一步下降，且这两组的吸水率相近。

图 7-15 为吸水饱和后不同表面炭化时间处理的北京杨心材水分 T_2 分布。炭化温度为 250℃时，细胞壁水和细胞腔自由水峰点随炭化时间的变化趋势不明显，且峰面积基本无变化。当炭化温度升高到 300℃和 350℃时，随着炭化时间的增加，细胞壁水 T_2 峰点左移，细胞腔自由水 T_2 峰点右移且峰面积逐渐减小，细胞壁小孔隙水的峰逐渐变得明显，此结果表明在这两个温度下，炭化时间的延长能够有效减少水分的吸入，且随着炭化时间的增加，木材炭化层的孔径增大。

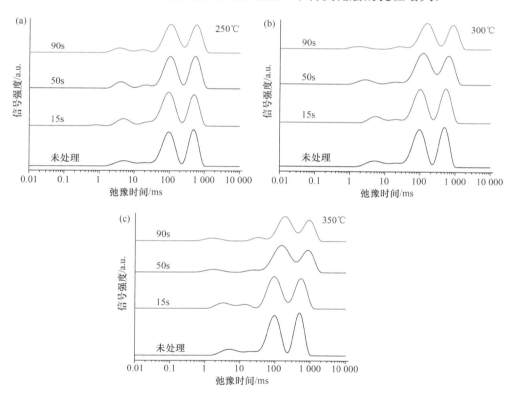

图 7-15　吸水饱和后不同炭化时间处理的北京杨心材水分 T_2 分布

由图 7-16 得知，当表面炭化温度 250℃时，15s 和 50s 炭化处理的北京杨边材吸水率比未处理材吸水率稍有下降，两组试件吸水率值极为接近，当炭化时间增加到 90s 时，试件吸水率进一步大幅度降低。随着炭化温度增加到 300℃时，15s 炭化处理试件的吸水率较未处理材有一定程度的降低，50s、90s 炭化处理试件的吸水率有较大程度的减少，且值较为接近。当炭化温度上升到 350℃时，随炭化时间的延长，北京杨边材吸水率基本是逐步降低的。与心材相比，北京杨边材在较低温度和较短炭化时间下，吸水率降低效果较显著。

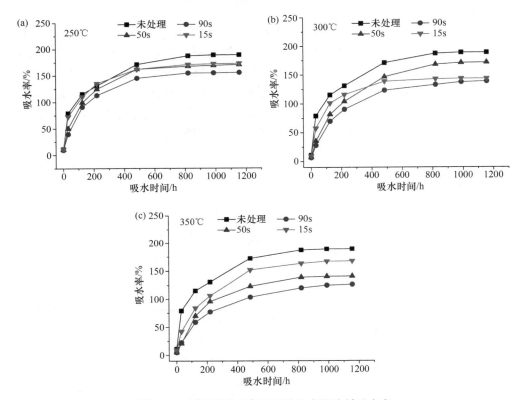

图 7-16　不同炭化时间处理的北京杨边材吸水率

图 7-17 为吸水饱和后不同表面炭化时间处理的北京杨边材水分 T_2 分布。与心材不同，在炭化温度 250℃时，随炭化时间的延长，边材 1~10ms 横向弛豫时间的峰点明显往左移动，细胞壁水含量减少，大于 10ms 的横向弛豫时间的峰点明显往右移动，细胞腔自由水含量逐渐减少的趋势明显。在 300℃和 350℃炭化温度下，随着炭化时间的延长，北京杨边材 T_2 呈现与 250℃时相同的变化趋势。

7.1.7　小结

本节主要研究了炭化温度和炭化时间对北京杨吸湿性、吸水性的影响，主要结论归纳如下。

（1）经表面炭化处理的北京杨心、边材吸湿率和吸水率均低于未处理材。

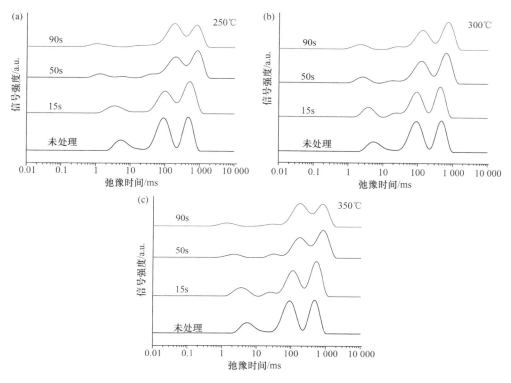

图 7-17　吸水饱和后不同炭化时间处理的北京杨边材水分 T_2 分布

（2）随着表面炭化温度的升高，北京杨心、边材的吸湿率和吸水率显著降低，表面炭化效果最佳的温度为 350℃。

（3）随表面炭化时间的延长，北京杨心、边材的吸湿率和吸水率降低，表面炭化效果最佳的时间为 90s。

（4）吸湿过程中，表面炭化北京杨心、边材只存在细胞壁水，且随炭化温度和炭化时间的增加，炭化试材信号强度和弛豫时间逐渐减小，细胞壁水吸附量逐渐减小。

（5）吸水过程中，随炭化温度和炭化时间的增加，表面炭化北京杨心、边材细胞壁水信号强度和弛豫时间逐渐减小，细胞腔自由水弛豫时间增加但信号强度减小，表明炭化处理有效降低了北京杨小孔径孔隙的吸水量。

（6）表面炭化后北京杨心、边材吸湿吸水后存在一定的差异。在 350℃炭化温度和 90s 炭化时间作用下，边材吸湿率由 12.1%减小到 4.9%，吸水率由 188%减小到 125%；其心材吸湿率由 11.8%减小到 3.5%，吸水率由 223%减小到 155%。

7.2 表面炭化樟子松吸湿吸水性

樟子松是典型的针叶材，因资源丰富，广泛应用于木材加工。本章通过对樟子松心、边材表面炭化后的吸湿率和吸水率进行时域核磁共振 T_2 分布图谱分析，以确定樟子松心、边材表面最佳的炭化温度及炭化时间，为针叶材表面炭化提供技术和理论支持。

7.2.1 测定方法

（1）樟子松采伐于内蒙古自治区呼和浩特市周边地区。在距离地表面 1m 的树干木质部处（沿纤维方向）锯长方块试件 20 个，心、边材各 10 个。试件规格均为 1cm（R）×1cm（T）×2cm（L）。

（2）首先将试件放入鼓风干燥箱中干燥，干燥温度设定为 105℃。干燥 24h 使试件绝干后取出，放入电子天平称重，记录试件的质量，再放入时域核磁共振波谱仪中，测量试件的 FID 信号。FID 测定参数设置为：增益值 69dB，扫描次数 8 次，采样窗口宽度 14ms，扫描间隔时间 2s。

（3）用硅橡胶封闭绝干的试件两端头，防止木材中从端头处吸湿。之后，将处理试件在室温下放置 24h，使胶黏剂完全固化。最后将预处理好的试件放入鼓风干燥箱中干燥 6h，排出多余的水分。

（4）分别选取心、边材试件各 9 个，放在电热板上进行表面炭化处理，处理炭化温度分别设定为 250℃、300℃和 350℃，炭化时间分别设定为 90s、50s 和 15s。

（5）配制氯化钾饱和盐溶液倒入干燥皿中，然后再放入适量的氯化钾使溶液达到过饱和状态。将干燥皿放入鼓风干燥箱温度为 40℃的常温环境中，稳定 24h 后开始进行吸湿试验。根据饱和盐溶液标准相对湿度值（OIML-R121），40℃温度下，氯化钾饱和盐溶液调制环境的相对湿度为 82.3%。

（6）将试件放入干燥皿，吸湿 0.5h 后取出，称重并测定 FID 和 T_2。FID 测定参数设置为：增益值 69dB，扫描次数 8 次，采样窗口宽度 14ms，扫描间隔时间 2s。T_2 采用 CPMG 脉冲序列测定，具体参数为：增益值 78dB，扫描次数 8 次，采样点数 500 个，半回波时间 0.1ms。直到试件的相邻两次重量变化不超过试件质量的 0.1%时，说明已达到吸湿平衡状态。计算吸湿过程中的试件吸湿率，应用 Contin 算法对 T_2 数据进行反演，得到 T_2 分布谱图。

（7）将吸湿饱和的表面炭化试件绝干、称重后放入盛有蒸馏水的烧杯中，在室温环境下进行吸水试验。每隔 0.5h 取出试件擦干表面液态水并称重，然后使用核磁共振波谱仪测定 FID 和 T_2。FID 测定参数设置为：增益值 69dB，扫描次数 8

次，采样窗口宽度 14ms，扫描间隔时间 2s。T_2 采用 CPMG 脉冲序列测定，具体参数设置为：增益值 56dB，扫描次数 8 次，采样点数 5550 个，半回波时间 0.1ms。直到试件的相邻两次重量变化不超过试件质量的 0.1%时，已达到吸水平衡状态，试验结束。根据质量变化计算吸水过程中试件的吸水率，应用 Contin 算法对 T_2 数据进行反演得到 T_2 分布谱图。

7.2.2　表面炭化温度对樟子松吸湿性的影响

不同表面炭化温度条件下，樟子松心材吸湿率如图 7-18 所示，当吸湿时间为 77.5h 时，未处理材已经达到吸湿平衡，吸湿率为 11.9%；而炭化处理的樟子松心材还处于继续吸湿状态，直到 221h 达到吸湿平衡，其平衡吸湿率明显低于未处理材。随着炭化温度的升高，樟子松心材的平衡吸湿率逐渐降低。当炭化时间为 15s 时，与未处理材相比，250℃炭化处理樟子松心材吸湿率小幅度降低，随着炭化温度继续升高至 300℃、350℃，樟子松心材吸湿率大幅度地降低。当炭化时间为 50s，随着炭化温度的升高，樟子松心材吸湿率下降变得较为明显。当炭化时间为 90s 时，樟子松心材吸湿率随着炭化温度的升高出现了显著性降低。

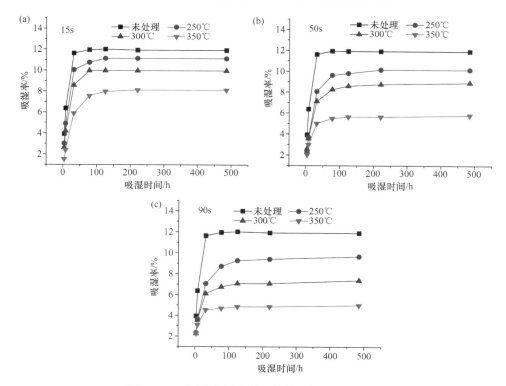

图 7-18　不同炭化温度处理的樟子松心材吸湿率

图 7-19 为吸湿平衡后不同表面炭化温度处理的樟子松心材水分 T_2 分布。所有试件的横向弛豫时间都在 10ms 以内，说明只存在细胞壁水。炭化时间 15s 时，横向弛豫时间在 10ms 以内的峰点随着炭化温度的升高而往左移动，细胞壁水结合强度逐渐增加，但由于炭化时间较短，信号强度降低的变化趋势不明显。当炭化时间延长到 50s、90s 时，随炭化温度的升高，信号强度急速下降，细胞壁水含量明显降低。

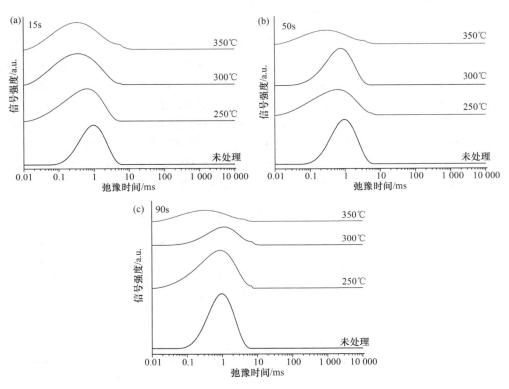

图 7-19　吸湿平衡后不同炭化温度处理的樟子松心材水分 T_2 分布

不同炭化时间处理的樟子松边材吸湿率见图 7-20。与樟子松心材相似，15s 的表面炭化处理时间相对较短，与未处理材相比，250℃的炭化温度不足以引起樟子松边材吸湿率明显降低，当炭化温度继续升高至 300℃、350℃时，樟子松边材吸湿率小幅度降低。当炭化时间为 50s 时，随着炭化温度的升高，樟子松边材吸湿率下降明显。当炭化时间为 90s 时，250℃处理樟子松边材的吸湿率较未处理材有了明显的降低，300℃和 350℃处理樟子松边材的吸湿率进一步下降到最低值。

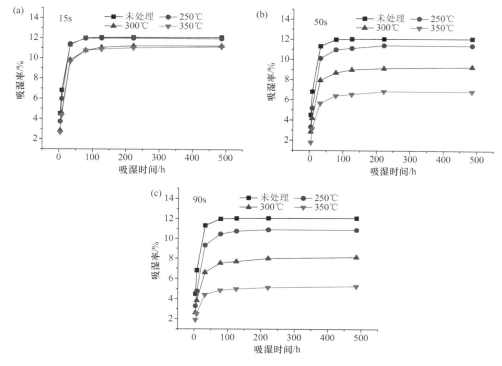

图 7-20　不同炭化温度处理的樟子松边材吸湿率

　　吸湿平衡后不同表面炭化温度处理的樟子松边材水分 T_2 分布见图 7-21。15s 炭化时间下，随着表面炭化温度的上升，峰点位置左移，但信号强度变化不大；当炭化时间增加到 50s 乃至 90s 时，不仅峰点位置随表面炭化温度上升而左移，而且信号强度降低，由此可知温度的升高增加了炭化后樟子松边材细胞壁水的结合强度，同时降低了细胞壁水的含量。

　　对比心材和边材发现，表面炭化和未处理樟子松边材的吸湿率高于心材。表面炭化后的樟子松心、边材吸湿率均低于未处理材。这是由于表面炭化处理后木材的半纤维素和抽提物的降解导致木质素百分比含量增加；处理温度的进一步升高使得木质素降解过程中发生化学键断裂，形成新的化学键，使细胞壁变得坚硬，吸湿性降低[15]，木材中含有羟基等亲水性基团的半纤维素在表面炭化处理过程中降解，导致木材细胞壁中的自由羟基减少[16]，因此表面炭化层能够阻止一部分细胞壁水向内部木材的迁移。

7.2.3　表面炭化时间对樟子松吸湿性的影响

　　不同表面炭化时间处理樟子松心材吸湿率见图 7-22。炭化时间越长，樟子松

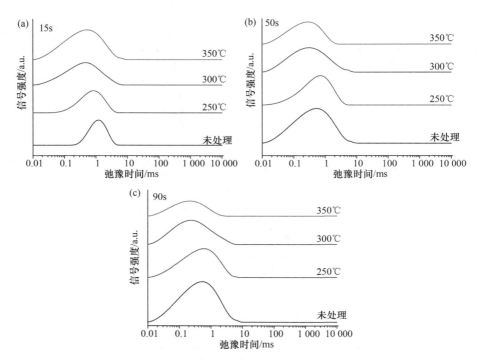

图 7-21　吸湿平衡后不同炭化温度处理的樟子松边材水分 T_2 分布

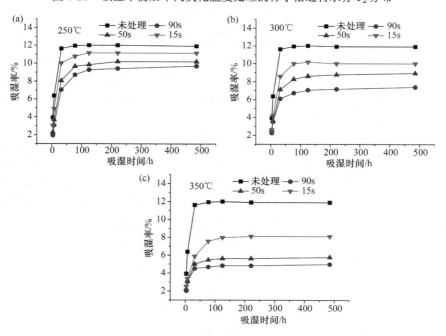

图 7-22　不同炭化时间处理樟子松心材的吸湿率

心材的吸湿率越低。当炭化温度为 250℃时，随炭化时间的增加，樟子松心材吸湿率呈现小幅度降低。当炭化温度为 300℃时，随炭化时间的增加，樟子松心材吸湿率有较大幅度的降低。当炭化温度为 350℃时，15s 炭化樟子松心材吸湿率的下降幅度进一步增大；当炭化时间增至 50s 和 90s 时，樟子松心材的吸湿率明显低于 15s 炭化试样的吸湿率。

吸湿平衡后不同炭化时间处理的樟子松心材水分 T_2 分布见图 7-23。当炭化温度为 250℃时，炭化时间对樟子松心材细胞壁水信号强度和弛豫时间的影响不明显。当炭化温度增加到 300～350℃时，随着炭化时间增加，炭化樟子松心材细胞壁水弛豫时间峰点左移，且信号强度逐渐减小。这表明炭化时间增加使得细胞壁水结合强度逐渐增加、细胞壁水含量逐渐降低。

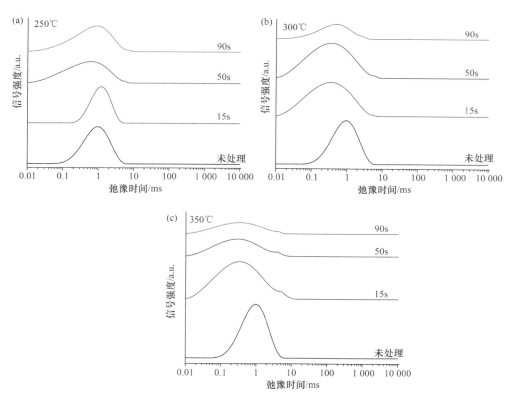

图 7-23　吸湿平衡后不同炭化时间处理的樟子松心材水分 T_2 分布

图 7-24 所示为不同表面炭化时间处理樟子松边材吸湿率。在同一炭化温度下，随炭化时间增加，樟子松边材吸湿率降低。当炭化温度为 250℃时，未处理材与经过 15s 炭化处理的樟子松边材吸湿率基本持平，50s 与 90s 炭化时间处理的樟子松边材吸湿率发生较小幅度的降低；当炭化温度为 300℃时，樟子松边材经过 15s

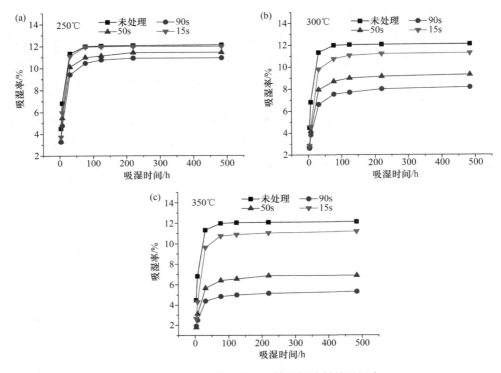

图 7-24   不同炭化时间处理樟子松边材的吸湿率

炭化后,其平衡吸湿率即已经达到 250℃下 90s 炭化试材的平衡吸湿率,50s 和 90s 炭化处理樟子松边材吸湿率下降较大;当炭化温度升高至 350℃时,经 15s 炭化处理的樟子松边材平衡吸湿率与 300℃下 15s 炭化处理的樟子松边材平衡吸湿率相差不大,50s 和 90s 炭化处理樟子松边材吸湿率降低幅度较大。

由图 7-25 可知,对于 250℃表面炭化处理的樟子松边材,随着炭化时间的延长,细胞壁水 T_2 分布峰点变化较小,当炭化时间为 90s 时,信号强度有较小程度的降低,因此表明 250℃下炭化时间对樟子松边材细胞壁水影响较小。当炭化温度升高至 300℃时,随着炭化时间的增加,樟子松边材细胞壁水的弛豫时间峰点左移,且信号强度逐渐减小,这表明随着炭化时间的增加,樟子松边材细胞壁水结合强度和含量均逐渐降低。当炭化温度为 350℃时,与未处理材相比,50s 和 90s 炭化樟子松边材细胞壁水 T_2 峰点左移幅度显著且信号强度下降幅度较大,表明此炭化条件较大幅度降低了樟子松边材细胞壁水结合强度和含量。

7.2.4   表面炭化温度对樟子松吸水性的影响

图 7-26 为不同表面炭化温度对樟子松心材吸水率的影响。当炭化时间为 15s

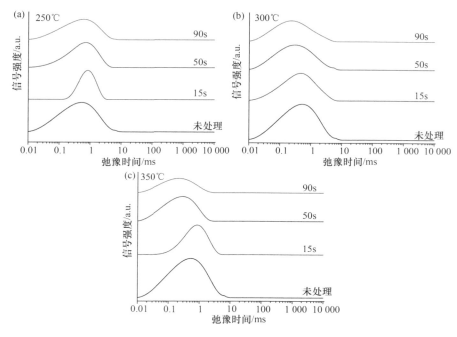

图 7-25　吸湿平衡后不同炭化时间处理樟子松边材水分 T_2 分布

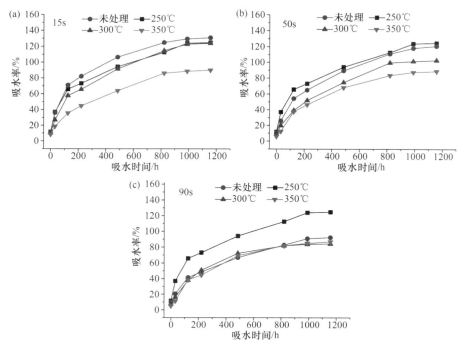

图 7-26　不同炭化温度处理樟子松心材的吸水率

时，250℃和300℃炭化处理樟子松心材吸水率接近，且与未处理材相比稍有下降，随着炭化温度上升到 350℃，樟子松心材吸水率大幅度下降，较快地达到了吸水饱和状态。当炭化时间为 50s 时，250℃炭化温度仍对樟子松心材吸水率影响较小，随着炭化温度上升到 300℃、350℃时，樟子松心材吸水率显著地降低。当炭化时间为 90s 时，由于炭化时间足够长，与未处理材相比，250℃、300℃、350℃炭化樟子松心材的吸水率均显著降低，300℃和 350℃炭化樟子松心材吸水率接近，吸水约 800h 时达到饱和。

吸水饱和后不同表面炭化温度下樟子松心材水分 T_2 分布见图 7-27。弛豫时间在 1～10ms 范围的水分反映的是细胞壁水的弛豫分布，随着炭化温度的升高，所有试样此峰点位置左移且信号强度逐渐降低，因此证明炭化温度的升高逐渐降低了樟子松心材对细胞壁水的吸附，增加了对细胞壁水的束缚力。弛豫时间大于 10ms 范围的水分为细胞腔自由水，可以看出，随着炭化温度的升高，峰点位置右移，且信号强度降低，表明炭化温度的升高导致樟子松心材中的细胞腔水的流动性增加但含量减少，因此可以推测，炭化处理能够有效降低樟子松心材的吸水性，且炭化温度越高，木材平均孔径越大。

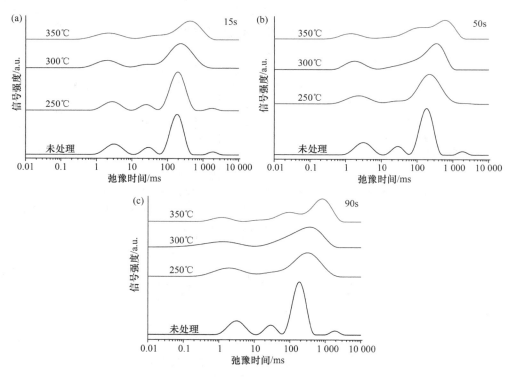

图 7-27　吸水饱和后不同炭化温度处理的樟子松心材水分 T_2 分布

图 7-28 所示为不同炭化温度下樟子松边材吸水率随时间变化的曲线。当炭化时间为 15s 时，250℃和 300℃炭化樟子松边材吸水率与未处理材相比有小幅度的降低，两者的吸水率极为接近；当炭化温度上升到 350℃，樟子松边材吸水率进一步降低。当炭化时间延长到 50s 时，未处理材和 250℃的处理材的吸水率相近，300℃、350℃炭化处理使得樟子松边材吸水率显著降低。当炭化时间为 90s 时，与未处理材相比，250℃、300℃炭化处理樟子松边材吸水率有明显降低，随着温度上升到 350℃，樟子松边材的吸水率进一步大幅度下降。

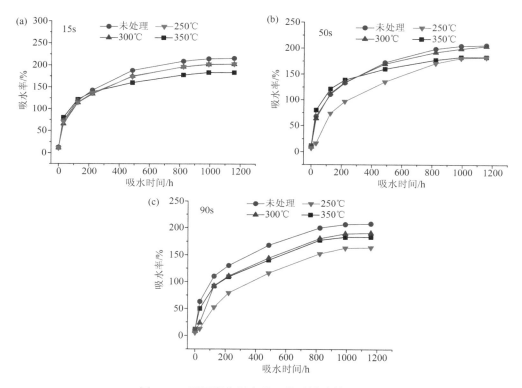

图 7-28　不同炭化温度处理樟子松边材吸水率

由图 7-29 可知，当炭化时间为 15s 时，随着表面炭化温度的增加，樟子松边材 T_2 分布变化不明显，表明 15s 的炭化时间过短，樟子松边材的炭化效果并不显著。在 50s 和 90s 的炭化时间下，随着表面炭化温度的增加，樟子松边材细胞壁水的弛豫分布峰点左移且信号强度降低，细胞腔水弛豫分布峰点右移且信号强度降低，这表明随着炭化温度升高，樟子松边材细胞壁水和细胞腔水含量减小，细胞壁水束缚力增大，细胞腔水束缚力减小。

对比樟子松心材和边材发现，表面炭化和未处理樟子松心材的吸水率均小于边材。这是由于樟子松心材树脂和内含物多于边材，阻止了水分的传输。

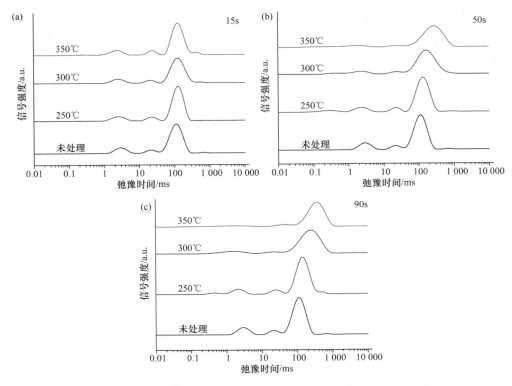

图 7-29　吸水饱和后不同炭化温度处理的樟子松边材水分 T_2 分布

7.2.5　表面炭化时间对樟子松吸水性的影响

　　不同表面炭化时间对樟子松心材吸水率的影响见图 7-30。当炭化温度为 250℃时，15s 和 50s 炭化处理樟子松心材的吸水率与未处理材相比有小幅度的降低，当炭化时间增加到 90s 时，处理材吸水率大幅度降低。当炭化温度增加到 300℃时，15s 炭化处理樟子松心材的吸水率和未处理材吸水率相差不大，而 50s、90s 炭化处理材吸水率有显著降低。当炭化温度为 350℃时，由于炭化温度足够高，15s、50s、90s 炭化时间对樟子松心材吸水率均有显著影响，三组样品吸水率值接近且远远小于未处理材，即使 15s 的炭化时间也使得樟子松心材达到了较好的炭化效果。

　　图 7-31 为吸水饱和后不同表面炭化时间处理樟子松心材水分 T_2 分布。在 250℃炭化温度下，15s 炭化时间对试件 T_2 分布基本无变化，当炭化时间延长到 50s、90s 时，处理材细胞腔水和细胞壁水的横向弛豫峰的强度大幅度减小，并且峰点位置分别向右和向左移动。当炭化温度为 300℃和 350℃时，随着炭化时间的增加，细胞腔水和细胞壁水的横向弛豫峰的强度均逐渐减小，细胞壁水横向弛豫

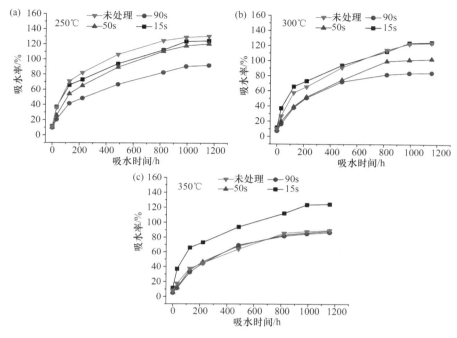

图 7-30　不同炭化时间处理樟子松心材的吸水率

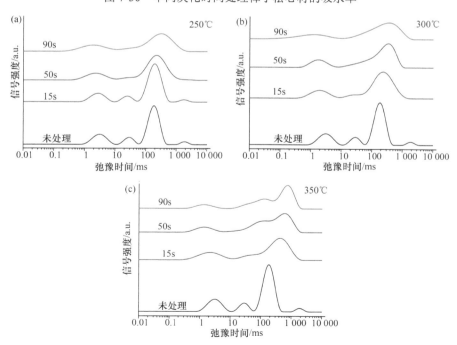

图 7-31　吸水饱和后不同炭化时间处理的樟子松心材水分 T_2 分布

峰点均逐渐向左移，细胞腔水横向弛豫峰点均逐渐向右移。以上结果表明，炭化时间的增加有效降低了樟子松边材的吸水性，增加了细胞壁水结合强度，减弱了细胞腔自由水的束缚力，增强了细胞腔自由水的流动性。

如图 7-32 所示，与心材相同，当炭化温度为 250℃时，15s 和 50s 炭化处理边材吸水率与未处理材相比有小幅度下降，且两组试件吸水率极为接近；随着炭化时间延长到 90s 时，处理材吸水率进一步降低。当炭化温度为 300℃时，未处理材和 15s 处理樟子松边材吸水率相差不大，50s、90s 炭化处理樟子松边材吸水率较前两者有较小幅度降低。当炭化温度为 350℃时，随着炭化时间的延长，处理材吸水率逐渐降低。

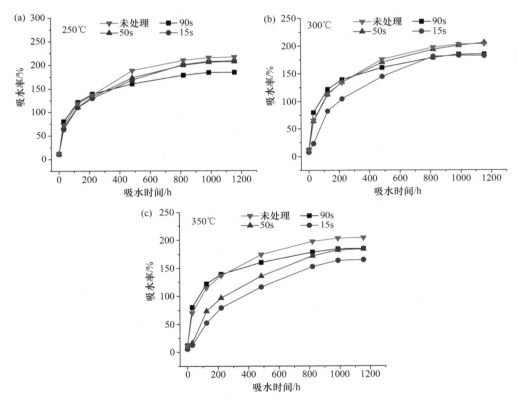

图 7-32 不同炭化时间处理樟子松边材吸水率

由图 7-33 可知，表面炭化温度为 250℃时，不同处理时间对樟子松边材细胞壁水和细胞腔水的水分含量影响不大，但细胞壁水和细胞腔自由水横向弛豫峰点随着表面炭化时间的增加分别稍向左和向右移动。当炭化温度增加到 300℃、350℃时，随着炭化时间的增加，处理材横向弛豫峰强度减小，且细胞壁水横向弛

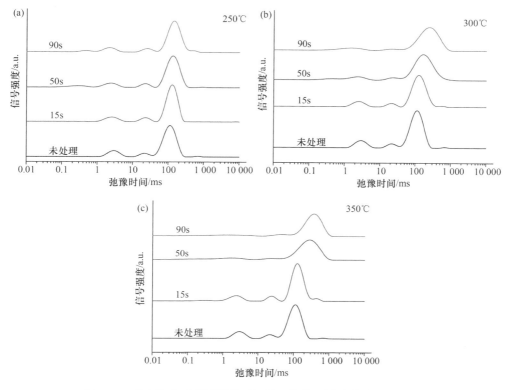

图 7-33　吸水饱和后不同炭化时间处理的樟子松边材水分 T_2 分布

豫峰点逐渐向左移，细胞腔水横向弛豫峰点逐渐向右移。以上结果表明，炭化时间的增加有效降低了樟子松边材的吸水性，增加了细胞壁水结合强度，减弱了细胞腔自由水的束缚力，增强了细胞腔自由水的流动性。

7.2.6　小结

（1）表面炭化后樟子松心、边材的吸湿率和吸水率均低于未处理材。

（2）随表面炭化温度和炭化时间的增加，樟子松心、边材吸湿率和吸水率均逐渐降低。表面炭化最佳温度为 350℃，表面炭化最佳时间为 90s。

（3）随表面炭化温度和炭化时间的增加，樟子松心、边材细胞壁水吸入量逐渐减小，细胞壁水的横向弛豫时间逐渐减小，横向弛豫峰的面积减小，而细胞腔自由水横向弛豫时间增加，横向弛豫峰的面积减小。

（4）在吸湿过程中，经过 350℃ 的表面炭化处理，北京杨心材和樟子松心、边材在 90s 的炭化时间下达到最低吸湿率，而北京杨边材在 50s 炭化时间下达到最低吸湿率。

（5）在吸水过程中，经过 350℃的表面炭化处理，樟子松心材在 15s 炭化时间下达到最低吸水率，而北京杨心材需要 90s 的炭化时间达到最低吸水率；对于边材而言，北京杨和樟子松两种木材均需 90s 炭化处理达到最低吸水率。在 90s 炭化时间下，樟子松心材在 250℃的炭化处理下即可达到最低吸水率，而北京杨心材需要在 350℃下才能达到最低吸水率；对于北京杨和樟子松边材而言，均需在 350℃下才能达到最低吸水率。

7.3　本章小结

本章以北京杨和樟子松为研究对象，通过低场时域核磁共振波谱仪检测了不同表面炭化温度和炭化时间下试件的吸湿过程与吸水过程，分析表面炭化木材吸湿性与吸水性，最终得到木材表面炭化处理后最优的炭化温度与炭化时间。主要结果归纳如下。

（1）表面炭化北京杨心材和边材的吸湿、吸水过程表明，北京杨表面炭化的最佳温度与时间分别为 350℃和 90s。

（2）表面炭化樟子松心材和边材的吸湿、吸水过程表明，樟子松表面炭化的最佳温度与时间分别为 350℃和 90s。

（3）随表面炭化温度和炭化时间的增加，北京杨与樟子松心、边材的细胞壁水吸入量逐渐减少，横向弛豫的信号强度和横向弛豫时间逐渐减小，细胞腔自由水横向弛豫时间增加但信号强度减小。

（4）对比分析表面炭化北京杨与樟子松的吸湿和吸水过程可知，表面炭化温度为 350℃、炭化时间为 50s 时即可达到理想的表面炭化效果。所制备试件的吸湿率由低到高分别为：北京杨边材、樟子松心材、北京杨心材、樟子松边材；吸水率由低到高分别为：樟子松心材、北京杨边材、北京杨心材、樟子松边材。

参 考 文 献

[1] 鲍甫成, 吕建雄. 中国木材资源结构变化与木材科学研究对策[J]. 世界林业研究, 1999, 12(6): 42-47.
[2] 王恺, 管宁. 我国木材资源战略转移的技术支撑[J]. 木材工业, 2002, 16(1): 3-5.
[3] 曲保雪, 朱立红. 热处理木材国内外研究现状与应用前景分析[J]. 河北林果研究, 2008, 23(3): 276-280.
[4] Zhu M, Li Y, Chen G, et al. Tree-inspired design for high-efficiency water extraction[J]. Advanced Materials, 2017, 29(44): 1704107.
[5] 方远进. 建材新宠深度炭化木: 绿色环保防腐防虫防潮不开裂木材[J]. 现代园林, 2006, (7): 65.
[6] 顾炼百, 涂登云, 于学利. 炭化木的特点及应用[J]. 中国人造板, 2007, 14(5): 30-32.

[7] 李延军, 孙会, 鲍滨福, 等. 国内外木材热处理技术研究进展及展望[J]. 浙江林业科技, 2008, 28(5): 75-79.

[8] 江茂生, 黄彪, 陈学榕, 等. 木材炭化机理的 FT-IR 光谱分析研究[J]. 林产化学与工业, 2005, 25(2): 16-20.

[9] 张翔, 覃文清, 李风, 等. 古建筑木材的热分解特性研究[J]. 消防技术与产品信息, 2008, (12): 3-5.

[10] 胡福昌. 对木材炭化过程的理论研究[J]. 林化科技, 1980, 3(304): 7-70.

[11] Kymäläinen M, Hautamäki S, Lillqvist K, et al. Surface modification of solid wood by charring[J]. Journal of Materials Science, 2017, 52(10): 6111-6119.

[12] Metsä-Kortelainen S, Antikainen T, Viitaniemi P. The water absorption of sapwood and heartwood of Scots pine and Norway spruce heat-treated at 170℃, 190℃, 210℃ and 230℃[J]. European Journal of Wood and Wood Products, 2006, 64(3): 192-197.

[13] Päivi M, Kekkonen, Ylisassi A, et al. Absorption of water in thermally modified pine wood as studied by nuclear magnetic resonance[J]. The Journal of Physical Chemistry C, 2014, 118(4): 2146-2153.

[14] Javed M, Kekkonen P, Ahola S, et al. Magnetic resonance imaging study of water absorption in thermally modified pine wood[J]. Holzforschung, 2015, 69(7): 899-907.

[15] 李丽丽. 高温热处理樟子松压密材的制备与形变固定机理研究[D]. 呼和浩特: 内蒙古农业大博士学位论文. 2018.

[16] 闫越. 利用单边核磁共振研究木材的分层吸湿性[D]. 呼和浩特: 内蒙古农业大学硕士学位论文. 2015.

第8章 人造板吸水的核磁共振弛豫过程

人造板是以木材或其他非木材植物纤维原料为基础，经过一系列加工过程生产出来的一类天然有机材料。按照不同工艺流程，人造板主要分为胶合板、刨花板、纤维板和复合人造板等。相比于木材，人造板具有制造成本低、对木材的利用率高等优点，大力发展人造板产业有利于缓解世界范围内木材短缺这一日益严重的问题。人造板是一种亲水性材料，在使用过程中有很强的吸湿和吸水性能，会影响其使用性能和寿命。系统地研究人造板吸水后水分状态的变化，对于人造板的防水处理及合理使用具有重要意义。

基于前面章节的介绍，可知时域核磁共振技术在木材领域的应用取得了一定成果，包括对于木材含水率的测定、水分状态的表征、水分运动和迁移的分析等。据此，可通过时域核磁共振技术研究人造板与水分的关系。

本章将利用时域核磁共振技术对胶合板、刨花板、中密度纤维板三种人造板吸水过程进行研究，以全新角度研究人造板吸水过程中吸水率和水分状态的变化。

8.1 利用时域核磁共振技术研究人造板吸水过程

人造板 24h 吸水率是检测人造板防水性能的一个重要指标，本节根据 GB/T 17657—1999 所规定的人造板吸水率检测方法，利用时域核磁共振技术对胶合板、刨花板、中密度纤维板三种人造板 24h 吸水过程进行研究。

8.1.1 研究方法

（1）分别在三种人造板上钻取圆柱体试件各两个，且同种人造板的两个试件位置紧邻，以保证二者密度基本一致。试验结果分析时，取两个试件检测结果的平均值。试件规格如表 8-1 所示。

（2）吸水率（W）的测定：应用电子天平测量试件浸水前的质量 m_1，将其浸泡在（20±2）℃的蒸馏水中，每隔 1h 后取出，擦去表面水分，测得试件质量 m_2。试件每次称重后，都应用德国 Bruker 公司生产的 minispec mq20 时域核磁共振波谱仪测量 FID 信号，24h 后结束实验。人造板吸水率计算如公式（8-1）所示：

$$W = \frac{m_2 - m_1}{m_1} \times 100\% \tag{8-1}$$

表 8-1　试件的规格

样品名称	长度/mm	直径/mm	质量/g
胶合板 A	15.000	12.796	1.150
胶合板 B	15.000	12.917	1.158
刨花板 A	15.000	12.930	1.339
刨花板 B	15.000	12.945	1.342
中密度纤维板 A	15.000	12.890	1.316
中密度纤维板 B	15.000	12.912	1.320

（3）水分状态的测定：测量完 FID 信号后，测量试件的 T_2。应用 Bruker 配套的 Contin 软件对数据进行反演，反演后得到 T_2 分布谱图。其中，不同的峰表示不同状态的水分，峰的面积代表相应状态水分的含量，峰的最高点的横坐标对应着这种状态水分的平均横向弛豫时间，即 T_2 分量，分别用 $T_{2\text{-}1}$、$T_{2\text{-}2}$、$T_{2\text{-}3}$ 等表示。水分结合得越紧密，横向弛豫时间越短；相反，水分越自由，横向弛豫时间越长。通过分析 T_2 分布谱图，可以得出人造板吸水过程中水分状态变化的信息。人造板的结构单元为木材或木纤维，根据木材中的水分核磁共振信号的特点，可以认为人造板中的水分横向弛豫时间在 10ms 以内的为细胞壁水，横向弛豫时间在 100ms 数量级的水分状态为细胞腔和大孔隙内的自由水。

（4）TD-NMR 测试参数设置：增益值为 59dB，扫描次数为 8 次，扫描间隔时间为 2s；测量 FID 信号的参数设置：脉冲序列为 90°脉冲，采样宽度为 1ms。采用 CPMG 脉冲序列测量 T_2，具体参数设置为：采样点数 5000 个，回波时间 0.2ms。

8.1.2　人造板吸水率与时间的关系

三种人造板 24h 内吸水率随吸水时间的变化曲线如图 8-1 所示。表 8-2 给出了部分时刻的吸水率，由表中可以看出，在相同的吸水时间范围内，胶合板的吸水率最大、增长最快，其次是刨花板，中密度纤维板吸水率最小、增长最慢；胶合板吸水率在 4h 内增长迅速，而后增长缓慢，12h 几乎达到饱和，刨花板与纤维板 24h 吸水率随着时间的增加而缓慢增加，24h 尚未达到饱和状态。这是由于三种人造板的结构差异所导致的。胶合板是由单板或薄木用胶黏剂胶合而成的多层板材，木材含量最高，吸水时水分沿着单板的纤维方向传输较为容易，吸水率最高；刨花板是由木刨花、碎木料拌以胶黏剂压制成的板材，成分较胶

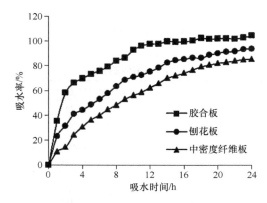

图 8-1　胶合板、刨花板、中密度纤维板吸水率随吸水时间变化曲线

表 8-2　胶合板、刨花板、中密度纤维板部分时刻吸水率

样品名称	吸水率/%						
	0h	4h	8h	12h	16h	20h	24h
胶合板	0	69.652	84.261	97.565	99.478	101.913	104.261
刨花板	0	44.212	63.480	75.355	85.288	90.217	93.876
中密度纤维板	0	30.823	48.481	62.405	74.051	82.025	85.506

合板复杂，木材含量较胶合板次之，且部分刨花之间有胶黏剂加以阻隔，使水分传输流畅度降低，所以刨花板吸水率低且 24h 吸水后未达到饱和；中密度纤维板主要由木材或其他木质纤维素材料经过纤维分离后施加脲醛树脂或其他适用的胶黏剂压制而成，胶黏剂在纤维中分布均匀，与胶合板和刨花板相比，吸水最为缓慢且吸水率最低，24h 吸水后未达饱和。

8.1.3　人造板吸水过程 FID 信号与吸水率的关系

由于木材中细胞腔、结构单元之间孔隙自由水和细胞壁水的氢原子产生的 FID 信号在 60～70μs 时开始衰减，所以应用时域核磁共振测量人造板吸水过程，以 60μs 处的 FID 信号强度作为人造板中水分含量的最大值，得到信号强度与吸水率的关系，如图 8-2 所示。三种人造板在吸水过程中，核磁共振测得的 FID 信号强度与称重法得到的人造板吸水率高度线性相关，相关系数可达 0.998 以上。试验表明，通过 FID 信号强度可以对人造板的吸水率进行计算；根据线性回归方程，可通过某一时刻的 FID 信号强度计算出人造板在该时刻的吸水率。

8.1.4　胶合板吸水过程中的自旋-自旋弛豫特性

表 8-3 和图 8-3 揭示了胶合板在吸水过程中横向弛豫时间及其峰面积变化情

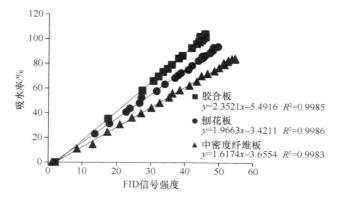

图 8-2　胶合板、刨花板、中密度纤维板吸水过程中吸水率与 FID 信号强度的关系

表 8-3　胶合板吸水过程中横向弛豫时间峰点位置及峰面积变化

吸水时间/h	吸水率/%	T_{2-1}/ms	T_{2-2}/ms	T_{2-3}/ms	T_{2-1}/峰面积	T_{2-2}/峰面积	T_{2-3}/峰面积
0	0	0.101	20		3	168	
6	75.913	4.52	54.5	348	1 378	6 661	2 357
12	97.565	4.9	55.4	370	1 522	12 241	7 217
18	102.348	5.01	57.7	374	1 739	12 060	7 588
24	104.261	5.3	59.3	384	1 930	13 150	7 724

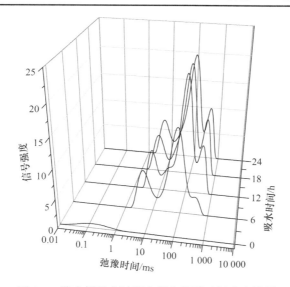

图 8-3　胶合板吸水过程中横向弛豫时间分布谱图

况。胶合板未吸水前非常干燥，测得 T_2 后反演得到两种状态的水，T_{2-1} 为细胞壁水，这应当是空气中的水分子进入胶合板，并与木材中的羟基结合以细胞壁水

的形态而存在，因而其横向弛豫时间很短；$T_{2\text{-}2}$ 代表的是细胞腔或者是小孔隙中的自由水。吸水 6h 后，胶合板内存在三种状态的水。$T_{2\text{-}1}$ 为细胞壁水，$T_{2\text{-}2}$ 及 $T_{2\text{-}3}$ 对应的是细胞腔和孔隙自由水，且 $T_{2\text{-}3}$ 较 $T_{2\text{-}2}$ 长。这是因为木材在旋切单板过程中，大量的木材细胞被切开，在表面形成沟槽、孔隙，这些部位会出现缺胶现象，水分进入其中，以比较自由的水分状态存在，所以其弛豫时间可达到 300ms 以上。随着吸水时间的延长，细胞壁水所对应的峰面积增加，但吸水 6h 后增加缓慢；当吸水时间达到 12h 后，细胞腔和孔隙中的自由水对应的峰面积均缓慢增加，表明吸水 12h 后，胶合板内水分已经基本达到饱和。

8.1.5 刨花板吸水过程中的自旋-自旋弛豫特性

表 8-4 及图 8-4 展示了刨花板在吸水过程中横向弛豫时间及其峰面积变化情况。由 $T_{2\text{-}1}$、$T_{2\text{-}2}$ 及对应的峰面积可知，刨花板在初始状态下只有少量细胞壁水。吸水 6h，反演后得到四种状态的水，前两种为细胞壁水，其余为细胞腔水和孔

表 8-4 刨花板吸水过程中横向弛豫时间峰点位置及峰面积变化

吸水时间/h	吸水率/%	$T_{2\text{-}1}$/ms	$T_{2\text{-}2}$/ms	$T_{2\text{-}3}$/ms	$T_{2\text{-}4}$/ms	$T_{2\text{-}1}$/峰面积	$T_{2\text{-}2}$/峰面积	$T_{2\text{-}3}$/峰面积	$T_{2\text{-}4}$/峰面积
0	0	0.10	7			2	169		
6	53.025	1.14	5.6	18.2	65	182	292	669	823
12	75.355	1.42	11	34.6	119	496	1 029	1 975	2 420
18	86.333	1.52	19	125.7		633	4 207	6 273	
24	93.876	1.52	18.4	126.3		685	4 332	7 059	

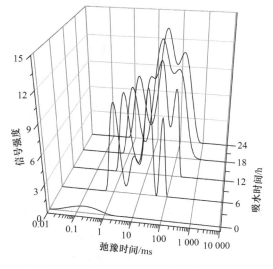

图 8-4 刨花板吸水过程中横向弛豫时间分布谱图

隙自由水，此时刨花板内的木材吸入的大部分水分以细胞壁水形式存在。随着吸水时间的继续增加，出现了时间大于 100ms 的细胞腔水和孔隙自由水，同胶合板相比，刨花板结构比较均匀，刨花与胶黏剂孔隙较小，所以细胞腔和孔隙自由水横向弛豫时间同胶合板相比较短。吸水 18h 后，反演得到了一种状态的细胞壁水 T_{2-1}，以及两种状态的细胞腔水和孔隙自由水 T_{2-2}、T_{2-3}，与之前相比，细胞壁水 T_{2-1} 对应峰面积变化较小，细胞腔水和孔隙自由水 T_{2-2}、T_{2-3} 对应峰面积增大较为明显，表明细胞壁水已经基本达到饱和，细胞腔水和孔隙自由水含量仍然在增加。这与图 8-1 所示的经过 24h 吸水刨花板内水分并未达到饱和的结果一致。

8.1.6　中密度纤维板吸水过程中的自旋-自旋弛豫特性

表 8-5 及图 8-5 为中密度纤维板在吸水过程中横向弛豫时间及其峰面积变化情况。在初始状态下，中密度纤维板非常干燥，仅有一种少量与木材纤维结合非常紧密的细胞壁水。同胶合板和刨花板的初始状态相比，只有 T_{2-1} 存在，且数值非常小，这是因为与胶合板和刨花板相比，纤维板结构更为均一，空气中的水蒸气与木纤维结合紧密。吸水 6h，反演后得到了两种状态的细胞壁水 T_{2-1} 和 T_{2-2}，两种水分与纤维的结合强度随着横向弛豫时间的增加依次减弱。组分 T_{2-3} 和 T_{2-4} 为纤维之间孔隙或细胞腔内的自由水。纤维板的基本结构单元是纤维和纤维束，尺寸小，胶黏剂分布均匀，水分与纤维结合较为紧密，所以与胶合板和刨花板相比，弛豫时间变短。吸水 12h 后，四种不同水分状态的横向弛豫时间基本没有变化，但相应的含量都有增加。吸水 24h 后，横向弛豫时间基本不变，峰面积增加较为明显，表明水分不断进入纤维板内，且并未达到饱和。

表 8-5　中密度纤维板吸水过程中自旋-自旋弛豫时间峰点位置及峰面积变化

吸水时间/h	吸水率/%	T_{2-1}/ms	T_{2-2}/ms	T_{2-3}/ms	T_{2-4}/ms	T_{2-5}/ms	T_{2-1}/峰面积	T_{2-2}/峰面积	T_{2-3}/峰面积	T_{2-4}/峰面积	T_{2-5}/峰面积
0	0	0.31					175				
6	40.127	1.03	5	16	44		145	250	483	748	
12	62.405	1.28	4	13.8	41		275	321	837	1121	
18	79.241	1.29	4	10	26	63	255	400	934	1173	1946
24	83.797	1.41	4	11	29.2	69	318	443	1058	1646	2311

8.1.7　小结

时域核磁共振技术为研究人造板和水分的关系提供了新的方法。本节主要研究胶合板、刨花板、中密度纤维板三种常用人造板吸水过程中水分的自由感应衰

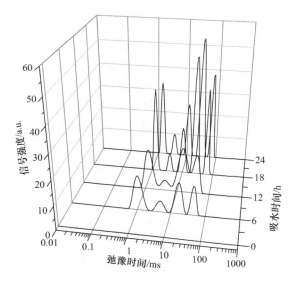

图 8-5　中密度纤维板吸水过程中横向弛豫时间分布谱图

减信号的变化，以及三种人造板 24h 吸水过程中横向弛豫时间大小及分布，分析了吸水过程中人造板中水分的状态。主要结果归纳如下。

（1）由于三种人造板结构的差异，吸水 24h 后，胶合板的吸水率最大，刨花板次之，中密度纤维板吸水率最小。

（2）通过时域核磁共振技术能较为准确地测定出人造板的吸水率，且根据 FID 信号强度与传统称重法得到的吸水率所构建的回归方程，可计算出人造板在吸水过程中任意时刻的吸水率。

（3）三种人造板的构造不同，初始状态下的水分存在状态有所区别，吸水过程水分状态的变化亦有较大差异。

①胶合板中木材以单板的形态存在，水分传输较易，水分很快达到饱和。

②刨花板中的木材以刨花形态存在，刨花之间有胶黏剂阻隔，水分传输受阻，在细胞壁水已经基本达到饱和的情况下，细胞腔水和孔隙自由水尚未达到饱和。

③中密度纤维板中的木材以木纤维的形态存在，木纤维细小且与胶黏剂混合均匀，水分传输较难，需要足够时间逐渐向内部渗透。水分与纤维结合紧密，且细胞腔水和孔隙自由水的横向弛豫时间相对较短。

8.2　利用核磁共振技术研究热处理中密度纤维板的吸水性

中密度纤维板凭借良好的物理、力学、装饰和加工性能，广泛用于家具制造、室内装修和建筑材料等领域。但由于中密度纤维板是一种亲水性材料，具有很强的吸水和吸湿性能，所以其尺寸稳定性较差[1]。

热处理技术是提高中密度纤维板尺寸稳定性的主要方法之一。前人对于热处理中密度纤维板的尺寸稳定性和力学性能也做了大量的研究。韩书广等[2]采用 100 ℃和 150℃热处理中密度纤维板，结果表明热处理中密度纤维板的内结合强度、静曲强度和弹性模量提高，吸水厚度膨胀率降低。Garcia 等[3]利用 150℃和 180℃处理纤维后制备中密度纤维板，结果发现中密度纤维板的吸水厚度膨胀率随着热处理温度的升高而降低，而热处理对中密度纤维板力学性能、线湿胀率和干缩率没有显著影响。Cavdar 等[4]将 220℃热油处理中密度纤维板和未处理中密度纤维板对比研究发现，热油处理降低了中密度纤维板的吸水率、吸水厚度膨胀率、静曲强度和弹性模量。Bonigut 等[5]也进行了热处理中密度纤维板的研究，表明热处理降低了中密度纤维板的吸水率、吸水厚度膨胀率，改善了中密度纤维板的短期力学性能。

核磁共振技术是分析水分状态的重要手段[6]，也可将其用于研究热处理木材。Päivi 等[7]利用 NMR 研究了热处理松木的吸水性能，结果表明结合水的含量随着热处理温度的升高而降低，当热处理温度大于 200℃时，自由水的含量才会明显减少。Javed 等[8]利用核磁共振技术研究了 180℃、200℃、230℃和 240℃热处理樟子松的吸水性能，结果发现自由水的吸水率只有在 240℃时才明显减少，因此认为核磁共振技术也可以实现对热处理中密度纤维板吸水过程中不同状态水分的研究。

综上，本节将利用时域核磁共振波谱技术，测定中密度纤维板吸水过程中 T_2 的变化，分析不同热处理温度对中密度纤维板吸水过程中纤维之间孔隙自由水和细胞壁水的迁移及含量产生的影响，并利用 X 射线衍射仪辅助解释不同温度热处理中密度纤维板吸水性存在差异的原因。

8.2.1　研究方法

（1）本研究所用中密度纤维板购买于内蒙古呼和浩特市红星建材市场。板材规格：2400mm（L）×1200mm（W）×18mm（H）。使用空心钻头钻取试验试件，共钻取试件 8 个。试件规格：12mm（Φ）×18mm（H）。

（2）中密度纤维板基本性能测试：参照 GB/T17657—2013 测试中密度纤维板的密度为 0.75g·cm⁻³，含水率为 5.0%。

（3）热处理：将试件用马弗炉进行热处理，对应试验温度分别为 120℃、170 ℃和 220℃，每个温度下均热处理 90min，最后室温下冷却。

（4）吸水性能测试：试验开始前，首先将试件放于干燥箱中（103±0.1）℃下加热 24h 使之绝干，然后将其称重并放入盛有蒸馏水的烧杯中进行吸水试验。经过不同的时间间隔后取出试件，擦干表面液态水并称重，然后进行核磁共振信号采集。本试验设定：前 6h，每隔 1h 称重一次；6h 后，每隔 2h 称重一次；18h 后，每隔 4h 称重一次；34h 后，每隔 8h 称重一次。试验通过德国 Bruker 公司生产的 minispec mq20 时域核磁共振波谱仪采集试件吸水过程的自由感应衰减信号和横向弛豫时间信号，研究热处理对中密度纤维板吸水性能的影响。自由感应衰减信号采集参数设置：采样间距 0.64μs，采样窗口宽度 10ms。采用 CPMG 序列采集横向弛豫时间信号参数设置：回波时间 0.5ms，回波个数 2000，循环延迟时间 2s。信号采集完成后，继续进行吸水过程。当相隔两次称量结果之差不超过试件质量的 0.1%时，试验结束。

（5）结晶度的测定：首先用粉碎机将试件粉碎，然后用研钵将试件研磨至 80～100 目。用 X 射线衍射仪分别测定 4 个试件的结晶度。试验采用粉末样品台，在标准模式下连续扫描，扫描步长为 0.08°，扫描速度为 4°/min，扫描范围为 5°～40°。

结晶度 I_{Cr} 的计算公式：

$$I_{Cr} = \frac{I_{002} - I_{am}}{I_{002}} \times 100\% \tag{8-2}$$

式中，I_{002} 为 002 面的最大衍射强度；I_{am} 为 $2\theta=18°$ 时的衍射强度，即无定型区的衍射强度。

8.2.2　不同温度热处理中密度纤维板的吸水率

图 8-6 所示为未处理试件及三个热处理温度下中密度纤维板试件的吸水率随时间的变化曲线。每个样品的吸水率均随吸水时间的延长而增大。在前 30h 内，吸水率增长较快，随着时间的推移，吸水率缓慢增加。

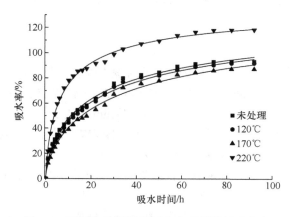

图 8-6　不同热处理温度下中密度纤维板吸水率

　　此外，随着热处理温度的升高，中密度纤维板的吸水率呈现先减小后增大的变化趋势，且 220℃热处理中密度纤维板的吸水率明显高于其他三个样品。初步推测，在 220℃的热处理温度下，中密度纤维板的内部结构发生了变化。

8.2.3　吸水过程中不同温度热处理的中密度纤维板水分状态的变化

　　为研究高温热处理对中密度纤维板吸水过程中细胞腔、木纤维之间、纤维与胶黏剂之间的孔隙自由水和细胞壁水的影响，本研究利用时域核磁共振波谱仪采集了吸水过程中的 T_2 信号，应用指数函数[公式（8-3）]对原始 T_2 衰减信号进行拟合：

$$S(t) = \sum_{i=1}^{n} [A_i \times \exp(\frac{-t_i}{T_{2i}})] + \varepsilon(t_i), n = 3 \qquad (8-3)$$

式中，$S(t)$ 是信号强度；T_{2i} 是第 i 个水分组分的横向弛豫时间；吸水过程中，中密度纤维板主要存在三种不同状态的水分，因此 $n = 3$；A_i 表示第 i 个水分组分所占的比例；t_i 是 CPMG 序列中信号开始激发到其中的一个回波之间的时间间隔，$t_i = 2n\tau$，τ 是回波间隔；$\varepsilon(t)$ 是噪声信号。

　　图 8-7 所示为不同处理温度的中密度纤维板吸水过程中随着含水率的升高，水分横向弛豫时间变化趋势。根据前人研究所确立的木材中水分的横向弛豫时间范围[9-11]，结合中密度纤维板的结构特征，图 8-7（a）所示 $T_{2\text{-}1}$ 范围 0.1～10ms，为中密度纤维板木纤维细胞壁水的横向弛豫时间；$T_{2\text{-}2}$ 范围 10～40ms，为细胞腔的自由水的横向弛豫时间；$T_{2\text{-}3}$ 的范围 40～140ms，为孔隙（木纤维之间、纤维与胶黏剂之间存在的孔隙）自由水的横向弛豫时间。

　　如图 8-7（a）所示，未处理、120℃和 170℃下，中密度纤维板吸水过程中 $T_{2\text{-}1}$ 的数值和变化趋势相似，当热处理温度为 220℃、含水率为 70%时，$T_{2\text{-}1}$ 显著增大，这说明高温使得细胞壁的孔隙增大，细胞壁水的流动性加强。如图 8-7（b）所示，未处理、120℃和 170℃下，中密度纤维板吸水过程中 $T_{2\text{-}2}$ 的数值和变化趋势仍保持基本相同，而 220℃热处理中密度纤维板整个吸水过程 $T_{2\text{-}2}$ 明显小于其他样品，初步推测是由于在高温作用下，细胞壁的坍塌或脲醛树脂的热解等堵住了部分细胞腔，使细胞腔和孔隙自由水运动受限所致。如图 8-7（c）所示，随着温度的升高，水分的 $T_{2\text{-}3}$ 整体呈逐渐减小趋势，且温度越高，$T_{2\text{-}3}$ 越小，这表明热处理促使木纤维之间等大孔隙变小，存在其中的自由水流动性减弱，运动受限逐渐加强。

8.2.4　吸水过程中不同温度热处理的中密度纤维板水分含量变化

　　吸水过程中，细胞腔水、孔隙自由水和细胞壁水的质量通过公式（8-4）和公式（8-5）计算：

$$m_b = m_t \times A_1/(A_1 + A_2 + A_3) \tag{8-4}$$

$$m_f = m_t \times (A_2 + A_3)/(A_1 + A_2 + A_3) \tag{8-5}$$

式中，m_b 和 m_f 分别为细胞壁水和细胞腔水、孔隙自由水质量；m_t 是总水质量；A_1、A_2 和 A_3 是公式（8-3）中的信号强度。

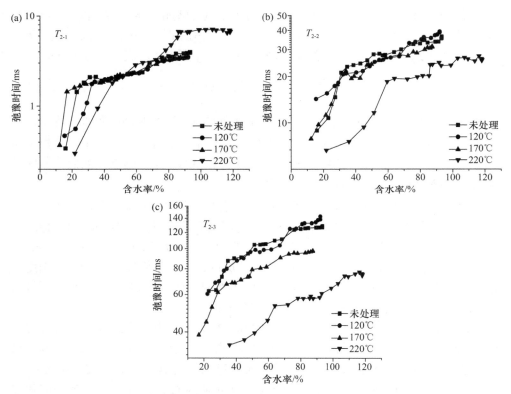

图 8-7　不同热处理温度下中密度纤维板吸水过程的横向弛豫时间变化趋势

图 8-8 所示为吸水过程中不同温度热处理的中密度纤维板细胞壁水[图 8-8（a）]和细胞腔水、孔隙自由水[图 8-8（b）]的含量变化。如图 8-8（a）所示，对于所有试件，在整个吸水过程中，细胞壁水含量先快速增加，随后趋于平缓，且随着温度的升高，细胞壁水量先减小、后增加，在 170℃下细胞壁水含量最低，220℃下细胞壁水含量最高。这是因为当热处理温度达到 220℃时，纤维素结晶区被破坏[12]，细胞壁中孔隙增多，致使细胞壁水增多。如图 8-8（b）所示，在整个吸水过程中，细胞腔水、孔隙自由水含量随着吸水时间不断增加，且随着温度的升高呈先减小而后增加的趋势，即在 170℃下自由水含量最低，而 220℃下自由

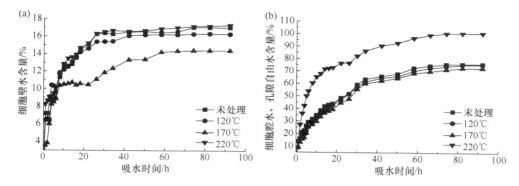

图 8-8　吸水过程中不同温度热处理中密度纤维板的细胞壁水和细胞腔水、孔隙自由水的含量
变化

水含量大幅度增加，且初始阶段含量增加较快。此结果证明 220℃时板内形成了
许多较大孔隙。

8.2.5　不同温度热处理中密度纤维板的结晶度

图 8-9 所示为不同温度热处理的中密度纤维板的 X 射线衍射曲线。整体而言，
所测定衍射曲线为典型的木材纤维素衍射曲线，即 $2\theta=22°$（I_{002}）为纤维素结晶区
的衍射强度，$2\theta=18°$（I_{am}）是木材纤维中无定形区的散射强度（近似等于其衍射
强度）。图中所示 4 个试件的 X 射线衍曲线整体趋势相似，衍射峰的峰位和峰数
没有发生变化，发生变化的为衍射峰的强度。因此，经热处理后，中密度纤维板
没有生成新的结晶结构，但是结晶区和非结晶区所占的比例发生了改变。

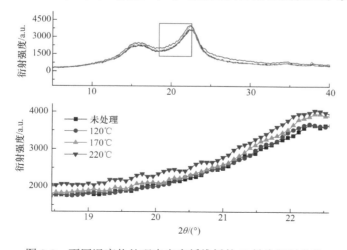

图 8-9　不同温度热处理中密度纤维板的 X 射线衍射曲线

根据结晶度计算公式（8-2），得出四种不同温度热处理的中密度纤维板的结晶度，如表 8-6 所示。当热处理温度≤170℃时，中密度纤维板的结晶度随着温度的升高而增加，吸水性较强的半纤维素发生分解的同时，纤维素非结晶区重新排列使得结晶度增加，所以细胞腔水、孔隙自由水和细胞壁水的含量降低；而当热处理温度升至 220℃时，中密度纤维板纤维素的结晶结构受到破坏[13]，结晶度明显减小，且脲醛树脂胶开始分解，孔隙度增加，导致吸水率增大，孔隙自由水和细胞壁水含量均大幅度增加。

表 8-6　不同温度热处理中密度纤维板的结晶度

处理温度/℃	I_{002}	I_{am}	结晶度/%
未处理	3646	1764	51.62
120	3660	1740	52.46
170	3814	1796	52.91
220	3920	1962	49.95

8.2.6　小结

（1）中密度纤维板吸水率变化整体符合 Logistic 函数，随着热处理温度的升高，中密度纤维板的吸水率呈现先减小、后增大的变化趋势，220℃热处理中密度纤维板的吸水率明显高于其他三个样品。

（2）中密度纤维板细胞腔水、孔隙自由水的流动性随着热处理温度的升高而减弱。在较低热处理温度下，中密度纤维板细胞壁水的流动性基本不受影响；当温度达到 220℃时，细胞壁水的流动性明显加强。

（3）随着热处理温度的升高，中密度纤维板细胞腔水、孔隙自由水和细胞壁水的含量先减小而后增加；170℃热处理中密度纤维板吸水过程中的细胞壁水和细胞腔水、孔隙自由水含量均最低，结晶度最高；220℃热处理中密度纤维板的纤维素结晶区被破坏，原有的孔隙结构被改变，细胞腔水、孔隙自由水和细胞壁水含量最高。

参 考 文 献

[1] 欧阳靓, 曹金珍, 朱愿. 中密度纤维板的尺寸稳定性改良技术[J]. 林产工业, 2013, 40(4): 12-16.

[2] 韩书广, 那斌, 崔举庆. 等温热处理对中纤板物理力学性能的影响[J]. 东北林业大学学报, 2013, 41(6): 104-108.

[3] Garcia R A, Cloutier A, Riedl B. Dimensional stability of MDF panels produced from heat-treated fibres[J]. Holzforschung, 2006, 7(3): 157-284.

[4] Cavdar A D, Ertaş M, Kalaycıoğlu H, et al. Some properties of thin medium density fiberboard

panels treated with sunflower waste oil vapor[J]. Materials in Engineering, 2010, 31(5): 2561-2567.

[5]　Bonigut J, Krug D, Stephani B. Properties of thermally modified medium-density fibreboards[J]. Holzforschung, 2012, 66(1): 79-83.

[6]　周方赟, 陈博文, 苗平. 核磁共振技术在分析木材微波干燥过程中水分移动的应用[J]. 安徽农业大学学报, 2015, 42(1): 45-49.

[7]　Kekkonen P M, Ylisassi A, Telkki V. Absorption of water in thermally modified pine wood as studied by nuclear magnetic resonance[J]. Journal of Physical Chemistry C, 2014, 118(4): 2146-2153.

[8]　Javed M, Kekkonen P, Ahola S, et al. Magnetic resonance imaging study of water absorption in thermally modified pine wood[J]. Holzforschung, 2015, 69(7): 899-907.

[9]　Araujo C D, Mackay A L, Hailey J R T, et al. Proton magnetic resonance techniques for characterization of water in wood: application to white spruce[J]. Wood Science and Technology, 1992, 26(2): 101-103.

[10]　Araujo C D, Mackay A L, Whittall K P, et al. A diffusion model for Spin-spin relaxation of compartmentalized water in wood[J]. Journal of Magnetic Resonance, Series B, 1993, 101(3): 248-261.

[11]　Menon R, Mackay A, Flibotte S, et al. Quantitative separation of NMR images of water in wood on the basis of T2[J]. Journal of Magnetic Resonance, 1989, 85(1): 205-210.

[12]　Jiang X, Li C, Chi Y, et al. TG-FTIR study on urea-formaldehyde resin residue during pyrolysis and combustion[J]. Journal of Hazardous Materials, 2010, 173(1): 205-210.

[13]　邓邵平, 杨文斌, 饶久平, 等. 热处理对人工林杉木尺寸稳定性的影响[J]. 中国农学通报, 2009, 25(7): 103-108.

第9章 脲醛树脂固化过程中的核磁共振弛豫特征

9.1 脲醛树脂固化过程的研究现状

脲醛树脂的固化过程是一个不断发生化学反应的过程，在室温下随着时间的推移，脲醛树脂会由无色透明的液体变成乳白色的液体。当制备出来的脲醛树脂黏度比较大时，储存时间短，短期内就会固化；反之，当脲醛树脂黏度较小时，储存时间相对较长，固化时间会相对延时。在实验或实际生产过程中，为了加速脲醛树脂的固化，通常要加入适当比例的固化剂，使体系由碱性体系逐渐变为酸性体系，再加热到适当的温度，脲醛树脂就会很快地发生缩聚交联反应，使得脲醛树脂与木质材料结合制成相应的木质产品。

9.1.1 脲醛树脂固化过程的原理

目前，脲醛树脂的固化原理有两种理论：经典缩聚理论和胶体理论。经典缩聚理论指出，在脲醛树脂固化过程中，固化剂经过一系列化学反应生成相应的酸，使得脲醛树脂上一些比较活泼的官能团（如—NH_2、—NH—、—CH_2OH）自身之间，或者官能团与甲醛之间发生缩聚交联反应，生成具有不溶不熔性质的体型三维网状空间结构，同时产生水和甲醛[1]，其反应式如式（9-1）所示。

根据 Kellg 的实验研究，脲醛树脂在固化过程中发生缩聚反应，生成环状三聚物大分子，如图9-1所示[1]。

在使用脲醛树脂时，先合成初期的脲醛树脂；用于制造产品时，树脂才发生缩聚反应[2]。然而，脲醛树脂固化后的产物为乳白色固体，具有一定的结晶构造，这些应用过程中存在的现象用经典缩聚理论无法解释，故经典缩聚理论尚存在一些不足。

1983 年，在脲醛树脂固化理论的基础上，Pratt[3]最早提出了胶体理论，他认为脲醛树脂是线性的聚合物，在水中形成胶体分散体系，当胶体稳定性遭到破坏时，胶体粒子凝结、沉降，脲醛树脂发生固化或凝胶。脲醛树脂胶体的稳定性是由于粒子周围有一层甲醛分子吸附层或质子化的甲醛分子吸附层，当胶粒凝结时，就有甲醛或氢离子释放出来。1986 年，Dunker 等[4]应用蛋白质化学方面的知识和处理方法，从理论上解释了脲醛树脂具备形成胶粒的条件和可能性，更加丰富了胶体理论的内容。

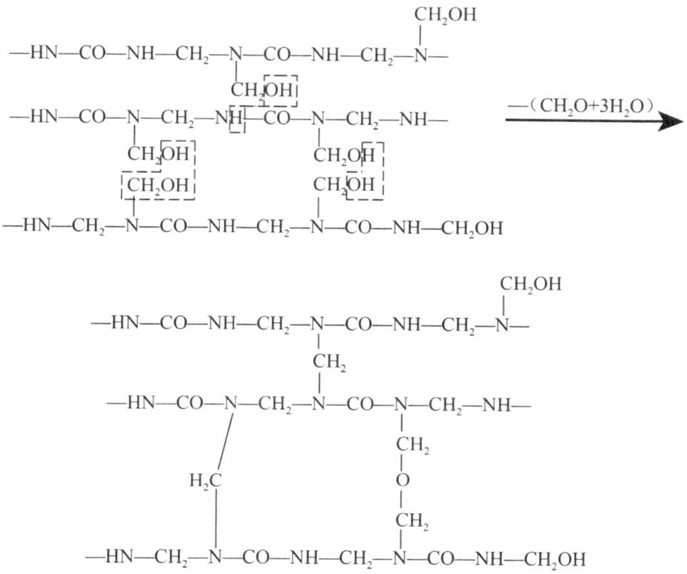

$$—(CH_2O+3H_2O)$$

（9-1）

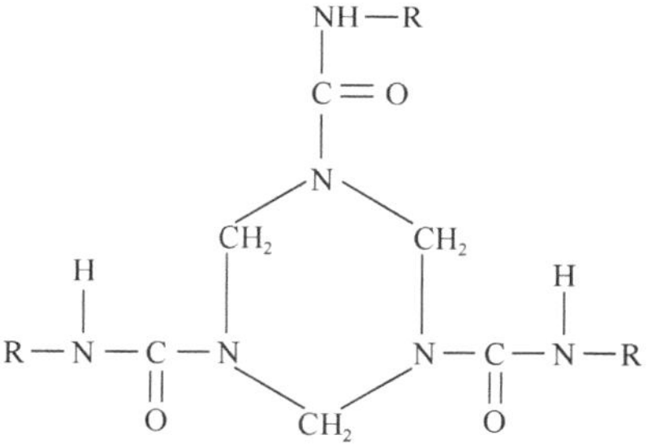

R为H或CH₂OH

图 9-1　环状三聚物大分子

　　胶体理论对于脲醛树脂的合成及其固化过程中存在的一些现象做出了合理的解释，尤其是对低甲醛释放脲醛树脂的合理解释，在理论上具有一定研究价值，在实际生产中具有一定的指导意义。

9.1.2　脲醛树脂固化过程的研究方法

　　目前，对脲醛树脂固化过程的研究方法主要有三种：非等温差示扫描量热法（DSC）、热机械性能分析法（TMA）和扭转振动自由衰减型黏弹性测定法（TBA，又称扭辫法）。其中最常用的方法是非等温差示扫描量热法。

　　1）非等温差示扫描量热法

　　差示扫描量热分析指的是在程序升温条件下，测量输入给被测样品和参比物的功率差随着温度或时间变化的一种分析方法。差示扫描量热仪测量所得到的曲线为 DSC 曲线，该曲线以热流率（mW/mg）为纵坐标，以时间或温度为横坐标，可以测量许多物理参数。在 DSC 曲线中，峰面积反映了化学反应的热效应，峰面积越大，反应过程中的热效应越大，同时该曲线也可以得出在某一时刻，化学反应进行的程度。

差示扫描量热仪在有机高分子聚合物领域的应用越来越广泛，在定性分析方面，DSC 可以测定玻璃化温度、相转变温度、热稳定性、耐燃性，以及氧化、分解、聚合、固化等化学反应；在定量分析方面，DSC 可以测量热力学参数、动力学参数、聚合反应热、样品纯度、结晶度和结晶温度等。Lisperguer 等[5]以氯化铵作为固化剂，用 DSC 探索了脲醛树脂的固化过程，结果表明：高摩尔比脲醛树脂或者没加固化剂的脲醛树脂在 120～180℃条件下可发生缩聚交联反应，而加固化剂的低摩尔比脲醛树脂在 100℃条件下发生缩聚交联反应，故加入合适的固化剂可以降低固化温度。Kim 等[6]使用差示扫描量热仪对三聚氰胺甲醛树脂改性脲醛树脂的活化能进行了研究。Fan 等[7]在低摩尔比脲醛树脂中分别加入不同固化剂，并使用 DSC 对其热变化行为进行了研究。马红霞等[8]使用 DSC 研究了棉杆/杨木的混合比例和固化剂加入量对脲醛树脂固化过程的影响。杜官本等[9]通过差示扫描量热法和热机械性能分析法分析了脲醛树脂的胶合性能，评估了固化剂种类和用量对脲醛树脂固化的影响。王淑敏等[10]利用 DSC 研究了不同固化体系中低毒脲醛树脂的固化特性。

2）热机械性能分析法

热机械性能分析法是指在恒温或程序变温（包括等速率升温、等速率降温或循环变温）条件下，待测样品由于受到一定机械力作用而发生形变，进而得出形变随着时间或温度的变化关系。温度发生改变，材料的性能会发生相应的改变，因此热机械性能分析法对于研究材料的力学性能、应用温度范围及生产加工工艺等都具有十分重要的应用价值。热机械性能分析法的应用范围比较广泛，包括金属材料、无机非金属材料、有机高分子材料及纳米材料等。对有机高分子材料而言，主要研究其杨氏模量、应力松弛、玻璃化温度、相转变点及流动温度等。对于脲醛树脂而言，通过测量其弹性模量，研究树脂的固化过程。Simon 等[11]用 TMA 对单宁/MUF 树脂复合胶黏剂做了大量实验，结果表明其弹性模量的重复性很好。

3）扭辫法

扭辫法又称扭转振动自由衰减型黏弹性测定法，是在 20 世纪 60 年代发展起来的。扭辫法是在扭摆法的基础上演变出来的，其原理及数据处理方法与扭摆法极其相似。

　　扭辫法是将聚合物的溶液或熔融体浸渍在一种特制的辫子上进行测试。其原理是启动器使辫子扭转一定的角度，它便自由扭动起来，带动转换盘转动，使上下偏振片间夹角发生周期性变化，从而使得透射光强度发生变化，这种变化由光电池转变成电信号后，由记录仪记录出图像。这种仪器样品用量少、实验分析灵敏度较高，可用于液体或固体高聚物试样的测定，主要研究分子运动、相变等，此外还可以应用于胶黏剂固化过程领域[12]，探索胶黏剂的最佳固化条件。

　　何平笙等[13]利用动态扭辫法得出了环氧树脂在以甲撑替二苯胺（MDA）作为固化剂时的热力谱，分析出树脂与固化剂的最佳配比。李德深等[14]用扭辫法测试聚酯动态力学谱，结果表明，随着结晶度的增加，中速纺聚酯的主转变中间温度提高。周朝华等[15]用扭辫分析法研究了糠醛的开环机理，分析了温度和引发剂用量对聚合反应的影响。Kollmann 和 Chow 等[16, 17]用扭辫法分析了脲醛树脂的固化过程，得出脲醛树脂的固化过程不是连续过程，随着温度升高，强度先增加后降低，最后达到一种平衡强度状态。顾继友等[18]在低甲醛释放的脲醛树脂体系中加入不同的固化剂，用扭转振动自由衰减型黏弹性测定法探索了固化过程中脲醛树脂的相对刚性率和黏弹性的变化过程。

　　此外，用于研究脲醛树脂固化过程中微观结构变化的分析方法也有很多，主要有红外光谱法、核磁共振法。

　　1）红外光谱法

　　红外光按照波数范围不同可分为远红外光、中红外光、近红外光三部分，其中远红外光的波数为 $10\sim400\text{cm}^{-1}$，能量比较低，与微波相邻，可以用于研究旋转光谱学；中红外光的波数为 $400\sim4000\text{cm}^{-1}$，可以用于研究分子结构和基础振动状态；近红外光的波数为 $4000\sim14\,000\text{cm}^{-1}$，能量高，可以用于激发泛音和谐波振动，其中中红外光的应用较为广泛，傅里叶红外光谱仪利用中红外光可得出红外光谱图。

　　红外光谱法的原理是当样品受到红外光照射时，分子会吸收某些特殊频率的红外光，并由其振动运动或转动运动引起偶极矩的净变化，产生分子运动和转动能级，使分子由基态向激发态跃迁，这些区域透射光会相应地减弱，记录为透光率（或吸光度）与波数（或波长）的曲线，即为红外光谱图，又称为分子振动转动光谱图。从图中可以得出相应的信息：通过吸收峰的位置和形状可以推测出样品的分子结构，通过吸收峰的强度可以定量物质含量。

　　20 世纪 60 年代，Bercher 最早使用红外光谱仪测试脲醛树脂及其固化后产物，系统地分析了二者的红外光谱图。随后在 1981 年，Myers[19]用传统的红外光谱分析仪研究了在固化过程中脲醛树脂的水解稳定性和结构变化，结果得到了低甲醛释放、稳定性较高的脲醛树脂。董耀辉[20]利用傅里叶红外光谱仪研究了不同含量三聚氰胺改性脲醛树脂过程中基团的变化情况，得出在改性固化过程中，三聚氰胺增加了脲醛树脂分子间的交联密度，形成空间网状的大分子结构。Jada[21]利用傅里叶红外光谱仪研究了脲醛树脂的分子结构，结果表明：在红外光谱图中，3300～3500cm^{-1}存在强的吸收峰，为O—H和N—H伸缩振动吸收峰；1630～1600cm^{-1}存在强的吸收峰，为酰胺带I振动产生；1530～1600cm^{-1}存在强的吸收峰，为酰胺带II振动产生；1000～1110cm^{-1}存在强而宽的吸收峰，为—CH$_2$OH与C—O—C作用产生；840cm^{-1}附近的吸收峰是亚甲基醚键振动产生的。林巧佳等[22]用傅里叶红外光谱仪对脲醛树脂、纳米二氧化硅与脲醛树脂混合物及其改性固化后的产物进行测试，结果表明纳米二氧化硅增强了脲醛树脂的胶合强度。

2）核磁共振法

核磁共振技术指的是在恒定的外磁场中，原子核吸收磁场释放出来的脉冲能量，进而由基态向激发态跃迁，形成核磁共振谱图，通过识别谱图可以推测物质的结构。该法在脲醛树脂固化领域应用较为广泛。按照所测元素分类，核磁共振谱分为核磁共振氢谱（^{1}H-NMR）、核磁共振碳谱（^{13}C-NMR）、核磁共振氮谱（^{15}N-NMR）等，其中比较常用的是核磁共振碳谱。

近些年发展起来的高分辨率核磁共振技术可以对固体高分子结构进行测试，效果显著。配有交叉极化/魔角旋转技术的高分辨率固体核磁共振（^{13}C-CP/MAS-NMR）技术是研究固化过程中脲醛树脂结构的最佳方法。Maciel等[23]研究合成脲醛树脂过程中，使用^{13}C-CP/MAS-NMR技术研究了物质浓度、pH，以及甲醛与尿素的摩尔比对脲醛树脂固体结构的影响，同时比较了脲醛树脂水解稳定性。由于脲醛树脂中有氮元素与其他元素连接成化学键，故而核磁共振氮谱也是研究固化过程中脲醛树脂结构变化的主要表征手段，能很好地区分伯胺、仲胺和叔胺结构。

扫描电镜法（SEM）、X射线衍射法（XRD）、凝胶渗透色谱法（GPC）等也都可以实现对树脂微观结构的表征。

9.1.3 固化剂种类

脲醛树脂的固化过程是在脲醛树脂中加入适量的固化剂，固化剂直接或间接提供氢离子，降低体系的pH，使得树脂发生化学反应。按照固化剂的实际应用，主要分为单组分固化剂、多组分固化剂、潜伏性固化剂和微胶囊固化剂。在诸多固化剂中，氯化铵是最常用的固化剂。

1）单组分固化剂

单组分固化剂指的是在脲醛树脂固化过程中只加入一种固化剂，如氯化铵、硫酸铵、磷酸氢二铵、过硫酸铵、酒石酸、邻苯二甲酸酐等，其中氯化铵是最常见的单组分固化剂。这是因为氯化铵具有价格低、来源广、无毒无公害和实验操作简单等优点。其具体作用如下：

$$4NH_4Cl+6CH_2O=4HCl+（CH_2）_6N_4+6H_2O$$

生成的盐酸为脲醛树脂提供酸性环境，达到固化目的。

2）多组分固化剂

多组分固化剂指的是在脲醛树脂固化过程中添加两种或两种以上的固化剂，例如：氨水和氯化铵复合体系，六次甲基四胺和氯化铵复合体系[24]，尿素和氯化铵复合体系，盐酸和氯化铵复合体系，酒石酸、六次甲基四胺及氯化铵复合体系[25]，等等。使用多组分固化剂的目的是减少脲醛树脂的固化时间、增加脲醛树脂的使用时间[26]。

3）潜伏性固化剂

潜伏性固化剂指的是一种在低温或室温条件下不呈现酸性、在一定温度下显酸性的固化剂，如酒石酸、柠檬酸、有机酸盐[27]、路易斯酸[28]、异氰酸酯[29-31]、BL-甲醛消纳剂[32-34]等。由于潜伏性固化剂的效果不太理想，故在脲醛树脂固化领域应用较少。

4）微胶囊固化剂

微胶囊固化剂是表层含有保护膜的固化剂，该固化剂在常温常压下受到保护膜的保护，不能够显酸性，而在加热或加压的条件下，破坏了固化剂的保护膜，进而使固化剂与脲醛树脂混合在一起，达到固化要求。目前，微胶囊固化剂成本较高，因而使用较少。

9.2　无固化剂脲醛树脂的固化过程

脲醛树脂的固化过程是一个非常重要的化学反应过程，固化过程的好坏直接影响产品的使用价值。因此，探索脲醛树脂的固化过程对其在实际生产中的应用具有重要的作用。

时域核磁共振是通过测定材料中的氢原子，形成弛豫时间分布谱图，图中信号幅度反映了固化体系中可探测到的氢原子信号量。信号幅度越大，总峰面积越大，可探测到的氢原子信号量越多。

本研究使用时域核磁共振对脲醛树脂进行测定，通过讨论弛豫时间的变化来研究脲醛树脂的固化特性。该方法简单、快捷、实验用量少，为脲醛树脂的固化特性研究提供了一种新的方法。

9.2.1　脲醛树脂的制备

（1）在 250ml 的三口烧瓶上安装搅拌器、冷凝回流管。

（2）称取 90g 甲醛置于三口烧瓶内，用 10%的氢氧化钠调节溶液 pH 至 9，然后加入第一份尿素（27g），搅拌至溶解。

（3）升温至 60℃后加入第二份尿素（14g）。

（4）继续升温至 80℃后加入第三份尿素（13g），恒温持续 30min 后，用 10%的氯化铵溶液调节体系的 pH 至 5，继续维持溶液体系在 80℃进行缩合反应，并随时取脲醛树脂滴入冷水中，当脲醛树脂在冷水中出现乳化现象，立即降至室温。最后用 10%的氢氧化钠溶液调节体系 pH 至 9 后，出料（物质的量之比 U：F=1：1.2）。

9.2.2　TD-NMR 测定脲醛树脂固化过程的方法

仪器选用上海纽迈科技有限公司生产的 Micro MR 型时域核磁共振波谱仪。自旋-自旋弛豫时间测定是利用 CPMG 脉冲序列，具体参数为：中心频率 22.8MHz，90 度脉冲宽度 14μs，采样点数 154 078，180°脉冲宽度 27μs，回波个数 1500，回波时间 1ms，采样频率 100kHz，等待时间 1000ms，峰点奇偶设置为全部。自旋-晶格弛豫时间采用反转回复 IR 脉冲序列，具体设置参数为：主频率 22.8MHz，90°脉冲宽度 14μs，采样点数 1024，180°脉冲宽度 27μs，数据点数 20，采样频率 100kHz，等待时间 1000ms。

称量 6.5g 制备的脲醛树脂置于样品管中，将样品管放在指定温度（30℃、40℃、60℃、80℃、100℃、120℃、140℃、160℃或 180℃）的烘箱中。10min 后取出，立即放在设置好参数的时域核磁共振波谱仪中进行 T_1 和 T_2 的测量。再利用 Contin 反演程序进行测量数据的反演，进而得到脲醛树脂的自旋-晶格弛豫时间分布谱图和自旋-自旋弛豫时间分布谱图。

9.2.3　脲醛树脂固化过程中自由感应衰减信号量的变化

不同环境温度下，脲醛树脂 FID 信号强度的变化如图 9-2 所示。FID 信号强度（S_0）是 FID 曲线的初始信号强度，也就是时间为 0ms 时，脲醛树脂体系内所有可探测到的氢原子产生的信号量。在 30～180℃固化温度范围内，随着温度的升高，FID 信号强度逐渐减少，这说明在固化过程中，脲醛树脂体系内可探测到的氢原子含量逐渐减少。

当温度在 30～120℃范围内时，随着温度的升高，FID 信号强度减少的程度较小，这表明在该过程中，体系中的水慢慢蒸发。当温度达到 140℃时，FID 信号强度略微增加，这是由于脲醛树脂固化时生成的水和甲醛与周围环境相互作用而被束缚。当温度在 140～180℃范围内时，随着温度的升高，FID 信号强度减少的程度较大，说明在该过程中，脲醛树脂分子间发生缩聚交联反应生成水和甲醛，在较高温度时，水和甲醛气化而脱离体系。

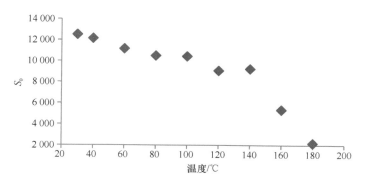

图 9-2　无固化剂作用时脲醛树脂 FID 信号强度与固化温度的关系

9.2.4　脲醛树脂固化过程中自旋-自旋弛豫时间的变化

如图 9-3 所示，当温度为 30℃时，自旋-自旋弛豫时间分布曲线有两个波峰，其波峰最高点对应的自旋-自旋弛豫时间分别为 54.622ms、453.487ms。温度在 30～120℃范围内时，脲醛树脂体系处于液态；当温度升至 120℃时，自旋-自旋弛豫时间分布曲线也有两个波峰，其波峰最高点对应的自旋-自旋弛豫时间分别为 46.415ms、453.487ms，此时体系有白色膏状物生成，并开始有气泡产生，说明此时体系开始固化；当温度在 120～160℃范围内时，脲醛树脂体系内产生气泡，体系呈现固液共存状态，此现象表明该体系发生了化学反应，说明体系处于正在固化阶段；当温度升至 160℃时，自旋-自旋弛豫时间分布曲线只有一个波峰，其波

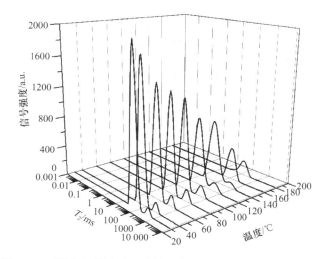

图 9-3　无固化剂作用时脲醛树脂自旋-自旋弛豫时间分布谱图

峰最高点对应的自旋-自旋弛豫时间为 145.082ms；当温度升高至 180℃时，脲醛树脂体系中生成了硬度很大的白色固体，这说明脲醛树脂在 180℃时，固化反应基本结束。

图 9-4 显示的是脲醛树脂自旋-自旋弛豫时间的总峰面积随着环境温度变化的情况。在脲醛树脂固化过程中，自旋-自旋弛豫时间的总峰面积随着温度的升高而逐渐减少，这表明脲醛树脂体系中可探测到的氢原子的含量随着温度的升高而逐渐减少；当固化温度高于 140℃时，自旋-自旋弛豫时间分布的总峰面积减少的程度比固化温度低于 140℃的自旋-自旋弛豫时间分布总峰面积减少的程度更大，这表明随着温度的升高，脲醛树脂分子中的羟甲基（—CH₂OH）与另一分子脲醛树脂上的羟甲基（—CH₂OH）或亚氨基（—NH—）发生交联缩聚反应后，生成了不溶不熔的空间网状热固性化合物，同时生成了水和甲醛，水和甲醛在高温条件下迅速气化，从而使脲醛树脂体系中可探测到的氢原子含量大幅度减少。

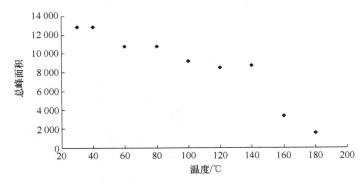

图 9-4　无固化剂作用时脲醛树脂自旋-自旋弛豫时间的总峰面积与环境温度的关系

9.2.5　脲醛树脂固化过程中自旋-晶格弛豫时间的变化

在 30～180℃环境温度内，脲醛树脂的自旋-晶格弛豫时间变化如图 9-5 所示。当温度在 30～140℃范围内时，脲醛树脂的自旋-晶格弛豫时间的分布有两个波峰，波峰最高点对应的自旋-晶格弛豫时间主要集中在 0.014ms 和 327.455ms 附近。

$T_{1-1}=0.014$ms 时，当温度在 30～120℃范围内，自旋-晶格弛豫时间的峰面积随着温度的升高而呈现逐渐减少的趋势，这说明脲醛树脂体系中可探测到的氢原子含量随着温度的升高而逐渐减少；当温度达到 140℃时，自旋-晶格弛豫时间的峰面积随着温度的升高而略微增大，这可能是生成的甲醛和水与周围环境产生氢键作用或分子间作用力而被束缚，未脱离体系，并且在 30～140℃温度范围内，峰面积与温度存在着二次函数关系：$y=0.115\,x^2-30.537x+4612.1$，$R^2=0.931$，其关系趋势如图 9-6 中曲线 A 所示。

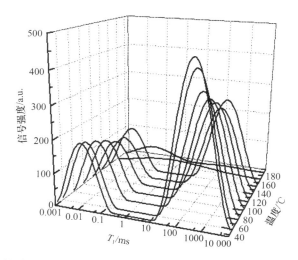

图 9-5　无固化剂作用时脲醛树脂在不同环境温度下自旋-晶格弛豫时间分布谱图

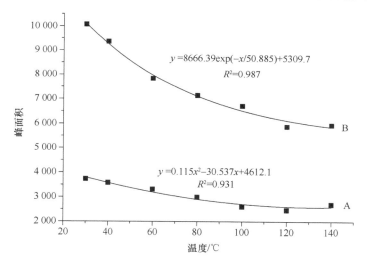

图 9-6　脲醛树脂在 30～140℃温度范围内 T_{1-1}=0.014ms（A）和 T_{1-2}=327.455ms（B）时峰面积
与温度的变化关系

T_{1-2}=327.455ms 时，自旋-晶格弛豫时间的峰面积随着温度的升高而呈现逐渐减少的趋势，这表明脲醛树脂体系中可探测到的氢原子含量随着温度的升高而逐渐减少，并且 T_1 的峰面积与温度存在着指数函数关系：y=8666.39exp（$-x$/50.885）+5309.7，R^2=0.987，其关系趋势如图 9-6 中曲线 B 所示。

当温度升高至 160℃时，自旋-晶格弛豫时间的分布谱图只有一个波峰，并且波峰的峰面积也迅速减少，这说明脲醛树脂体系中可探测到的氢原子含量急剧下降。当温度达到 180℃时，自旋-晶格弛豫时间向纵向弛豫时间短的方向移动，这说明可探测到的氢原子由于氢键或者分子间作用力的作用而被束缚。

在 30~180℃温度范围内，脲醛树脂的自旋-晶格弛豫时间的总峰面积随温度变化的趋势如图 9-7 所示。随着温度的升高，自旋-晶格弛豫时间分布的总峰面积逐渐减少。当温度升高到 140℃时，自旋-晶格弛豫时间分布的总峰面积略微增加，这可能是由于在固化过程中生成的水和甲醛与其周围环境产生分子间作用力或者氢键的作用而没有脱离体系。当温度超过 140℃时，自旋-晶格弛豫时间分布的总峰面积迅速减少，这说明在固化过程中，脲醛树脂脲醛树脂的羟甲基（—CH_2OH）与另一分子脲醛树脂上的羟甲基（—CH_2OH）或亚氨基（—NH—）发生缩聚交联反应生成了甲醛和水，并且甲醛和水在高温条件下迅速气化，进而脱离体系。

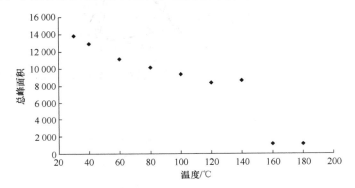

图 9-7　无固化剂作用时脲醛树脂在固化过程中 T_1 的总峰面积与固化温度的关系

9.2.6　脲醛树脂的质量变化与温度的关系

在固化过程中，脲醛树脂质量变化与环境温度有关。由图 9-8 可知，脲醛树脂体系的质量随着环境温度的升高而逐渐减小。当温度低于 140℃时，随着温度的升高，脲醛树脂体系质量减少较慢，这是因为体系中的水分慢慢蒸发。当温度

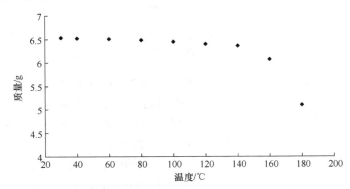

图 9-8　无固化剂固化过程中脲醛树脂的质量与温度的关系

在 140～180℃范围内时，随着温度的升高，脲醛树脂体系质量减少较快，此温度范围是脲醛树脂固化的关键温度，脲醛树脂上的羟基（—OH）与另一分子脲醛树脂上的羟基（—OH）或者氨基（—NH—）发生化学反应生成了甲醛和水，二者由于沸点较低而在高温条件下发生气化现象，进而使脲醛树脂体系的质量减少。

9.2.7　小结

（1）脲醛树脂体系在不加任何固化剂条件下，当外界温度达到 120℃左右开始固化，在 120～160℃温度范围快速固化，在 180℃左右时固化反应基本结束。

（2）通过脲醛树脂体系的自旋-自旋弛豫时间特性、自旋-晶格弛豫时间特性以及质量的变化可知，随着环境温度的升高，脲醛树脂体系中可探测到的氢原子含量逐渐减少，当温度在 30～140℃范围内，主要是由于水分慢慢蒸发而导致体系内可探测到的氢原子含量逐渐减少；当温度高于 140℃时，脲醛树脂体系中可探测到的氢原子含量减少的速度较快，这是由于脲醛树脂分子间发生缩聚交联反应，生成水和甲醛，脱离体系。

9.3　氯化锌作为固化剂的脲醛树脂固化过程

弛豫时间分布谱图有两种表示方法：自旋-自旋弛豫时间和自旋-晶格弛豫时间。自旋-自旋弛豫时间反映被测材料的流动性，自旋-自旋弛豫时间值越小，被测材料的流动性越差；自旋-晶格弛豫时间能够间接反映被测材料的硬度，自旋-晶格弛豫时间值越大，硬度越大。

本研究选用价格低廉且反应后不会生成有毒物质氢氧化锌的氯化锌（ZnCl₂）作为固化剂，在 30～160℃范围内，利用时域核磁共振测定 UF 树脂的弛豫时间特性变化过程，以分析 UF 树脂的流动性和硬度等指标，旨在为胶黏剂固化过程研究提供新的方法。

9.3.1　脲醛树脂的制备

（1）在 1000ml 的三口烧瓶上安装搅拌器、冷凝回流管。

（2）称取 120g 甲醛置于三口烧瓶内，用 10%的氢氧化钠溶液调节反应体系 pH 至 9 后，加入第一份尿素（36g），搅拌至溶解。

（3）升温至 60℃后加入第二份尿素（18g）。

（4）继续升温至 80℃后加入第三份尿素（18g），恒温 30min 后，用 10%的氯化铵溶液调节体系的 pH 至 5，继续维持反应体系在 80℃进行缩合反应，并随时抽取反应生成的脲醛树脂滴入冷水中。当脲醛树脂在冷水中出现乳化现象，立即

降至室温，用 10%的氢氧化钠溶液调节体系的 pH 至 9 后，出料（物质的量之比
U：F=1：1.2）。

9.3.2　TD-NMR 测定氯化锌作用下脲醛树脂固化过程的方法

　　测试设备为上海纽迈科技有限公司生产的 Micro MR 时域核磁共振波谱仪。
利用 CPMG 脉冲序列测定脲醛树脂的自旋-自旋弛豫时间，参数设置为：中心频
率 22.8MHz，90°脉冲宽度 13μs，180°脉冲宽度 27μs，回波个数 2000，回波时间
1ms，采样频率 100kHz，等待时间为 1000ms，峰点奇偶设置为全部。利用 IR 脉
冲序列测定脲醛树脂的自旋-晶格弛豫时间，参数设置为：中心频率 22.8MHz，90°
脉冲宽度 13μs，采样点数为 1024，180°脉冲宽度 27μs，自旋-晶格弛豫曲线所需
要的数据点数定为 20，采样频率 100kHz，等待时间 1000ms。
　　用电子天平称量 2.86g 脲醛树脂置于样品管中，再加入 0.14g 氯化锌固化剂（其
质量占脲醛树脂的 5%），搅拌均匀。将样品管放在设定温度（30℃、40℃、60℃、
80℃、100℃、120℃、140℃、160℃）的烘箱中，保持 5min，取出后立即放在设
置好参数的时域核磁共振波谱仪中，测定自旋-自旋弛豫时间和自旋-晶格弛豫时
间。再利用 Contin 反演程序对测得的数据进行反演，得到脲醛树脂的自旋-自旋弛
豫时间分布谱图和自旋-晶格弛豫时间分布谱图。

9.3.3　氯化锌作用下脲醛树脂固化过程中自旋-自旋弛豫时间的变化

　　以氯化锌（$ZnCl_2$）作为固化剂，脲醛树脂固化过程中自旋-自旋弛豫时间随
环境温度变化如图 9-9 所示。在 30～60℃温度范围内，脲醛树脂的 T_2 分布谱图有

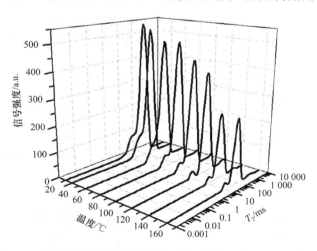

图 9-9　氯化锌作用下脲醛树脂的自旋-自旋弛豫时间分布谱图

一个波峰,峰顶点对应的自旋-自旋弛豫时间为 236.45ms,此条件下脲醛树脂体系处于液态。当温度在 80～100℃范围内时,峰顶点主要集中在 236.45ms 附近,其峰面积略微减少,脲醛树脂体系仍处于液态。当温度升高至 120℃时,波峰向横向弛豫时间短的方向移动,峰顶点对应的自旋-自旋弛豫时间主要集中在 145.08ms 附近,其峰面积略微减少,脲醛树脂体系依旧处于液态,并且开始缓慢地产生气泡。当温度升高至 140℃时,波峰继续向横向弛豫时间短的方向移动,峰顶点对应的自旋-自旋弛豫时间在 104.76ms 附近,峰面积减少的速度增大,并且脲醛树脂体系迅速产生大量气泡,此时体系为固液共存状态。当温度升高至 160℃时,波峰进一步向横向弛豫时间短的方向移动,峰顶点对应的自旋-自旋弛豫时间主要在 89.02ms,峰面积基本无变化,此时体系为固态。由上述分析可知:在 30～160℃温度范围内,随着温度的升高,脲醛树脂的自旋-自旋弛豫时间逐渐变小,这说明随着温度的升高,脲醛树脂的流动性逐渐减弱,由液态转变成固态。

图 9-10 显示了 $ZnCl_2$ 作为固化剂时脲醛树脂的 T_2 总峰面积随温度的变化情况。随着温度的升高,脲醛树脂的 T_2 总峰面积逐渐减少。在温度从 30℃升至 100℃时, T_2 的总峰面积逐渐减少,此时 UF 树脂体系处于液态状态。当温度在 100～120℃范围内时,总峰面积进一步减少,UF 树脂体系仍处于液态状态,但开始缓慢地产生气泡,这是由于固化剂氯化锌发生水解反应,生成盐酸,其反应方程式为

$$ZnCl_2 + 2H_2O \rightleftharpoons Zn(OH)_2 + 2HCl$$

在酸性条件下体系中,脲醛树脂分子与另一分子脲醛树脂发生缩聚反应,生成了甲醛和水,脲醛树脂开始固化。在温度 120～140℃时,总峰面积大幅度减小,主要是由于温度越高,越有利于氯化锌水解,生成大量盐酸,使得脲醛树脂分子充分固化,高温破坏了水分子间或者水分子与其他分子间的氢键,使水脱离体系,体系迅速产生大量气泡,成为固液共存状态。当温度超过 140℃时,总峰面积基本无变化,体系为固态,固化过程结束。

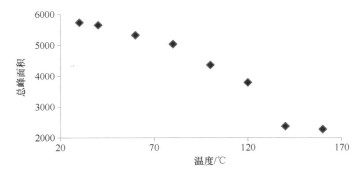

图 9-10　氯化锌作用下脲醛树脂自旋-自旋弛豫时间总峰面积与温度的关系

9.3.4 氯化锌作用下脲醛树脂固化过程中自旋-晶格弛豫时间的变化

以 $ZnCl_2$ 作为固化剂，脲醛树脂的自旋-晶格弛豫时间分布如图 9-11 所示。在 30～60℃温度范围内，脲醛树脂的 T_1 分布谱图峰顶点对应的自旋-晶格弛豫时间主要为 200.92ms，当温度升高至 80℃时，脲醛树脂的 T_1 分布谱图有一个波峰，峰顶点对应的自旋-晶格弛豫时间为 236.45ms，峰面积略微减小，当温度升高至 100℃时，脲醛树脂的 T_1 分布谱图也有一个波峰，峰顶点对应的自旋-晶格弛豫时间为 327.45ms，峰面积略微减小，在 30～100℃温度范围内，脲醛树脂体系处于液态，峰面积有所减少；这说明当温度在 30～100℃范围内，体系中的水慢慢蒸发。当温度在 120～160℃范围内，脲醛树脂的 T_1 分布谱图有两个波峰，温度升高至 120℃时信号幅度主要集中在 453.49ms 附近，峰面积减少，并且体系缓慢地产生气泡；温度升高至 140℃时信号幅度主要集中在 200.92ms 附近，峰面积减少，并且体系迅速产生大量气泡，此时体系为固液共存状态；温度升高至 160℃时，峰面积向纵向弛豫时间短的方向移动且峰面积略微减少，此时体系为固态。

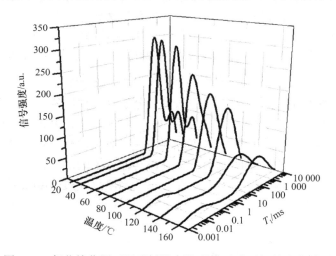

图 9-11　氯化锌作用下脲醛树脂自旋-晶格弛豫时间的分布谱图

由上述分析可知：在 30～120℃固化过程中，随着温度的升高，T_1 逐渐增大，说明 UF 树脂体系的硬度逐渐增大；当温度高于 120℃时，T_1 逐渐减小，可能是由于温度过高，UF 树脂发生老化现象，硬度降低。

图 9-12 显示了在 $ZnCl_2$ 作用下脲醛树脂的 T_1 总峰面积随温度的变化趋势。在温度 30～100℃时，T_1 总峰面积减少的速度较慢，UF 树脂体系处于液态状态，这是由于体系中水分慢慢蒸发的缘故。在温度 100～120℃时，T_1 总峰面积略微减少，体系缓慢地产生气泡，主要是由于固化剂 $ZnCl_2$ 在较高温度下发生水解，生成大

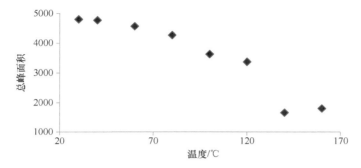

图 9-12　氯化锌作用下脲醛树脂自旋-晶格弛豫时间总峰面积与温度的关系

量盐酸，UF 树脂在酸性条件下发生缩聚反应生成水，与周围分子相互作用较小的水分子脱离体系。在温度 120～140℃时，T_1 总峰面积降幅较大，体系迅速产生大量气泡，为固液共存状态，这说明当温度高于 120℃时，$ZnCl_2$ 的水解平衡反应正向移动，同时生成了盐酸，温度越高，生成的盐酸越多，在酸性条件下，体系中的脲醛树脂分子与另一分子脲醛树脂发生缩聚反应，同时生成了甲醛和水，二者在较高温度下汽化，脱离体系，从而使得氢原子含量迅速减少。当温度超过 140℃时，T_1 总峰面积基本不变，UF 树脂体系为固态，固化过程结束。

9.3.5　氯化锌固化作用下脲醛树脂质量与温度的关系

由图 9-13 可知，脲醛树脂体系的质量随着温度的升高而逐渐减小。当温度低于 120℃时，随着温度的升高，脲醛树脂体系质量稍微呈现减少的变化趋势，这是因为体系中的水分缓慢蒸发。当温度在 120～160℃范围内时，随着温度的升高，脲醛树脂体系质量发生明显降低，这是因为在固化过程中，氯化锌发生水解反应生成盐酸，使得脲醛树脂分子间发生化学反应，生成了甲醛和水，二者由于沸点较低而在高温条件下发生汽化现象，进而使脲醛树脂体系的质量大量减少。

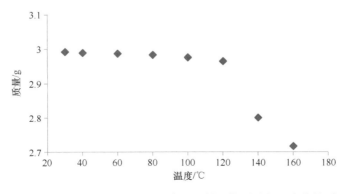

图 9-13　氯化锌作用固化过程中脲醛树脂的质量与温度的关系

9.3.6 小结

在以 ZnCl₂ 作为固化剂的固化过程中，通过对脲醛树脂质量和 T_1 分布谱图、T_2 分布谱图的分析可知，当温度达到 120℃时开始发生固化，当温度高于 140℃时固化反应基本结束。

在 ZnCl₂ 作用下，随着温度的升高，脲醛树脂的流动性逐渐减弱，由液态转变成固态。

以 ZnCl₂ 作为固化剂的脲醛树脂在 30～120℃固化过程中，随着温度的升高，脲醛树脂体系的硬度逐渐增大；当温度高于 120℃时，由于温度过高，UF 树脂出现老化现象，硬度降低。

9.4 氯化铵-乙酸作为固化剂的脲醛树脂固化过程

固化剂的种类有很多，按照体系所包含的成分，可将固化剂分为一元固化剂体系、二元固化剂体系和多元固化剂体系。目前使用最多的固化剂是一元固化剂体系，但是部分二元固化剂体系和多元固化剂体系的固化效果比一元固化剂体系好。

本研究以氯化铵-乙酸作为固化剂，利用时域核磁共振测定了脲醛树脂体系的自旋-自旋弛豫时间，讨论了在固化过程中，脲醛树脂体系的自旋-自旋弛豫时间分布的变化和分子动力学。

9.4.1 脲醛树脂的制备

（1）在 250ml 的三口烧瓶上安装搅拌器、冷凝回流管。

（2）称取 150g 甲醛置于三口烧瓶内，用 10%的氢氧化钠溶液调节反应体系 pH 至 9 后，加入第一份尿素（45g），并搅拌至溶解。

（3）升温至 60℃后加入第二份尿素（22.5g）。

（4）继续升温至 80℃后加入第三份尿素（22.5g），并恒温保持 30min，用 10%的氯化铵溶液调节体系 pH 至 5，继续维持体系在 80℃进行缩合反应，并随时取脲醛树脂滴入冷水中，当脲醛树脂在冷水中出现乳化现象，立即降至室温。用 10%的氢氧化钠溶液调节体系的 pH 至 9 后，出料（物质的量之比 U：F=1：1.2）。

9.4.2 TD-NMR 测定二元固化剂脲醛树脂固化过程的方法

测试设备为上海纽迈科技有限公司生产的 Micro MR 型时域核磁共振波谱仪。利用 CPMG 脉冲序列测定脲醛树脂的自旋-自旋弛豫时间，设置参数为：中心频率 22.8MHz，90°脉冲宽度 14μs，180°脉冲宽度 26μs，回波个数 2000，回波时间 1ms，采样频率 100kHz，等待时间 1000ms，峰点奇偶设置为全部。

在使用时域核磁共振波谱仪测量样品时，用电子天平称量 3.26g 脲醛树脂置于样品管中，再加入 0.165g 氯化铵-乙酸二元固化剂（其质量占脲醛树脂的 5%，质量比 NH_4Cl：$CH_3COOH=3$：1），搅拌均匀。将样品管放在指定温度（30℃、40℃、60℃、80℃、100℃、120℃、140℃）的烘箱中，保持 5min，取出后立即放在设置好参数的时域核磁共振波谱仪中进行 T_2 的测量，再利用 Contin 反演程序进行反演，进而得到脲醛树脂的自旋-自旋弛豫时间分布谱图。

9.4.3　氯化铵-乙酸作用下脲醛树脂固化过程中自旋-自旋弛豫时间的变化

图 9-14 是以氯化铵-乙酸作为固化剂的脲醛树脂自旋-自旋弛豫时间分布谱图。当温度在 30～40℃范围内时，T_2 分布谱图有 3 个波峰，这说明脲醛树脂体系中有三种状态的氢原子。当温度在 60～140℃范围内时，T_2 分布谱图有 2 个波峰，波峰顶点对应的自旋-自旋弛豫时间分别在 10～100ms 和 200～1500ms，这说明脲醛树脂体系中有两种状态的氢原子。

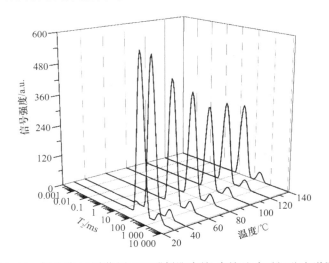

图 9-14　氯化铵-乙酸作用下脲醛树脂自旋-自旋弛豫时间分布谱图

当温度在 30～80℃范围内时，脲醛树脂体系处于液态；当温度升高至 100℃时，脲醛树脂体系有气泡产生，并且体系处于固液共存状态，这说明氯化铵-乙酸提供了酸性环境，使得脲醛树脂开始发生固化；当温度升高至 120℃时，脲醛树脂体系变成固态，固化反应基本结束。

以氯化铵-乙酸作为固化剂，脲醛树脂体系的自旋-自旋弛豫峰点时间及其峰面积随温度变化的情况见表 9-1。当自旋-自旋弛豫时间在 10～100ms 范围内时，随着温度的升高，自旋-自旋弛豫时间逐渐变小，这说明随着温度的升高，氢原子与周围原子形成氢键或分子间作用力增强，或者脲醛树脂分子间发生交联反应，使得脲醛树脂体系的流动性逐渐减小，这与固化过程中脲醛树脂的状态变化一致。随着温度的升高，T_2 的峰面积也逐渐减少，这是因为在乙酸的作用下，氯化铵与甲醛反应生成盐酸，盐酸与乙酸共同提供氢离子，使得脲醛树脂分子间发生缩聚反应生成了甲醛和水，随着温度升高，甲醛和水缓慢脱离体系，所以体系中氢含量减小。

表 9-1 氯化铵-乙酸作用下脲醛树脂自旋-自旋弛豫峰点时间及其峰面积

温度/℃	T_{2-1}/ms	峰面积	T_{2-2}/ms	峰面积
30	89.022	4466.166	1417.474	177.072
40	89.022	4318.181	1204.504	174.179
60	64.281	3546.378	869.749	195.534
80	54.623	3065.563	739.072	191.745
100	33.516	2491.985	533.670	187.515
120	20.565	2312.444	385.353	195.612
140	17.475	2092.248	200.923	203.146

当自旋-自旋弛豫时间在 200～1500ms 范围内时，随着温度的升高，自旋-自旋弛豫时间逐渐减小，这是因为温度越高，脲醛树脂分子间发生交联反应越剧烈，使得脲醛树脂体系的流动性逐渐减小。

由图 9-15 可知，随着温度的升高，脲醛树脂自旋-自旋弛豫时间的总峰面积逐渐减少，即可探测到的氢原子含量逐渐减少。这是因为随着温度的升高，在乙

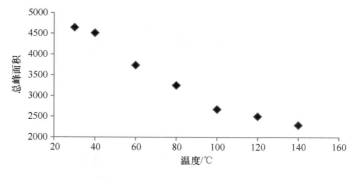

图 9-15 氯化铵-乙酸作用下脲醛树脂自旋-自旋弛豫时间总峰面积与温度的关系

酸的作用下，体系中的氯化铵与甲醛反应生成的盐酸与乙酸共同提供酸性环境，使得脲醛树脂分子间发生缩聚反应生成甲醛和水，在较高温度下，甲醛和水脱离体系，因此氢原子含量降低。

9.4.4　氯化铵-乙酸固化作用下脲醛树脂质量与温度的关系

以氯化铵-乙酸作为固化剂，在固化过程中脲醛树脂体系的质量随着温度变化的趋势如图 9-16 所示。在固化过程中，随着温度的升高，脲醛树脂体系的质量逐渐减少。这说明随着温度的升高，体系中的氯化铵与甲醛反应生成的盐酸与乙酸共同提供酸性环境，使得脲醛树脂分子间发生缩聚反应生成甲醛和水，在较高温度下，甲醛和水脱离体系，导致体系质量降低。

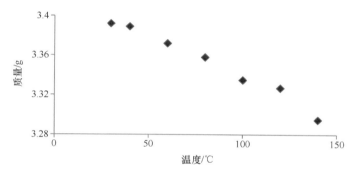

图 9-16　氯化铵-乙酸作用下脲醛树脂质量与温度的关系

9.4.5　脲醛树脂固化过程中的分子动力学分析

Arrhenius 假设为

$$\tau_c = A \cdot \exp\left(-\frac{E_a}{RT}\right) \tag{9-2}$$

式中，τ_c 为分子相关时间，ms；R 为理想气体常数，8.314J·mol^{-1}·K^{-1}；T 为温度，K；E_a 为化学活化能，J/mol；A 为指前因子，又称 Arrhenius 常数。

自旋-自旋弛豫时间与分子相关时间有如下关系：

$$\frac{1}{T_2} = k\,\tau_c \tag{9-3}$$

式中，τ_c 为分子相关时间，ms；T_2 为自旋-自旋弛豫时间，ms；k 为比例常数。

分别对公式（9-2）的等号两边取对数，得

$$\ln\tau_c = \ln A - \frac{E_a}{RT} \tag{9-4}$$

再分别对公式（9-3）的等号两边取对数，得

$$-\ln T_2 = \ln \tau_c + \ln k \qquad (9-5)$$

联立公式（9-4）和公式（9-5），得到 T_2 与 T 的关系如下：

$$-\ln T_2 = \ln K - \frac{E_a}{RT} \qquad (9-6)$$

式中，$\ln K = \ln A + \ln k$。由公式（9-6）可知，利用 $-\ln T_2$ 与 $1/T$ 作图，其斜率即为（或可得到）E_a。

图 9-17 表示的是以氯化铵-乙酸为固化剂，脲醛树脂自旋-自旋弛豫时间总峰面积与温度关系图，其中 A 代表某一温度下自旋-自旋弛豫时间对应的总峰面积。脲醛树脂体系的自旋-自旋弛豫时间总峰面积与温度存在着函数关系，关系式为：$\ln A = 0.853 \times (1000/T) + 5.657$，$R^2 = 0.990$，这表明自旋-自旋弛豫时间总峰面积随着温度的升高而呈现规律性变化。

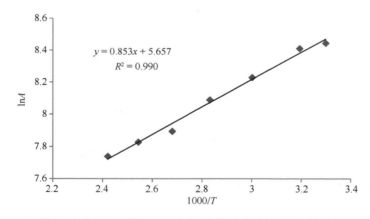

图 9-17 氯化铵-乙酸作用下脲醛树脂自旋-自旋弛豫时间总峰面积与温度的关系

图 9-18 中直线 A 显示的是自旋-自旋弛豫时间在 10～100ms 范围内，脲醛树脂固化体系的 $-\ln T_2$ 与 $1/T$ 的关系。$-\ln T_2$ 与 $1/T$ 拟合后的关系式为 $-\ln T_2 = -1.981 \times (1000/T) + 8.769$，$R^2 = 0.939$。图 9-18 中直线 B 显示的是脲醛树脂固化体系的自旋-自旋弛豫时间在 200～1500ms 范围内 $-\ln T_2$ 与 $1/T$ 的关系图。$-\ln T_2$ 与 $1/T$ 拟合后的关系式为 $-\ln T_2 = -2.003 \times (1000/T) + 6.156$，$R^2 = 0.926$。

两组关系式计算出的化学活化能（E_a）如表 9-2 所示。以氯化铵-乙酸作为固化剂时，脲醛树脂的固化化学活化能为 16.56kJ·mol^{-1}，其值低于以氯化铵为固化剂时脲醛树脂的固化化学活化能，这说明氯化铵-乙酸二元固化剂降低了固化反应条件。

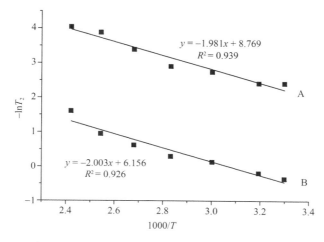

图 9-18　氯化铵-乙酸作用固化过程中脲醛树脂的–lnT_2 与 1/T 关系图

直线 A 为–lnT_{2-1} 与 1/T 关系；直线 B 为–lnT_{2-2} 与 1/T 关系

表 9-2　脲醛树脂自旋-自旋弛豫时间与化学活化能的关系

自旋-自旋弛豫时间	T_{2-1}	T_{2-2}
–lnT_2 与 1/T 的关系式	–lnT_2= –1.981×（1000/T）+8.769	–lnT_2= –2.003×（1000/T）+6.156
相关系数	R^2=0.939	R^2=0.926
E_a/（kJ·mol^{-1}）	16.47	16.65
E_a 平均值/（kJ·mol^{-1}）		16.56

9.4.6　小结

在以氯化铵-乙酸作为固化剂的条件下，利用时域核磁共振对脲醛树脂体系的自旋-自旋弛豫时间进行测试，得出脲醛树脂在 100℃时开始固化，当温度升高至 120℃时，固化反应基本结束。

通过对自旋-自旋弛豫时间分析得出，随着温度的升高，脲醛树脂的流动性逐渐较小。氯化铵与甲醛反应生成的盐酸与乙酸共同为反应体系提供了酸性环境，使得脲醛树脂分子间发生缩聚反应，生成甲醛和水。

以氯化铵-乙酸作为固化剂，脲醛树脂的固化化学活化能较低为 16.56kJ·mol^{-1}，这说明氯化铵-乙酸固化剂降低了脲醛树脂固化反应条件。

9.5　邻苯二甲酸酐作为固化剂的脲醛树脂固化过程

脲醛树脂的固化过程指的是线性脲醛树脂经过化学交联反应形成网状结构聚合物的过程。在脲醛树脂固化过程中，加入合适的固化剂，可以降低固化温度。

固化剂的种类有很多，其中氯化铵和硫酸铵是最常用的固化剂。然而加入氯化铵作为固化剂的木质、竹质材料，在燃烧过程中会产生二噁英等有毒物质，因此，探索新型固化剂仍是一项重要研究。

本研究以邻苯二甲酸酐（*o*-phthalic anhydride，PA）作为固化剂，分别采用差示扫描量热仪、热重分析仪、傅里叶变换红外光谱仪、X 射线衍射仪和时域核磁共振波谱仪对脲醛树脂的固化过程进行分析，以期为脲醛树脂提供一种新型固化剂。

9.5.1　脲醛树脂的制备

（1）在 250ml 的三口烧瓶上安装搅拌器、冷凝回流管。

（2）称取 120g 甲醛置三口烧瓶内，用 10%的氢氧化钠溶液调节体系 pH 至 9后，加入第一份尿素（36g），并搅拌至溶解。

（3）升温至 60℃后加入第二份尿素（18g）。

（4）继续升温至 80℃后加入第三份尿素（18g），并保温 30min。用 10%的氯化铵溶液调节体系 pH 至 5 后，继续维持在 80℃进行缩合反应，并随时取脲醛树脂滴入冷水中。当脲醛树脂在冷水中出现乳化现象，立即降至室温，并用 10%的氢氧化钠溶液调节体系的 pH 至 9，出料（物质的量之比 U：F=1：1.2）。

9.5.2　脲醛树脂固化过程的表征

用电子天平分别称取 5 份脲醛树脂于小烧杯中，分别加入质量分数为 1%、2%、3%、4%和 5%的邻苯二甲酸酐作为固化剂，搅拌均匀，待测。

（1）DSC 测试：取少许试样于坩埚中，利用德国生产的 Netzsch STA 409 PC型差示扫描量热仪对坩埚中的试样进行测量。测试条件为常压，升温速率为10℃/min，氮气作为保护气，温度测试范围为 25～250℃。

（2）热重（thermogravimetry，TG）测试：利用德国生产的 Netzsch STA 409 PC型热重分析仪对试样进行热重测试，测试条件同上。

（3）傅里叶变换红外光谱（Fourier transform infrared spectroscopy，FTIR）测试：将加入适量邻苯二甲酸酐的脲醛树脂置于烘箱内，温度为 150℃，保持 10min，取出后冷却，用研钵研磨成粉末，将样品与干燥的溴化钾按 1：100 的质量比混合，研磨搅拌均匀，压片，置于德国布鲁克公司生产的 Tensor27 型傅里叶变换红外光谱仪中进行测量，得到固化后的脲醛树脂红外光谱图；将干燥的溴化钾压制成片，将加入适量的邻苯二甲酸酐的脲醛树脂均匀涂抹在溴化钾压片上，涂层越薄效果越好，得到固化前的脲醛树脂红外光谱图。扫描次数为 64，分辨率为 4cm^{-1}，波数为 400～4000cm^{-1}。

（4）XRD 测试：将加入适量邻苯二甲酸酐的脲醛树脂置于烘箱内，温度为 150℃，保持 10min，取出后冷却至室温，用研钵研磨成粉末，置于 X 射线衍射仪的磨具中进行测试，扫描速度为 1°/min，步阶为 0.2°，扫描范围为 5°～60°，得到 X 射线衍射谱图。

（5）TD-NMR 测试：用电子天平称量 2.347g 脲醛树脂置于样品管中，再加入 0.047g 邻苯二甲酸酐固化剂（其质量占脲醛树脂的 2%），搅拌均匀，将样品管放在设定温度（32℃、40℃、60℃、80℃、100℃、120℃、140℃）的烘箱中，保持 5min，取出后立即放入设置好参数的时域核磁共振波谱仪（上海纽迈科技有限公司生产的 Micro MR 型）中测量自旋-自旋弛豫时间，再利用 Contin 反演程序进行反演，进而得到脲醛树脂的自旋-自旋弛豫时间分布谱图。

9.5.3　利用 DSC 研究邻苯二甲酸酐作用下脲醛树脂固化过程

添加不同含量邻苯二甲酸酐脲醛树脂的 DSC 谱图如图 9-19 所示，其中曲线 A 是不加邻苯二甲酸酐的脲醛树脂的 DSC 曲线，曲线 B～F 分别是加入 1%、2%、3%、4%、5%邻苯二甲酸酐的脲醛树脂的 DSC 曲线。6 种体系均在 100～150℃ 范围内有一个最大放热峰。在固化过程中，不加邻苯二甲酸酐的脲醛树脂的放热峰宽而钝，加入邻苯二甲酸酐的脲醛树脂的放热峰比较窄，这说明加入固化剂后，脲醛树脂的固化反应比较剧烈。

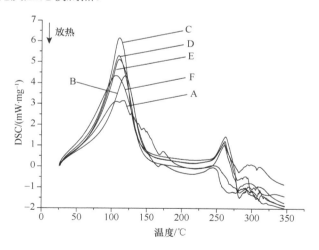

图 9-19　不同邻苯二甲酸酐含量的脲醛树脂的 DSC 谱图

A. 无固化剂；B. 1%邻苯二甲酸酐；C. 2%邻苯二甲酸酐；D. 3%邻苯二甲酸酐；E. 4%邻苯二甲酸酐；F. 5%邻苯二甲酸酐

在不同邻苯二甲酸酐含量下，脲醛树脂固化过程中的放热峰顶点对应的温度如图 9-20 所示。随着邻苯二甲酸酐含量的增加，放热峰顶点对应的温度呈现逐渐降低的趋势，当邻苯二甲酸酐含量为 1%时，峰顶点对应的温度为 119.8℃；当邻苯二甲酸酐含量在 2%~4%范围内时，峰顶点对应的温度变化不是很大，在 110℃附近变化；当邻苯二甲酸酐含量为 5%时，峰顶点对应的温度降到 106℃。这说明邻苯二甲酸酐降低了固化反应温度，邻苯二甲酸酐含量越高，脲醛树脂放热峰顶点对应的温度越低，即固化温度越低。

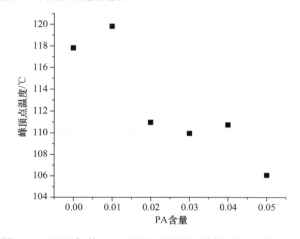

图 9-20　不同邻苯二甲酸酐含量的脲醛树脂的峰顶点温度

DSC 曲线的纵坐标可以理解为单位质量的样品在单位时间内的热量变化（热流率 dH/dt）。不同邻苯二甲酸酐含量下，脲醛树脂的热流率见图 9-21。随着邻苯二甲酸酐含量的增加，脲醛树脂的热流量呈现先增加后降低的趋势。当邻苯二甲酸酐含量低于 2%时，脲醛树脂的热流率随着邻苯二甲酸酐含量的增加而逐渐增加；当邻苯二甲酸酐含量高于 2%时，脲醛树脂的热流率随着邻苯二甲酸酐含量的

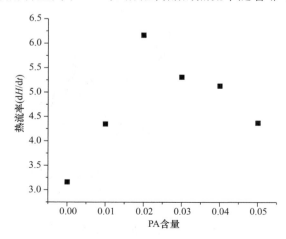

图 9-21　不同邻苯二甲酸酐含量的脲醛树脂的固化热流率

增加而逐渐降低；当邻苯二甲酸酐含量为 2%时，脲醛树脂的热流率最大，这说明当邻苯二甲酸酐含量为 2%时，单位质量的脲醛树脂在单位时间内放出的热量最多，固化反应最为剧烈。

9.5.4　利用 TG 研究邻苯二甲酸酐作用下脲醛树脂固化过程

添加不同含量邻苯二甲酸酐的脲醛树脂 TG 谱图见图 9-22，曲线 A 为不加邻苯二甲酸酐的脲醛树脂的 TG 曲线，曲线 B～F 分别是加入 1%、2%、3%、4%、5%邻苯二甲酸酐的脲醛树脂的 TG 曲线。在 50～150℃范围内，曲线 A "坡度"比较平缓，这说明在未加邻苯二甲酸酐的脲醛树脂固化过程中，脲醛树脂的固化交联反应比较缓和。当脲醛树脂中加入 1%的邻苯二甲酸酐时，曲线 B "坡度"比曲线 A 稍稍 "陡"了一些，这说明邻苯二甲酸酐含量较少，对脲醛树脂固化过程影响较小。当脲醛树脂中加入的邻苯二甲酸酐含量在 2%～4%范围内时，曲线 C～E "坡度"均比较 "陡"，这说明加入固化剂脲醛树脂的固化交联反应比较强烈。然而随着邻苯二甲酸酐含量的增加，曲线 "坡度"变化不大。当脲醛树脂中加入 5%的邻苯二甲酸酐时，曲线 F "坡度"又变得比较平缓，这说明邻苯二甲酸酐含量过大会降低固化反应速率。通过上述分析可知，基于成本分析，邻苯二甲酸酐含量的最佳配比为 2%。

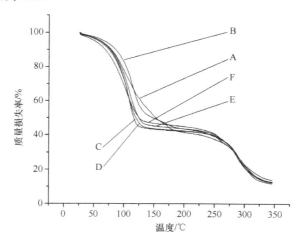

图 9-22　不同邻苯二甲酸酐含量的脲醛树脂的 TG 谱图

A. 无固化剂；B. 1%邻苯二甲酸酐；C. 2%邻苯二甲酸酐；D. 3%邻苯二甲酸酐；E. 4%邻苯二甲酸酐；F. 5%邻苯二甲酸酐

9.5.5　利用 FTIR 研究邻苯二甲酸酐作用下脲醛树脂固化过程

固化前的不同固化剂含量脲醛树脂的图谱基本相同，固化后的不同固化剂含量脲醛树脂的图谱也基本相同。图 9-23 是加入 2%邻苯二甲酸酐的脲醛树脂固化前后的红外光谱图,曲线 A 是脲醛树脂固化前的红外光谱图,曲线 B 是脲醛树脂固化后的红外光谱图。

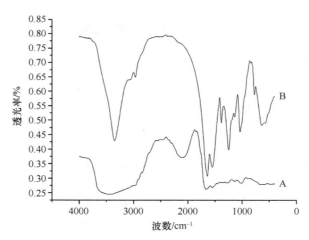

图 9-23　固化前后的脲醛树脂的红外光谱图

A. 固化前 UF 的红外光谱图;B. 固化后 UF 的红外光谱图

脲醛树脂固化前,谱图在 3352~3408cm^{-1} 处宽而钝的强吸收峰是缔合形成氢键的羟甲基中 O—H 伸缩振动和亚氨基中 N—H 伸缩振动吸收峰,在 2904cm^{-1}、2837cm^{-1} 处附近有亚甲基中 C—H 伸缩振动吸收峰,在 1004cm^{-1} 处附近较强的吸收峰为羟甲基中 C—O 伸缩振动吸收峰,在 1100~1122cm^{-1}、1230~1250cm^{-1} 处为环状酸酐中 C—O—C 伸缩振动吸收峰。

脲醛树脂固化后,图谱在 3342~3348cm^{-1} 处有一个尖锐的强吸收峰,为亚氨基中 N—H 伸缩振动吸收峰,在 2956cm^{-1} 处附近有较强的亚甲基中 C—H 伸缩振动吸收峰,在 1012cm^{-1} 处附近较弱的吸收峰为羟甲基中 C—O 伸缩振动吸收峰,在 1139cm^{-1} 处有较强的 C—O 伸缩振动吸收峰,在 1045~1050cm^{-1} 处有较强的 C—O 不对称伸缩振动吸收峰,在 1390cm^{-1} 附近有中强的酰胺的 C—N 伸缩振动吸收峰,在 1253~1260cm^{-1} 处为酰胺Ⅲ带的 C—N 伸缩振动吸收峰和醚键 C—O—C 伸缩振动强吸收峰。

脲醛树脂固化后,羟基含量减少,醚键 C—O—C 和肽键 O=C—N 增加,这说明邻苯二甲酸酐发生水解生成邻苯二甲酸,使得线性脲醛树脂分子间发生缩聚交联反应,一分子脲醛树脂的羟甲基与另一分子的亚氨基发生化学反应脱去一分子水,脲醛树脂分子间的羟甲基发生化学反应脱去一分子水生成醚键,脲醛树脂分子间的羟甲基发生化学反应脱去一分子甲醛和水生成肽键,进而形成网状结构的聚合物大分子。

9.5.6　利用 XRD 研究邻苯二甲酸酐作用下脲醛树脂固化过程

在不同邻苯二甲酸酐含量条件下，脲醛树脂固化后的 XRD 谱图如图 9-24 所示。曲线 A 为未加邻苯二甲酸酐的脲醛树脂的 XRD 曲线，曲线 B～F 是分别加入 1%、2%、3%、4%、5%邻苯二甲酸酐的脲醛树脂的 XRD 曲线。在 2θ 为 22.3°附近有较强的衍射峰，在 2θ 为 24.8°和 31.5°附近出现比较平缓的衍射峰，在 2θ 为 44.1°附近时出现比较尖锐且衍射强度较弱的衍射峰。在 2θ 为 22.3°时，未加固化剂的脲醛树脂出现尖锐较强的衍射吸收峰，加入固化剂的脲醛树脂出现宽而钝、相对较弱的衍射峰，这说明在固化过程中，未加固化剂的线性脲醛树脂之间形成网状结构的"链桥"较少，分子较小，固化后的脲醛树脂颗粒较小；当加入邻苯二甲酸酐后，在固化过程中邻苯二甲酸酐分解出邻苯二甲酸，增强了脲醛树脂体系的酸性环境，使得线性脲醛树脂之间发生缩聚交联反应，形成大量网状结构的"链桥"，分子较大，固化后的脲醛树脂颗粒较大。

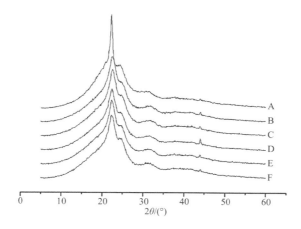

图 9-24　不同邻苯二甲酸酐含量的脲醛树脂的 XRD 谱图

A. 无固化剂；B. 1%邻苯二甲酸酐；C. 2%邻苯二甲酸酐；D. 3%邻苯二甲酸酐；E. 4%邻苯二甲酸酐；F. 5%邻苯二甲酸酐

9.5.7　利用 TD-NMR 研究邻苯二甲酸酐作用下脲醛树脂固化过程

图 9-25 显示的是以质量分数为 2%邻苯二甲酸酐作为固化剂，脲醛树脂在不同温度下的自旋-自旋弛豫时间分布谱图。由图可知，随着温度的升高，脲醛树脂体系的自旋-自旋弛豫时间逐渐变小，这说明该体系的流动性逐渐减弱。随着温度的升高，脲醛树脂体系的自旋-自旋弛豫时间对应的峰面积逐渐减少，这说明随着温度的升高，脲醛树脂分子间的羟甲基发生化学反应生成水，或者一分子脲醛树脂的羟甲基与另一分子的亚氨基发生化学反应脱去一分子水，随着温度的升高，

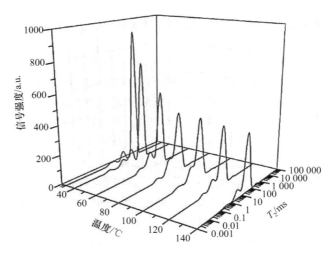

图 9-25 邻苯二甲酸酐作用下脲醛树脂的自旋-自旋弛豫时间分布谱图

水蒸发脱离体系。当温度达到 80℃时，脲醛树脂体系呈现半固态，处于固化状态；当温度在 80～100℃范围内时，随着温度升高，峰面积逐渐减少，说明体系中固化产生的水和甲醛逐渐脱离体系。当温度高于 120℃时，峰面积基本不变，固化反应基本结束。

9.5.8 小结

以邻苯二甲酸酐作为固化剂，通过利用 DSC、TG、FTIR、XRD、TD-NMR 对脲醛树脂的固化过程进行研究，得到的主要结论归纳如下。

通过 DSC 和 TG 对脲醛树脂的固化过程进行分析可知，加入固化剂后，脲醛树脂的固化反应变得比较剧烈，邻苯二甲酸酐的最佳百分比含量为 2%。

通过 FTIR 对固化前后的脲醛树脂结构分析可知，脲醛树脂分子间发生缩聚交联反应，生成了醚键和肽键，形成了网状结构的聚合物大分子。

利用 XRD 对固化后的脲醛树脂进行分析可知，未加固化剂的脲醛树脂固化后形成网状结构的"链桥"较少，颗粒较小；加入邻苯二甲酸酐后，固化后的脲醛树脂形成大量网状结构的"链桥"，颗粒较大。

通过利用时域核磁共振对脲醛树脂固化过程的分析可知，质量分数为 2%邻苯二甲酸酐作为固化剂的脲醛树脂在 80℃时开始固化，120℃时固化反应基本结束。

9.6 本 章 小 结

脲醛树脂是木材工业非常重要的胶黏剂之一，其固化过程在实际应用领域占有重要地位，固化过程的好坏直接影响产品的质量。本章利用时域核磁共振技术研究了不加任何固化剂的脲醛树脂固化过程和以氯化锌作为固化剂的脲醛树脂固化过程，分析了脲醛树脂的硬度变化和流动性，研究了以氯化铵-乙酸作为固化剂的脲醛树脂固化过程，分析了脲醛树脂体系的自旋-自旋弛豫时间变化过程和分子动力学。以邻苯二甲酸酐作为固化剂，用差示扫描量热仪和热重分析仪分析了脲醛树脂的固化过程，用傅里叶变换红外光谱仪分析了固化前后的脲醛树脂结构，用 X 射线衍射仪讨论了固化后脲醛树脂颗粒大小，得出如下结论。

（1）脲醛树脂体系在不加任何固化剂条件下，在120℃时开始固化，在120～160℃温度内处于正在固化状态，在180℃时固化反应基本结束。随着固化环境温度的升高，T_2 和 T_1 的总信号量均减少，脲醛树脂体系的氢原子含量逐渐减少。当温度在 30～140℃范围内，主要是由于水分缓慢蒸发而导致体系的氢原子含量逐渐减少；当温度高于 140℃时，脲醛树脂体系中可探测到的氢原子含量大幅度减少，这是由于脲醛树脂分子间发生缩聚交联反应，生成水和甲醛，脱离了体系。

（2）以 $ZnCl_2$ 作为固化剂，脲醛树脂在 120℃时开始发生固化，当温度高于 140℃时，固化反应基本结束。随着固化环境温度的升高，T_2 逐渐缩短，脲醛树脂的流动性逐渐减弱，由液态转变成固态。在 30～120℃固化过程中，随着温度的升高，T_1 逐渐增大，脲醛树脂体系的硬度逐渐增大；当温度高于 120℃时，由于温度过高，T_1 缩短，脲醛树脂发生老化现象，硬度降低。

（3）在以氯化铵-乙酸作为固化剂的条件下，脲醛树脂在100℃时开始固化，当温度升高至120℃时，固化反应基本结束。在固化过程中，脲醛树脂的化学活化能为 16.56 $kJ·mol^{-1}$，降低了反应条件。随着固化环境温度的升高，T_2 逐渐缩短，脲醛树脂的流动性逐渐减弱，这是因为在乙酸的作用下，体系中的氯化铵和甲醛反应生成的盐酸与乙酸共同提供酸性环境，使得脲醛树脂分子间发生缩聚反应。

（4）以邻苯二甲酸酐作为固化剂，脲醛树脂的固化反应比较剧烈，邻苯二甲酸酐的最佳百分含量为 2%。未加邻苯二甲酸酐时，脲醛树脂固化后形成的网状结构“链桥”较少，颗粒较小；加入邻苯二甲酸酐后，固化后的脲醛树脂形成大量网状结构的“链桥”，颗粒较大。这是因为脲醛树脂分子间发生缩聚交联反应，生成了大量醚键和肽键，形成了网状结构的聚合物大分子。

参 考 文 献

[1]　顾继友. 胶粘剂与涂料[M]. 北京: 中国林业出版社. 1999.

[2]　李建章, 李文军, 周文瑞, 等. 脲醛树脂固化机理及其应用[J]. 北京林业大学学报, 2007, 29(4): 90-94.

[3] Pratt T J, Johns W E, Rammon R M, et al. A novel concept on the structure of cured Urea-formaldehyde resin[J]. The Journal of Adhesion, 1985, 17(4): 275-295.

[4] Dunker A K, John W E, Rammon R, et al. Slightly bizarre protein chemistry: Urea-formaldehyde resin from a biochemical perspective[J]. The Journal of Adhesion, 1986, 19(2): 153-176.

[5] Lisperguer J, Droguett C. Curing characterization of urea-formaldehyde resins by Differential Scanning Calorimetry (DSC) [J]. Boletin de la Sociedad Chilena de Quimica, 2002, 47(1): 33-38.

[6] Kim S, Kim H, Kim H, et al. Thermal analysis study of viscoelastic properties and activation energy of melamine-modified urea-formaldehyde resins[J]. Journal of Adhesion Science and Technology, 2006, 20(8): 803-816.

[7] Fan D, Li J, Mao A. Curing characteristics of low molar ratio urea-formaldehyde resins[J]. Journal of Adhesion and Interface, 2006, 7(4): 45-52.

[8] 马红霞, 于文吉. 棉秆/杨木的混合比例对 UF 树脂固化的影响[J]. 木材工业, 2006, 20(6): 11-13.

[9] 杜官本, 雷洪, A. Pizzi. 脲醛树脂固化过程的热机械性能分析[J]. 北京林业大学学报, 2009, 31(3): 106-110.

[10] 王淑敏, 时君友. 采用 DSC 对低毒脲醛树脂固化特性的研究[J]. 林产工业, 2012, 39(5): 27-28.

[11] Simon C, Pizzi A. Tannins/melamine-urea-formaldehyde (MUF) resins substitution of chrome in leather and its characterization by thermomechanical analysis[J]. Journal of Applied Polymer Science, 2003, 88(8): 1889-1903.

[12] 张诚杰, 封朴, 顾国芳. 扭辫分析(TBA)在聚合物研究中的应用[J]. 塑料工业, 1984, (2): 57-60.

[13] 何平笙. 动态力学方法及其在热固性树脂固化过程研究中的应用[J]. 粘合剂, 1983, (4): 10-15.

[14] 李德深, 王绮华. 扭辫法测试聚酯动态力学谱[J]. 合成纤维, 1986, (5): 14-18.

[15] 周朝华, 张天理, 李彦锋. 扭辫法对糠酸聚合反应机理的研究[J]. 高分子学报, 1987, (1): 8-12.

[16] Kollmann F, Kuenzi E. Wood-based materials(II): Principles of wood science and technology[M]. New York: Springer-VerlaG. 1975.

[17] Chow S, Steiner P. Catalytic exothermic reaction of urea-formaldehyde resins [J]. Holzforschung, 1925, 1(29): 4-10.

[18] 顾继友, 朱丽滨, 小野拡邦. 低甲醛释放脲醛树脂固化反应历程的研究[J]. 林业化学与工业, 2005, 25(4): 11-16.

[19] Myers G E. Investigation of urea - formaldehyde polymer cure by infrared[J]. Journal of Applied Polymer Science, 1981, 26(3): 747-764.

[20] 董耀辉. 低摩尔比脲醛树脂固化与性能的研究[D]. 北京: 北京林业大学硕士学位论文. 2011.

[21] Jada S. The structure of urea-formaldehyde resins[J]. Journal of Applied Polymer Science, 1988, 35: 1573-1592.

[22] 林巧佳, 杨桂娣, 刘景宏. 纳米二氧化硅改性脲醛树脂的应用及机理研究[J]. 福建林学院学报, 2005, 25(2): 97-102.

[23] Maciel G E, Szeverenyi N M, Early T A, et al. 13C NMR studies of solid urea-formaldehyde

resins using cross polarization and magic-angle spinning[J]. Macromolecules, 1983, 16(4): 598-604.

[24] 顾继友, 朱丽滨, 韦双颖. 脲醛树脂固化体系研究[J]. 中国胶粘剂, 2004, 13(2): 4-8.

[25] 刘宇, 高振华, 顾继友. 低甲醛释放脲醛树脂的固化剂体系及其固化特性[J]. 中国胶粘剂, 2006, 15(10): 42-47.

[26] 朱丽滨, 顾继友. 低毒改性脲醛树脂胶粘剂的研究[J]. 林产工业, 2003, 30(3): 30-32.

[27] 傅深渊, 程继, 马灵飞. 甲醛中甲醇含量对低摩尔比脲醛树脂胶性能影响的研究[J]. 林产化学与工业, 2004, 24(1): 56-60.

[28] 于培志. 聚合物增韧脲醛树脂封堵剂的研究与应用[J]. 油田化学, 2002, 19(1): 36-38.

[29] 金立维, 王春鹏, 赵临五, 等. E1 级三聚氰胺改性脲醛树脂的制备与性能研究[J]. 林产化学与工业, 2005, 25(1): 40-44.

[30] 王伟宏, 陆仁书. EMDI-UF 混合胶刨花板制造工艺条件的研究[J]. 林产工业, 2004, 31(1): 33-36.

[31] 王伟宏, 陆仁书. UF-MDI 混合胶刨花板制造过程中施胶方式的探讨[J]. 林业科学, 2005, 41(2): 123-128.

[32] 霍唐军, 李光沛, 张建. BL-甲醛消纳剂与脲醛树脂胶配伍使用的固化特性研究[J]. 中国人造板, 2006, (10): 36-38.

[33] 张建, 李光沛. BL-甲醛消纳剂的机理及在脲醛胶人造板中的应用[J]. 林产工业, 2004, 3(12): 18-22.

[34] 赵锋, 李光沛. BL-甲醛消纳剂在环保细木工板生产中的应用研究[J]. 林产工业, 2005, 3(26): 15-18.